Schmittel/Bouchée/Less

Labortechnische Grundoperationen

Die Praxis der Labor- und Produktionsberufe

herausgegeben von U. Gruber und W. Klein

Labortechnische Grundoperationen

3. überarbeitete und erweiterte Auflage

Erich Schmittel, Günther Bouchée
und Wolf-Rainer Less

Weinheim · New York
Basel · Cambridge · Tokyo

Erich Schmittel
Ing. grad. Günther Bouchée
Wolf-Rainer Less
Hoechst AG
Abteilung für
Aus- und Weiterbildung
Postfach 800320
D-65926 Frankfurt

1. Auflage 1984
2., überarbeitete und erweiterte Auflage 1990
3., überarbeitete und erweiterte Auflage 1994

Lektorat: Philomena Ryan-Bugler, Karin Sora
Herstellerische Betreuung: Elke Littmann

Die Deutsche Bibliothek – CIP-Einheitsaufnahme:

Schmittel, Erich:
Labortechnische Grundoperationen/Erich Schmittel, Günther Bouchée und Wolf-Rainer Less. – 3., überarb. und erw. Aufl. – Weinheim; New York; Basel; Cambridge; Tokyo: VCH, 1994
(Die Praxis der Labor- und Produktionsberufe; Bd. 1)
ISBN 3-527-28669-1
NE: Bouchée, Günther; Less, Wolf-Rainer; GT

Gedruckt auf säurefreiem und chlorfrei gebleichtem Papier

Satz: pagina media gmbH, D-69502 Hemsbach. Druck: betz druck gmbh, D-64921 Darmstadt. Bindung: IVB Heppenheim GmbH, D-64646 Heppenheim.
Printed in the Federal Republic of Germany

Vertrieb:
VCH, Postfach 101161, D-69451 Weinheim (Bundesrepublik Deutschland)
Schweiz: VCH, Postfach, CH-4020 Basel (Schweiz)
United Kingdom und Irland: VCH (UK) Ltd., 8 Wellington Court, Cambridge CB1 1HZ (England)
USA und Canada: VCH, 220 East 23rd Street, New York, NY 10010-4606 (USA)
Japan: VCH, Eikow Building, 10-9 Hongo 1-chome, Bunkyo-ku, Tokyo 113 (Japan)

ISBN 3-527-28669-1   ISSN 0930-0147

Geleitwort

Naturwissenschaftliche Forschung lebt sowohl von theoretischem Wissen als auch von experimentellen Kenntnissen. Für das Studium und die Ausbildung an Schulen, Fachhochschulen und Universitäten gibt es ein großes Angebot an fachlicher Literatur. Es fehlt jedoch an Einführungen in die Praxis der labor- und produktionstechnischen Ausbildung.

Mit der Schriftenreihe *Die Praxis der Labor- und Produktionsberufe*, die von der VCH Verlagsgesellschaft gemeinsam mit der Abteilung Aus- und Weiterbildung der Hoechst AG entwickelt wurde, soll diese Lücke geschlossen werden. Sie steht jetzt (Sommer 1990) kurz vor ihrem — vorläufigen — Abschluß, wie die Reihentitelseite dieses Buches ausweist.

Durch die Gliederung der einzelnen Kapitel in theoretische Grundlagen, Arbeitsanweisungen für Experimente und Wiederholungsfragen erfüllt das Werk die Forderungen, die an eine moderne Berufsgrundbildung gestellt werden. Außerdem sind die Bände so geschrieben, daß sie auch zum Selbststudium genutzt werden können und damit ein individuelles Lernen ermöglichen.

Wir hoffen, daß die Reihe auch die Zusammenarbeit zwischen Lehrenden und Lernenden verbessern hilft.

Die Herausgeber

Ulrich Gruber
Willi Klein

Vorwort zur 3. Auflage

Nachdem auch die 2. Auflage schnell vergriffen war, haben Sie nun die 3. Auflage des Buches „Labortechnische Grundoperationen" in der Hand.

Wir haben das Buch um einen sehr aktuellen Aspekt erweitert: Das Thema „Qualität, Qualitätssicherung und Qualitätsverbesserung" hat in der Chemie einen sehr hohen Stellenwert. Wir haben versucht, diese Problematik verständlich zu machen und mit einem konkreten Versuch zu verdeutlichen, wie die Arbeitsweise Einfluß auf den zu erreichenden Qualitätsstandard nimmt.

Um die Anwendung in der Praxis zu vereinfachen, finden Sie in der Anlage eine Regelkarte und einen Protokollentwurf als Kopiervorlage.

In denselben Zusammenhang haben wir auch den Begriff „GLP" — Good Laboratory Practice — gestellt und haben versucht, die Standards, die bei allen naturwissenschaftlichen Experimenten gelten sollten, zu charakterisieren. Die Lektüre dieses Artikels verdeutlicht die Problematik, die uns bei der Sicherstellung hoher und gleichbleibender Qualität beschäftigt.

In dieser neuen Auflage haben wir uns von dem Gedanken leiten lassen, die Artikel, die für alle Versuche gültig sind, an den Anfang des Buches zu stellen. Deshalb finden Sie auch die Kapitel „Arbeitssicherheit" und „Umweltschutz" zu Beginn des Buches. Auch ein „Periodensystem der Elemente" haben wir aufgenommen, da es das Nachschlagen an anderer Stelle erübrigen kann.

Einige Versuche sind neu hinzugekommen, andere wurden erweitert. Vereinzelte Experimente, die im Bemühen um Aktualität überflüssig wurden, werden nicht mehr beschrieben.

Bei der Überarbeitung haben wir uns bei den Berechnungsbeispielen von den „Dreisätzen" getrennt. Sämtliche Rechnungen werden nun mit Größengleichungen durchgeführt.

An dieser Stelle gestatten wir uns die Empfehlung des in dieser Reihe erschienenen Bandes 7a „Fachrechnen Chemie" von Heinz Mayer. In ihm werden die entsprechenden mathematischen Ableitungen und weitere Beispiele aus der Praxis behandelt.

Wir wollen nicht versäumen, bereits im Vorwort darauf hinzuweisen, daß es obligatorisch sein sollte, sich vor Beginn eines chemischen Experimentes mit den „Gefahrenhinweisen und Sicherheitsratschlägen" (R- und S-Sätze) der eingesetzten und entstehenden Substanzen eingehend zu befassen.

Unser besonderer Dank gilt Herrn Dr. Ziehmann von der Abteilung „Funktions- und Fortbildung" der Hoechst Aktiengesellschaft für die Überlassung einiger Artikel aus der Broschüre „Statistische Prozeßführung" zur Erstellung des Kapitels „Qualität und Qualitätssicherung".

Auch den Mitarbeitern des Referates GLP und des Arbeitskreises „Qualität" danken wir für die freundliche Unterstützung.

Frankfurt/M-Höchst, im Frühjahr 1994

Erich Schmittel
Günther Bouchée
Wolf-Rainer Less

Vorwort zur 2. Auflage

Die positive Aufnahme des Buches „Labortechnische Grundoperationen" machte eine 2. Auflage notwendig.

Bedingt durch die inzwischen eingetretene Neuordnung der Ausbildungsanforderungen in den naturwissenschaftlichen Berufen entschlossen sich Autoren und Verlag, neben der Beseitigung der erkannten Fehler der 1. Auflage den Stoff dieses Lehrbuches den Veränderungen anzupassen.

Das Kapitel „Glasarbeiten" wurde im Abschnitt „Andere Werkstoffe" ergänzt, das Kapitel „Arbeitssicherheit" den gesetzlichen Vorgaben angepaßt und vollkommen neu gegliedert. Das Kapitel „Mikroskopieren" wurde durch die Aufnahme von Lehrstoff und Versuchen aus dem Gebiet der Mikrobiologie so erweitert, daß eine Namensänderung in „Mikrobiologische Arbeitstechniken" notwendig erschien. Vollkommen neu wurde das Kapitel „Umweltschutz" aufgenommen.

Die Autoren bedanken sich bei den Firmen Schott Geräte GmbH, Hofheim/Ts. und E. Merck, Darmstadt, für die freundliche Überlassung von Bildmaterial. Dank sagen wir Herrn DI Zwier, HOECHST AG, Abt. Sicherheitsüberwachung, für die vielen Hinweise zum Kapitel „Arbeitssicherheit".

Der Text des Kapitels „Umweltschutz" ist der Broschüre „Umweltschutz — Eine Anleitung für die Aus- und Weiterbildung in naturwissenschaftlichen Berufen" entnommen, die im Rahmen des Forschungsprojektes „Umweltschutz in der beruflichen Bildung" des Bundesinstitutes für Berufsbildung von einer Arbeitsgruppe von Ausbildern der HOECHST AG entwickelt wurde. Dem Bundesinstitut für Berufsbildung wird an dieser Stelle gedankt, Teile der Broschüre abdrucken zu dürfen.

Frankfurt/M-Höchst, im Frühjahr 1990

Erich Schmittel
Günther Bouchée
Wolf-Rainer Less

Vorwort zur 1. Auflage

Chemische Experimente können nur dann exakt und aussagefähig durchgeführt werden, wenn Kenntnisse und Fertigkeiten labortechnischer Grundoperationen vorhanden sind. So bilden das Abwägen von Substanzen, das Messen von Volumina und das Kontrollieren und Steuern von Temperaturen, aber auch komplexere Aufgaben wie Filtrieren, Destillieren, Extrahieren oder Kristallisieren und die Bestimmung von Fixpunkten die Grundlage jeder qualifizierten Tätigkeit in Labor und Betrieb.

Dieses Buch vermittelt die dazu erforderlichen Kenntnisse und Fertigkeiten. Es enthält knappe Einführungen in die Theorie der einzelnen Operationen nebst den zugehörigen Arbeitsanweisungen. Es ist als ein die Ausbildung begleitendes Buch für Laboranten der Fachrichtungen Chemie, Biologie und Physik, für Chemikanten und Chemielaborjungwerker konzipiert, kann aber auch zur Unterstützung des Unterrichts an Berufsfachschulen und allgemeinbildenden Schulen verwendet werden. Für Studierende an Fachhochschulen und Universitäten bietet es eine Hilfe am Beginn der Praktika an.

Neben der Vermittlung fachlicher Inhalte darf ein weiteres Ziel beruflicher Bildung nicht vergessen werden: das Verstehen sozialer Sachverhalte und betrieblicher Zusammenhänge. Das Zurechtfinden in einem belasteten Arbeitsteam, das Akzeptieren hierarchischer Strukturen, die Erfüllung vertraglicher Bedingungen und, nicht zuletzt, die Entwicklung der Bereitschaft, Erlerntes im Interesse aller Beteiligten einzusetzen, sind beispielhafte Lernstufen zur Ausprägung des Sozialverstandes, der sich parallel zur fachlichen Bildung entwickeln muß. Hier muß auch die Sensibilisierung für Probleme der Arbeitssicherheit erwähnt werden, denen zusätzlich zu aufgabenspezifischen Hinweisen ein eigenes Kapitel gewidmet ist.

Bei der Abfassung dieses Buches, das aus einer Ausbildungsunterlage für Chemielaboranten der HOECHST Aktiengesellschaft entstand, erfuhren wir durch die Mitarbeiter der Abteilung für Aus- und Weiterbildung (Leitung Dir. U. Gruber) vielfältige Unterstützung. Wir danken ihnen an dieser Stelle für Anregung und Kritik.

Besonderen Dank sagen wir Herrn Dr. Fritz, Inhaber und Geschäftsführer der Firma Otto Fritz GmbH Normschliff- und Aufbaugeräte (NORMAG), Hofheim/Taunus, für die Bereitstellung einer großen Zahl von Vorlagen für die Abbildung von Glasgeräten, die alle dem neuesten Stand der Laborgerätetechnik entsprechen.

Ebenfalls danken wir der Firma METTLER Waagen GmbH, Gießen, die Zeichnungen aus ihren Unterlagen für das Kapitel „Massenmessung" zur Verfügung stellte und der Fa. E. Merck, Darmstadt, für die Graphik zur Durchführung der Messung von Sauerstoff in Wasser.

Frankfurt/M-Höchst, im März 1984

Erich Schmittel
Günther Bouchée
Wolf-Rainer Less

Inhalt

3   Qualität und Qualitätssicherung   69

4   Glasarbeiten   91

9   Dichtemessung   147

10   Thermische Konstanten   165

13 Dekantieren, Zentrifugieren, Filtrieren 211

14 Umkristallisieren 223

15 Extrahieren 231

16 Sublimieren 239

17 Destillieren 243

18 Umgang mit Gasen 259

19 Mikrobiologische Arbeitstechniken, Mikroskopieren 277

Anhang: Abbildungen wichtiger Laborglasgeräte   291

Sachwortregister   303

1 Arbeitssicherheit

1.1 Themen und Lerninhalte

Grundlagen des Arbeitsschutzes
Arbeitsschutzorganisationen
Versicherungsrechtliche Aspekte von Berufsunfällen und Berufskrankheiten
Betriebsgefahren in der chemischen Industrie

Der *Arbeitsschutz* umfaßt alle Maßnahmen, mit denen Mitarbeiter im chemischen Betrieb vor Gesundheitsschäden durch Arbeitsprozesse geschützt werden. Er umfaßt die Sicherung der Arbeitsplätze und Arbeitsabläufe und ist eine gemeinsame Aufgabe von Unternehmen, Mitarbeitern und staatlichen Institutionen. Der Arbeitsschutz ist eine innerbetriebliche Aufgabe, während der *Umweltschutz* die Öffentlichkeit und die Umgebung der Betriebe vor schädlichen Auswirkungen industrieller Prozesse schützt.

1.2 Grundlage des Arbeitsschutzes

Die technischen Erfordernisse des Arbeitsschutzes sind in Gesetzen und den auf ihrer Grundlage erlassenen Verordnungen sowie in den Unfallverhütungsvorschriften der Berufsgenossenschaften niedergelegt. In diesen Rechtsvorschriften werden vielfach die zu fordernden Schutzziele nur in allgemeiner Form angegeben. Die technischen Mittel und Methoden, mit denen sie erreicht werden können, findet man in umfangreichen, von Ausschüssen herausgegebenen, technischen Regelwerken, in den Vorschriften technischer Verbände [beispielsweise des Vereins Deutscher Ingenieure (VDI) oder des Vereins Deutscher Elektroingenieure (VDE)], in den Richtlinien und Merkblättern der Berufsgenossenschaften, in Normblättern und neueren einschlägigen Publikationen. Die Gesamtheit dieser Informationen bildet den *Stand der Technik*, der nirgendwo als Ganzes dargestellt ist, vom Sicherheitsfachmann aber überblickt und zumindest in bezug auf die Informationsmöglichkeiten auch gekannt werden muß.

Auf einen weiteren Aspekt des Arbeitsschutzes hat Helmut K. Schäfer, ehemaliger Leiter der Abt. Sicherheitsüberwachung der Hoechst AG, hingewiesen:

„Die Verpflichtung, eine optimale Sicherheit der Arbeitsplätze herzustellen, kann nicht bedeuten, daß jede theoretisch denkbare Sicherheitsvorkehrung, die auch absurde Verhaltensweisen der Beschäftigten berücksichtigt, in der Praxis verwirklicht werden muß. Vielmehr kann von den Beschäftigten im Bereich der modernen Industrie, wenn sie für ihre Aufgabe richtig ausgebildet sind, in gewissen Grenzen einsichtiges Verhalten erwartet werden. Hinsichtlich der technischen Vorkehrungen muß ein sinnvoller Kompromiß zwischen den denkbaren Maßnahmen und dem wirtschaftlich vernünftigen Aufwand gefunden werden, wobei außer den erfahrungsgemäß auftretenden Unfallmöglichkeiten auch die Wahrscheinlichkeit neuer, bisher nicht beobachteter, aber denkbarer Gefahren in Betracht gezogen werden muß. Technische Erfahrung, Augenmaß und die Bereitschaft zur Verantwortung sind hierbei unentbehrlich. Die optimale Sicherheit ist dann erreicht, wenn die nach der Erfahrung des Fachmannes sinnvollen, wirtschaftlich vertretbaren Maßnahmen getroffen wurden.“ (Aus: „Arbeitsschutz in der chemischen Industrie“.)

Arbeitsschutz ist also eine *fachliche Leistung* im sachgerechten Umgang mit chemischen Prozessen.

1.3   Arbeitsschutz-Organisationen

1.3.1   Berufsgenossenschaft der chemischen Industrie

Gegen Ende des 19. Jahrhunderts wurden die Unternehmer wegen der zunehmenden Industrialisierung durch das Reichshaftpflichtgesetz von 1871 zum Ersatz des Schadens verpflichtet, den einer ihrer Arbeitnehmer durch ihre Schuld erlitt. Diese sogenannte *Unternehmerhaftpflicht* wurde abgelöst durch die unter Bismarck 1884 entstandene *Sozialversicherung.* Allerdings wurde erst 1911 eine gesetzliche Durchführungsgrundlage, die *Reichsversicherungsordnung (RVO),* erlassen. Die Sozialversicherung verwandelt die Unternehmerhaftpflicht (Einzelhaftung) in die *Gemeinhaftung.* Ein Zweig dieser Sozialversicherung ist die *Gesetzliche Unfallversicherung.* Träger dieser sozialen Unfallversicherung sind die *Berufsgenossenschaften,* die nach Gewerbezweigen gegliedert sind.

Die Berufsgenossenschaft der chemischen Industrie *(BG Chemie)* besteht als Körperschaft des öffentlichen Rechts seit dem 6.6.1885 und ist wie folgt organisiert:

— Bundesunmittelbare rechtsfähige Körperschaft des öffentlichen Rechts
— Recht auf Selbstverwaltung: ehrenamtliche Vertreter der Arbeitgeber und -nehmer der chemischen Industrie
— Organe: Vertreterversammlung Legislative
            Vorstand   Exekutive
— Zusammensetzung der Organe:
Vertreterversammlung: 18 Arbeitgebervertreter und 18 Arbeitnehmervertreter
Vorstand: 8 Arbeitgebervertreter und 8 Arbeitnehmervertreter

- Sozialwahl alle 6 Jahre
- Bildung von Ausschüssen in den Organen
- Aufbringung der Mittel durch nachträgliche Bedarfsdeckung:
  Eigenumlage
  Konkursausfallgeld
  Lastenausgleich
  Auslandsunfallversicherung

Die BG Chemie ist zusammen mit den übrigen 35 gewerblichen Berufsgenossenschaften Mitglied des Hauptverbandes der gewerblichen Berufsgenossenschaften e.V.

Mitglied der BG Chemie sind kraft Gesetzes alle Unternehmer im Bereich der chemischen Industrie. Sie bringen die notwendigen Geldmittel im Umlageverfahren auf. Dabei wird der im Laufe eines Jahres ermittelte Finanzbedarf nachträglich auf die Mitglieder umgelegt. Die Beitragshöhe bemißt sich nach der Jahreslohnsumme eines Betriebes und der Gefahrenklasse, in die er eingestuft wurde.

Versicherter in der BG Chemie ist kraft Gesetzes jeder, der in einem Arbeits-, Ausbildungs- oder Dienstverhältnis steht, ohne Rücksicht auf Alter, Geschlecht, Familienstand, Nationalität, Entgelt und auch ohne Rücksicht darauf, ob der Betrieb, in dem er tätig ist, die Beiträge zur Berufsgenossenschaft bezahlt oder nicht. In manchen Fällen sind auch Unternehmer und deren Ehefrauen kraft Gesetzes oder kraft Satzung der einzelnen Berufsgenossenschaften versichert.

Jeder Unternehmer kann sich darüber hinaus freiwillig bei seiner Berufsgenossenschaft versichern lassen.

Die *Aufgaben der BG Chemie* umfassen:

- Verhütung von Arbeitsunfällen mit allen geeigneten Mitteln gemäß § 546 der RVO
- Beratung bei sicherheitstechnischer Gestaltung technischer Ausrüstungen
- Durchführung von Schulungen
- Beratung der Betriebe (Mitglieder und Versicherte) in sicherheitstechnischen Fragen
- Kontrolle der Einhaltung von UVVen und Arbeitsschutzvorschriften
- Erlaß von UVVen gemäß § 708 RVO
- Erstellung von Unfallverhütungsberichten mit statistischen Angaben gemäß § 722 RVO
- Umfassende, nahtlose medizinische und berufliche Versorgung bei Arbeitsunfällen, Wegeunfällen und Berufskrankheiten (BK) gemäß §§ 556–566 RVO
- Errichtung von Unfallkrankenhäusern und Rehabilitationsstätten gemäß § 557 RVO
- Erbringung von Geldleistungen für Verunglückte und Hinterbliebene gemäß §§ 560–565 RVO.

1.3.2 Gewerbeaufsicht

Zu Beginn des 19. Jahrhunderts wurde die Einschränkung der Kinderarbeit in den Fabriken gefordert. Ein Gesetz von 1839 verbot die Arbeit von Kindern unter 9 Jahren und beschränkte die Arbeitszeit von Kindern über 10 Jahren auf 10 Stunden täglich. Da es nicht eingehalten wurde, sollten ab 1853 *Fabrik-Inspektoren* über die Durchführung des Gesetzes wachen. Sie wurde von den *Königlichen Gewerbeinspektoren* abgelöst, aus denen die *Gewerbeinspektoren* unserer Zeit hervorgingen.

Die *Aufgaben der Gewerbeaufsicht* sind in der *Gewerbeordnung (GewO)* geregelt. Sie bestehen in der Überwachung

— des technischen Arbeitsschutzes,
— des sozialen Arbeitsschutzes,
— des Arbeitszeitschutzes.

Dabei versteht man unter Arbeitsschutz alle Maßnahmen zur Erhaltung von Leben, Gesundheit und Arbeitsfähigkeit der nichtselbständigen Arbeitnehmer. Durch die Gewerbeordnung sind die Aufsichtsbeamten zur Durchführung ihrer Aufgaben (im Gegensatz zu den technischen Aufsichtsbeamten der Berufsgenossenschaften) mit *polizeilichen Befugnissen* ausgestattet.

1.4   Versicherungsrechtliche Aspekte von Arbeitsunfällen und Berufskrankheiten

Gegen die Folgen eines Arbeitsunfalles (Betriebs- und Wegeunfall) oder einer Berufskrankheit sind alle Beschäftigten durch die gesetzliche Unfallversicherung geschützt. Die Berufsgenossenschaft haftet nur für körperliche und gesundheitliche Schäden, nicht aber für Sachschäden.

1.4.1   Arbeitsunfall

Ein Arbeitsunfall liegt vor, wenn

— eine versicherte Person bei einer betrieblichen Tätigkeit (Betriebsgefahr)
— durch ein zeitlich begrenztes, von außen kommendes Ereignis (z.B. Hieb, Stich, Schlag, Stoß)
— körperlich geschädigt wird.

Kein Arbeitsunfall liegt vor, wenn eine dieser Voraussetzungen fehlt. Ein Unfall ist also nicht zu entschädigen,

— wenn sich der Unfall zwar während der Betriebstätigkeit ereignet, jedoch durch eine dem Verletzten dienende (eigenwirtschaftliche) Tätigkeit verursacht wird.

- wenn ein Krankheitszustand nur während einer Betriebstätigkeit zum Ausbruch kommt, nicht auf äußere Gewalteinwirkung (Unfallereignis) zurückzuführen ist, auch bei jeder anderen Gelegenheit hätte entstehen können.
- wenn der Versicherte zwar durch betriebliche Umstände verunglückt, jedoch nicht zu Schaden kommt.

Beispiel 1: Arbeitsunfall

Ein Dreher arbeitet im Betrieb: *Versicherte Tätigkeit*
Er klemmt sich den Finger an einer Ma-
schine: *Unfallereignis*
Der Finger wird gequetscht und blutet: *Körperschaden*

Beispiel 2: Kein Arbeitsunfall

Ein Dreher verletzt sich im Betrieb an einer
Maschine bei einer Arbeit, die er für sich
selbst verrichtet: *Keine versicherte Tätigkeit*

Beispiel 3: Kein Arbeitsunfall

Während der Arbeit tritt ohne äußere Ein-
wirkung ein Bandscheibenschaden auf: *Kein Unfallereignis*

Beispiel 4: Kein Arbeitsunfall

Ein Dreher ist „in die Maschine gekom-
men", hat sich jedoch dabei nicht verletzt: *Kein Körperschaden*

1.4.2 Wegeunfall

Ein Wegeunfall liegt vor, wenn

- eine versicherte Person auf einem versicherten Weg
- durch ein zeitlich begrenztes, von außen kommendes Ereignis (z. B. Sturz durch Glatteis, Zusammenstoß im Straßenverkehr)
- körperlich geschädigt wird.

Beispiel 5: Wegeunfall

Ein Versicherter befindet sich auf unmittel-
barem Weg zur Arbeit: *Versicherter Weg*
Er erleidet einen Verkehrsunfall: *Unfallereignis*
Er bricht sich ein Bein: *Körperschaden*

Kein Wegeunfall liegt vor, wenn eine dieser Voraussetzungen fehlt.

— *Der versicherte Weg* beginnt und endet an der *Außentür* des Hauses.
— Nur der *unmittelbare Weg* von und zu der Arbeits- oder Ausbildungsstätte ist versichert.
— *Umwege* sind, sofern sie nicht unbedeutend sind, *nicht* versichert.
  Ausnahmen: Ein Umweg ist dann versichert, wenn ihn der Versicherte einschlägt, um schneller und sicherer zum Ziel zu gelangen (z. B. Umgehungsstraße), oder wenn er notwendig wird (z. B. Umleitung).
— *Abwege* — Wege, die vom unmittelbaren Weg abweichen und in eine andere Richtung als zum Zielort (Wohnung oder Betrieb) führen — sind *nicht* versichert. Sie unterbrechen den versicherten Weg. Betritt ein Versicherter ein an dem unmittelbaren Weg liegendes Geschäft aus persönlichen Gründen, wird der Versicherungsschutz ebenfalls unterbrochen.
— Der *Versicherungsschutz lebt* nach einer *kurzen* Unterbrechung wieder *auf*, wenn der Versicherte sich wieder auf seinem *üblichen* Weg befindet.
— Der *Versicherungsschutz* ist *endgültig erloschen*, wenn der Heimweg aus eigenwirtschaftlichen Gründen mehr als 2 Stunden
  — verspätet angetreten oder
  — unterbrochen wird (z. B. Gasthausaufenthalt).
Grund: Der Versicherte hat sich vom Betrieb gelöst. Der später angetretene oder fortgesetzte Heimweg ist ein Weg von einer privaten (unversicherten) Tätigkeit.

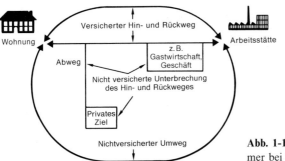

Abb. 1-1. Versicherungsschutz für Arbeitnehmer bei Wegeunfällen.

Die Skizze zeigt, wann der Versicherungsschutz auf Wegen zur und von der Arbeitsstätte besteht und wann nicht.

1.4.3   Berufskrankheit

Eine Berufskrankheit liegt vor, wenn

— eine versicherte Person durch berufliche Tätigkeit
— gesundheitlich geschädigt wird und

— die Erkrankung in der „Berufskrankheiten-Verordnung" erfaßt ist. (Ein nach den Erkenntnissen der medizinischen Wissenschaft aufgestellter Katalog der Erkrankungen, denen bestimmte Personengruppen durch ihre Arbeit in erheblich höherem Grade als die übrige Bevölkerung ausgesetzt sind.)

Beispiel 6:

Ein Versicherter hat im Betrieb Kontakt mit
Blei: *Versicherte Tätigkeit*
Er zieht sich eine „Blei-Erkrankung" zu: *Körperschaden*
Eine „Blei-Erkrankung" wird als Berufs-
krankheit angesehen: *erfaßt im Katalog*

Keine Berufserkrankung liegt vor, wenn eine dieser Voraussetzungen fehlt.

   Da nicht immer ohne weiteres zwischen einer normalen und einer Berufskrankheit zu unterscheiden ist, haftet die Berufsgenossenschaft in der Regel nur für Schadensfälle, die sie in der Liste der Berufskrankheiten aufführt.

1.5   Betriebsgefahren in der Chemischen Industrie

Die für die Chemische Industrie charakteristischen Gefahren liegen beim Umgang mit Gefahrstoffen schlechthin, in der Anwendung von hohen Drucken und Temperaturen, im vielfachen Gebrauch von elektrischer Energie und lärmintensiven Anlagen. Spezifische Chemie-Unfälle sind daher Brände und Explosionen infolge Entzündung brennbarer Gase, Dämpfe oder fester Stoffe, aber auch infolge Zersetzungen. Weiterhin sind Verbrennungen durch Berührung glühender Stoffe oder Flüssigkeiten, Verätzungen durch Säuren oder Laugen, die Explosion von Druckbehältern, die Einwirkung des elektrischen Stromes und Gehörschädigungen zu nennen.

1.5.1   Brand- und Explosionsgefahr

Die Brand- und Explosionsgefahr durch brennbare Gase und Dämpfe spielt eine wichtige Rolle bei Sicherheitsmaßnahmen im Betrieb. Diese Stoffe bilden mit Luft zündfähige Gemische, die beim Erreichen des Zündbereiches explodieren können. Besonders ist darauf zu achten, daß solche Stoffe und Gemische ohne Einwirkung einer offenen Flamme oder eines Funkens sich an heißen Flächen entzünden können *(Selbstentzündung)*. Zur Beurteilung dieser Gefahren ist die Kenntnis einiger stoffspezifischer Größen unabdingbar.

   Der *Flammpunkt* ist die niedrigste Temperatur in °C, bei der sich aus der zu prüfenden Flüssigkeit bei einem Druck von 1013 mbar Dämpfe in solcher Menge entwickeln, daß

sie mit der Luft über der Flüssigkeit gerade ein zündfähiges Gemisch ergeben (bei An-
näherung einer Zündquelle aufflammen, beim Entfernen der Zündquelle aber wieder
erlöschen). Der Flammpunkt liegt (mit wenigen Ausnahmen) zwischen dem Erstarrungspunkt und dem Kochpunkt der jeweiligen Substanz. Er wird unter anderem nach der
Methode von Abel-Pensky bestimmt.

Der *Brennpunkt* ist die Temperatur, bei der sich erstmalig soviel Dämpfe entwickeln,
daß die Verbrennung nach Entfernung der Zündquelle selbständig fortschreitet.

Die *Zündtemperatur,* Angabe in °C, ist die ermittelte niedrigste Temperatur einer
erhitzten Wandung, an der sich das zündwilligste Brennstoff-Luft-Gemisch oder die
Flüssigkeitströpfchen von selbst entzünden.

Der *Zündbereich,* begrenzt durch die obere und untere *Zündgrenze,* gibt den Konzen-
trationsbereich*) eines brennbaren Gases oder Dampfes in Luft an, innerhalb dessen die
durch eine äußere Zündquelle eingeleitete Verbrennung selbständig fortschreitet. Unterhalb der unteren Zündgrenze ist das Gemisch zu brennstoffarm, um die Verbrennung
zu unterhalten, oberhalb der oberen Zündgrenze ist es zu brennstoffreich und kann nur
mit weiterer Luftzufuhr brennen. Je tiefer die untere Zündgrenze eines brennbaren Stoffes
liegt, desto geringere Mengen reichen aus, mit Luft eine fortschreitende Verbrennung zu
ermöglichen.

Beim Überschreiten der unteren Zündgrenze tritt nach erfolgter Zündung zunächst
nur eine *Verpuffung* auf. Die *Zündungsgeschwindigkeit* liegt im Bereich von cm/s bei
Drucken bis zu 1 bar. Bei größerer Konzentration nehmen die Verbrennungsvorgänge
immer mehr den Charakter einer *Explosion* (Zündungsgeschwindigkeit im Bereich von
m/s bei Drucken von Gasen und Dämpfen bis zu 9 bar) oder einer *Detonation* (Zündungsgeschwindigkeit im Bereich von km/s, Drucke von Gasen und Dämpfen bis 50 bar,
bei Sprengstoffen mehrere tausend Bar) an. Oberhalb des Zündbereiches wird dann die
Zündungsgeschwindigkeit wieder kleiner, so daß der Vorgang immer mehr einer *Verbrennung* ähnelt.

Um die von einem Stoff ausgehende Gefährdung deutlich zu machen, wurde ein System
von Brand- und Gefahrenklassen entwickelt. Die Brandklassen kann man der Tab.
1-1 entnehmen, wo die zu ihrer Bekämpfung zugelassenen Feuerlöschmittel mitaufgeführt
sind. Die durch die unterschiedlichen Flammpunkte und die Mischbarkeit mit Wasser
entstehenden besonderen Gefahren, die von Flüssigkeiten ausgehen können, haben zu
einer zusätzlichen Gefahrenklassifikation geführt. Sie ist der Tab. 1-1 zu entnehmen und
in Tab. 1-2 durch Beispiele erläutert.

1.5.2   Brand- und Explosionsverhütung

Wegen der vielfältigen, in jedem Einzelfall zu ergreifenden Maßnahmen zur Verhinderung von Bränden und Explosionen, sollen hier nur einige grundsätzliche Hinweise
gegeben werden. Da ein Brand (Explosion) nur entsteht, wenn brennbarer Stoff in Ge-

---

*) Angegeben als Volumenanteil φ in % oder als Massenkonzentration β in g/m^3 bei einem Druck
   von 1013 mbar und einer Temperatur von 20 °C.

Tab. 1-1. Gefahrenklassen brennbarer Flüssigkeiten.

Gefahrenklasse		Charakterisierung
A		Brennbare Flüssigkeiten, Mischungen und Lösungen, die sich nicht oder nur teilweise mit Wasser mischen, entsprechend ihrer Flammpunkte:
	I	Flammpunkt unter 21 °C
	II	Flammpunkt zwischen 21 °C und 55 °C
	III	Flammpunkt zwischen 55 °C und 100 °C
B		Brennbare Flüssigkeiten, die sich bei 15 °C mit Wasser in jedem Verhältnis mischen lassen und einen Flammpunkt unter 21 °C haben.

Tab. 1-2. Brennbare Flüssigkeiten und ihre Gefahrenklassen.

Gefahrenklasse A (nicht oder nur teilweise mit Wasser mischbar)			Gefahrenklasse B (in jedem Verhältnis mit Wasser mischbar)
I	II	III	
Flammpunkt unter 21 °C	Flammpunkt von 21 – 55 °C	Flammpunkt von 55 – 100 °C	Flammpunkt unter 21 °C
Ethylacetat (Essigester)	Butanol	Anilin	Acetaldehyd
Di-Ethylether	Chlorbenzol	Benzaldehyd	Aceton
Benzin, leicht	Butylacetat	Dekalin	Ethylalkohol
Benzol	Essigsäureanhydrid	Dichlorbenzol	Allylalkohol
Schwefelkohlenstoff	Terpentinöl	Tetralin	Blausäure
Toluol	Testbenzin	Nitrobenzol	Dioxan
	Xylol	Paraffinöl	i-Propanol
			Methylalkohol
			Pyridin
			Tetrahydrofuran

genwart von Sauerstoff (Luft) entzündet wird, ergeben sich drei Ansatzpunkte zur Brandverhütung:

1. Zum *Ausschluß von Sauerstoff (Luft)* arbeitet man unter einem inerten Gas.
2. Zum *Ausschluß einer Zündquelle* vermeidet man in explosionsgefährdeten Räumen offenes Feuer, Öfen, Feuerungen und offenes Licht. Feuerarbeiten, wie Schweißen und Löten müssen mit den Notwendigkeiten des Betriebes abgestimmt werden. Auch entfernt liegende Zündquellen sind zu vermeiden, da die Dämpfe fast aller brennbarer Substanzen schwerer als Luft sind und sich deshalb in Gruben, Kanälen, Kellern und anderen tiefgelegenen Räumen sammeln. Eine andere Zündungsursache ist die Funkenentladung mit statischer Elektrizität aufgeladener Flüssigkeiten, Stäube und Gase,

sowie die Entstehung von Reib- und Schlagfunken. Die Bildung der elektrostatischen Aufladungen kann durch Erdung vermieden werden. Auch an heißen Flächen (Dampfheizungen und -leitungen, elektrische Heizspiralen) kann eine Zündung erfolgen.

3. Zur *Mengenbeschränkung brennbarer Stoffe* sollen brennbare Flüssigkeiten der Gefahrenklassen A I und B an Arbeitsplätzen nur in Standgefäßen von höchstens 1 L Inhalt aufbewahrt werden. Die Gesamtmenge der für den Handgebrauch benötigten Flüssigkeiten der Klassen A I und B soll so gering wie möglich gehalten werden.

1.5.3   Feuerbekämpfung im chemischen Laboratorium

Ein im chemischen Laboratorium ausgebrochener Brand wird nach denselben Grundsätzen bekämpft wie er verhütet werden soll (vgl. Abschn. 1.5.2):

— Da ein Brand ohne Sauerstoff unmöglich ist, entzieht man dem Brandherd Sauerstoff, indem man z.B. Fenster und Türen geschlossen hält, oder verdrängt ihn mit einem Feuerlöschmittel.
— Man unterbricht den Brand durch Abkühlen des Brandherdes mit geeigneten Löschmitteln.
— Man unterbricht die Zufuhr des brennenden Stoffes, z.B. durch Absperren der Gasleitung bei einem Leitungsbrand.

Im Mittelpunkt der Brandbekämpfung stehen die *Feuerlöschmittel.* Die Wahl des geeigneten Löschmittels hängt von der *Brandklasse* ab, zu der der brennende Stoff gehört. In Tab. 1-3 sind die Brandklassen und die Löschmittel, mit denen Brände der jeweiligen Klasse bekämpft werden, zusammengestellt.

Der Universallöscher für das chemische Laboratorium ist der *Kohlensäurelöscher* (vgl. Abb. 1-2). Er enthält in einer Gasstahlflasche flüssiges Kohlenstoffdioxid unter Druck. Beim Öffnen des Ventils verdunstet es und verfestigt sich zu Kohlenstoffdioxidschnee mit einer Temperatur von $-78\,°C$. Dadurch wird die Brandstelle gekühlt und der Sauerstoff verdrängt. Kohlenstoffdioxid ist sehr reaktionsträge, verschmutzt die Räume nicht und beschädigt keine empfindlichen Geräte. Es kann auch zur Brandbekämpfung in elektrischen Anlagen verwendet werden. Weit verbreitet sind auch die *Pulverlöscher* (vgl. Abb. 1-3), welche die chemischen Reaktionen unterbrechen, die in der Flamme ablaufen. Zur Brandbekämpfung sollten in jedem chemischen Laboratorium *Handfeuerlöschgeräte, Feuerlöschgeräte* und *Löschsand* vorhanden sein. Mit ihnen lassen sich kleinere und mittlere Brände eindämmen, die durch ausgelaufene Lösemittel oder heftige Reaktionen in Schalen und Kolben entstehen. Bei größeren Bränden sind folgende Regeln zu beachten:

1. Erst das Feuer melden, dann das Feuer bekämpfen, jedoch ohne eigene Gefährdung.
2. Ruhe und Besonnenheit bewahren.
3. Menschenrettung steht an erster Stelle.
4. Bei übersehbaren Brandherden muß dem Melden des Feuers sofort die Bekämpfung mit dem nächsten geeigneten Feuerlöscher folgen, sofern dies ohne Gefährdung mög-

Tab. 1-3. Brandklassen*[)] und Feuerlöschmittel.

Brand-klasse	Art des brennenden Stoffes	Löschmittel	Feuerlöscher
A	*Feste Stoffe,* die mit Ausnahme von Metallen, unter Glutbildung verbrennen können, z. B. Holz, Stroh, Faserstoffe, Kohlen, Papiere	Wasser, Schaum, Spezialpulver gegen Glutbrände	Naßlöscher, Schaumlöscher, Trockenlöscher mit Glutbrandpulver
B	*Flüssige Stoffe,* z. B. Ether, Alkohol, Benzin, Benzol, Fette, Harze, Lacke, Öle, Teer, Wachs	Schaum, Pulver und Spezialpulver, Kohlensäure	Spezialschaumlöscher, Trockenlöscher, Kohlensäurelöscher
C	*Gase,* z. B. Acetylen, Methan, Propan, Leuchtgas, Wasserstoff	Pulver und Spezialpulver, Kohlensäure	Trockenlöscher, Kohlensäurelöscher mit Gasdüse, d. h. ohne Schneerohr
D	*Leichtmetalle,* z. B. Aluminium, Magnesium (geringe Flammenbildung, aber stark glutbildend)	Trockener Sand, Salz, Spezialpulver	Trockenlöscher mit Glutbrandpulver, Mangesiumspeziallöscher

*[)] Die in älteren Vorschriften erwähnte Brandklasse E (Elektrische Anlagen) wird heute nicht mehr geführt.

lich ist. Alle Maschinen und sonstige Aggregate sind abzustellen. Räume, Treppen und andere Zugänge sind zu räumen, um ein ungehindertes Arbeiten zu ermöglichen und Unfälle zu vermeiden.

5. Bei starker Rauchentwicklung müssen alle Türen und Fenster soweit wie möglich geschlossen werden, bis die Löschmittel unmittelbar eingesetzt werden können. Der Luftsauerstoff fördert jede Verbrennung und kann das Feuer zu einer mit einer Stichflamme verbundenen Explosion ausweiten.

6. In Brand geratene Stahlflaschen für verflüssigte und verdichtete Gase werden mit einem Trockenlöschgerät gelöscht. Wegen der Explosionsgefahr ist die Umgebung zu räumen.

7. Der Brand wird stets von unten nach oben bekämpft, damit das Feuerlöschmittel unmittelbar an die brennenden Stoffe gelangt.

8. Wasser verwendet man als Feuerlöschmittel nur, wenn sicher ist, daß keine mit Wasser reagierenden Chemikalien beteiligt sind. *Auf keinen Fall* darf es eingesetzt werden, wenn *Alkalimetalle, spezifisch leichtere, mit Wasser nicht mischbare Flüssigkeiten* oder *elektrische Anlagen* brennen.

9. Brennende Kleidung von Personen wird durch Abdecken mit Löschdecken, durch Unterstellen unter die Löschbrause oder durch Benutzung einer Löschwanne gelöscht.

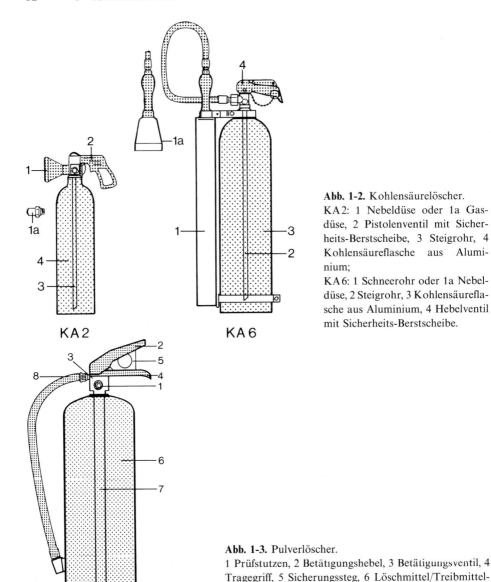

Abb. 1-2. Kohlensäurelöscher.
KA2: 1 Nebeldüse oder 1a Gas-
düse, 2 Pistolenventil mit Sicherheits-Berstscheibe, 3 Steigrohr, 4
Kohlensäureflasche aus Aluminium;
KA6: 1 Schneerohr oder 1a Nebeldüse, 2 Steigrohr, 3 Kohlensäureflasche aus Aluminium, 4 Hebelventil
mit Sicherheits-Berstscheibe.

KA2   KA6

Abb. 1-3. Pulverlöscher.
1 Prüfstutzen, 2 Betätigungshebel, 3 Betätigungsventil, 4
Tragegriff, 5 Sicherungssteg, 6 Löschmittel/Treibmittel-
behälter, 7 Steigrohr, 8 Schlauch mit Spritzdüse.

1.5.4   Gesundheitsschädliche Chemikalien

Chemische Produkte finden sich in allen Breichen des täglichen Lebens. Nicht nur in
den verschiedensten Unternehmen und Betrieben werden Chemikalien verwendet, sondern z.B. auch im Haushalt und in der Freizeit.

In der Bundesrepublik Deutschland sind wahrscheinlich mehr als 50 000 Arbeitsstoffe im Handel. Eine Reihe dieser Arbeitsstoffe ist gesundheitsgefährlich.

Dieses Kapitel soll helfen, Gesundheitsschäden beim Umgang mit gesundheitsgefährlichen Arbeitsstoffen, den sogenannten Gefahrstoffen zu vermeiden.

Bei der Vielzahl dieser Gefahrstoffe ist eine Einteilung notwendig.

Hier kann man gemäß der Verordnung über die Gefährlichkeitsmerkmale von Stoffen und Zubereitungen nach dem Chemikaliengesetz folgende Begriffsbestimmungen der Eigenschaften gefährlicher Arbeitsstoffe (Gefahrstoffe) anwenden.

(Ausführlicher nachzulesen in den BG-Richtlinien für Laboratorien.)

Klassifikation

Stoffe und Zubereitungen sind

1. **sehr giftig,** wenn sie infolge von Einatmen, Verschlucken oder einer Aufnahme durch die Haut äußerst schwere akute oder chronische Gesundheitsschäden oder den Tod bewirken können.

2. **giftig,** wenn sie infolge von Einatmen, Verschlucken oder einer Aufnahme durch die Haut erhebliche akute oder chronische Gesundheitsschäden oder den Tod bewirken können.

3. **mindergiftig,** wenn sie infolge von Einatmen, Verschlucken oder einer Aufnahme durch die Haut Gesundheitsschäden von beschränkter Wirkung hervorrufen können.

4. **ätzend,** wenn sie als handelsfertige Erzeugnisse am Kaninchen nach dreißig Minuten dauernder Berührung mit der Haut in einer Menge von 0,5 ml oder 0,5 g innerhalb von sieben Tagen das Gewebe zerstören (Nekrose).

5. **reizend,** wenn sie am Kaninchen nach dreißig Minuten dauernder Berührung mit der Haut in einer Menge von 0,5 ml oder 0,5 g innerhalb von drei Tagen Entzündungen hervorrufen.

6. **explosionsgefährlich,** wenn sie durch Flammentzündung zur Explosion gebracht werden können oder gegen Stoß oder Reibung empfindlicher sind als Dinitrobenzol.

7. **brandfördernd,** wenn sie
   a) in Berührung mit anderen, insbesondere entzündlichen Stoffen stark exotherm reagieren können oder
   b) organische Peroxide sind.

8. **hoch entzündlich,** wenn sie als flüssige Stoffe oder Zubereitungen einen Flammpunkt unter 0 °C und einen Siedepunkt von höchstens 35 °C haben.

9. **leicht entzündlich,** wenn sie
   a) sich bei gewöhnlicher Temperatur an der Luft ohne Energiezufuhr erhitzen und schließlich entzünden können.
   b) in festem Zustand durch kurzzeitige Einwirkung einer Zündquelle leicht entzündet werden können und nach deren Entfernung weiterbrennen oder weiterglimmen.
   c) in flüssigem Zustand einen Flammpunkt unter 21 °C haben.
   d) als Gase bei Normaldruck mit Luft einen Zündbereich haben oder
   e) bei Berührung mit Wasser oder mit feuchter Luft leicht entzündliche Gase in gefährlicher Menge entwickeln.

10. **entzündlich,** wenn sie in flüssigem Zustand einen Flammpunkt von 21 °C bis einschließlich 55 °C haben.

11. **krebserzeugend,** wenn sie infolge von Einatmen, Verschlucken oder Hautresorption beim Menschen Krebs verursachen oder die Krebshäufigkeit erhöhen können. Dies ist der Fall, wenn
    a) eindeutige epidemiologische Befunde vorliegen.
    b) sie die Häufigkeit bösartiger Geschwülste in einem nach geeigneten Methoden durchgeführten Tierversuch bei Zufuhr der gerade noch verträglichen Menge über die Atemwege, in den Magen oder über die Haut erhöhen und sich in geeigneten Kurzzeittesten Anhaltspunkte für krebserzeugende oder erbgutverändernde Eigenschaften ergeben haben oder
    c) sie die Häufigkeit bösartiger Geschwülste in einem nach geeigneten Methoden durchgeführten Tierversuch an einem Säugetier bei Zufuhr über die Atemwege, in den Magen oder über die Haut erhöhen, wobei die zugeführten Mengen unter Berücksichtigung eines ausreichenden Sicherheitsfaktors der menschlichen Exposition vergleichbar sind.

12. **fruchtschädigend,** wenn sie das vorgeburtliche Leben des Menschen derart schädigen, daß eine dauerhafte (irreversible) Fruchtfehlentwicklung im Mutterleib oder eine dauerhafte (irreversible) Beeinträchtigung der nachgeburtlichen Entwicklung der Nachkommen verursacht werden kann. Dies ist der Fall, wenn
    a) eindeutige epidemiologische Befunde vorliegen oder
    b) sie in geeigneten Tierversuchen bei Zufuhr über die Atemwege, in den Magen oder über die Haut eine dauerhafte (irreversible) Fruchtschädigung verursachen können; die hierbei zugeführten Mengen dürfen für das Muttertier nicht toxisch sein und sollen unter Berücksichtigung eines ausreichenden Sicherheitsfaktors der möglichen Exposition des Menschen entsprechen.

13. **erbgutverändernd,** wenn sie nach Eindringen in den menschlichen Organismus zu einer Veränderung des Informationsgehaltes des genetischen Materials (Mutation) an Keimzellen führen können; solche Veränderungen können sowohl bei Genen (Punktmutationen) als auch bei Chromosomen (Chromosomenmutationen) verursacht werden. Dies ist der Fall, wenn
    a) eindeutige epidemiologische Befunde vorliegen oder
    b) sie in einem geeigneten Tierversuch am Säuger Gen- oder Chromosomenmutationen in Keimzellen verursachen oder
    c) sie in einem geeigneten Tierversuch am Säuger Gen- oder Chromosomenmutationen in Körperzellen (Somazellen) verursachen und zusätzlich nachgewiesen wird, daß sie in die Keimzellen eindringen können.

14. **auf sonstige Weise für den Menschen schädigend,** wenn sie bei langanhaltender Aufnahme kleiner Mengen infolge von Einatmen, Verschlucken oder Aufnahme durch die Haut in den Nummern 11 bis 13 nicht genannte chronische Gesundheitsschäden verursachen können.

Schutzmaßnahmen zur Verhinderung gesundheitsschädigender Gefahren bestehen in technischen Einrichtungen, die dem jeweiligen Stoff und dem durchgeführten Verfahren entsprechen müssen. Darüber hinaus werden die Gefahrenstellen gekennzeichnet (vgl. Abschn. 1.5.6) und die betroffenen Arbeitnehmer im Umgang mit Gefahrstoffen sorgfältig unterwiesen.

Das Anlegen einer persönlichen Schutzausrüstung ist geboten. Sie besteht aus

— Schutzbrille,
— Schutzschild,
— Atemschutzmaske,
— Schutzhandschuhen,
— Schutzschürzen,
— Gummistiefeln,
— Schutzanzügen,
— Lärmschutz.

Giftige und gesundheitsschädliche Gase, Dämpfe, Flüssigkeiten und Stäube

Für die Arbeit mit gesundheitsschädigenden Stoffen gelten *maximale Arbeitsplatzkonzentrationen (MAK-Werte)*. Sie werden von der Senatskommission zur Prüfung gesundheitsschädlicher Stoffe der deutschen Forschungsgemeinschaft erarbeitet, die in der Mitteilung 16 folgende Definitionen veröffentlicht hat:

Der MAK-Wert (maximale Arbeitsplatzkonzentration) ist die höchstzulässige Konzentration eines Arbeitsstoffes als Gas, Dampf oder Schwebstoff in der Luft am Arbeitsplatz, die nach dem gegenwärtigen Stand der Kenntnis auch bei wiederholter und langfristiger, in der Regel täglich 8stündiger Exposition, jedoch bei Einhaltung einer durchschnittlichen Wochenarbeitszeit von 40 Stunden (in Vierschichtbetrieben 42 Stunden je Woche im Durchschnitt von vier aufeinanderfolgenden Wochen) im allgemeinen die Gesundheit der Beschäftigten und deren Nachkommen nicht beeinträchtigt und diese nicht unangemessen belästigt. In der Regel wird der MAK-Wert als Durchschnittswert über Zeiträume bis zu einem Arbeitstag oder einer Arbeitsschicht integriert. Bei der Aufstellung von MAK-Werten sind in erster Linie die Wirkungscharakteristika der Stoffe berücksichtigt, daneben aber auch — soweit möglich — praktische Gegebenheiten der Arbeitsprozesse bzw. der durch diese bestimmten Expositionsmuster. Maßgebend sind dabei wissenschaftlich fundierte Kriterien des Gesundheitsschutzes, nicht die technischen und wirtschaftlichen Möglichkeiten der Realisation in der Praxis.

Die MAK-Werte werden aufgrund toxikologischer und/oder arbeitsmedizinischer bzw. industriehygienischer Erfahrungen beim Umgang mit den betreffenden Stoffen aufgestellt. Dabei werden für die Beurteilung der Gesundheitsschädigung Erfahrungen mit Menschen den Tierversuchen vorgezogen.

Es muß darauf hingewiesen werden, daß sich diese MAK-Werte auf Grund neuer Erkenntnisse und Forschungsergebnisse ändern können. Deshalb muß die MAK-Wert-Liste jährlich aktualisiert werden. Die Aktualisierung wird von der BG Chemie jährlich vorgenommen und veröffentlicht.

Die MAK-Werte werden in mL/m^3 (ppm) Luft (bei Gasen und Dämpfen) oder in mg/m^3 (bei festen Schwebestoffen) angegeben und gelten bei 20 °C und 1013 mbar. Zusätzlich wird — soweit darüber Informationen vorliegen — angegeben, ob die Stoffe durch die Haut aufgenommen werden können *(Hautresorption)* und ob sie allergische Überempfindlichkeitsreaktionen *(Sensibilisierung)* auslösen. Durch Hautresorption können unter Umständen größere Mengen eines Stoffes aufgenommen werden und in Einzelfällen (z.B. bei Cyanwasserstoff, Anilin oder Ethylenglykoldinitrat) besteht Vergiftungsgefahr. Die MAK-Werte einiger chemischen Verbindungen sind in Tab. 1-4 zusammengestellt.

Tab. 1-4. MAK-Werte einiger Gase, Dämpfe und Schwebstoffe 1988.

Verbindung	MAK-Werte (in mL/m³) (ppm)**⁾	(in mg/m³)	Bemerkungen*⁾
Acetaldehyd	50	90	
Aceton	1000	2400	
Ammoniak	50	35	
Anilin	2	8	H
Arsenwasserstoff	0,05	0,2	
Benzol	–	–	H; krebserregend (III A1)
Brom	0,1	0,7	
Bromwasserstoff	5	17	
n-Butanol	100	300	
Chlor	0,5	1,5	
Chlorbenzol	50	230	
Chlorwasserstoff	5	7	
Cyanwasserstoff	10	11	H
Cyclohexan	300	1050	
Cyclohexen	300	1015	
Diethylether	400	1200	
Dimethylsulfat	–	–	H; im Tierversuch krebserregend (III A2)
Essigsäure	10	25	
Essigsäureethylester	400	1400	
Essigsäureanhydrid	5	20	
Ethanol	1000	1900	
Ethylenglykoldinitrat	0,05	0,3	H
Fluor	0,1	0,2	
Fluorwasserstoff	3	2	
Formaldehyd	0,5	0,6	S; möglicherweise krebserregend
Glycerintrinitrat	0,05	0,5	H
Hydrazin	–	–	H, S; im Tierversuch krebserregend (III A2)
Jod	0,1	1	
Keten	0,5	0,9	
Kohlenstoffdioxid	5000	9000	
Kohlenstoffdisulfid	10	30	H; wahrscheinlich Risiko der Fruchtschädigung
Kohlenstoffmonoxid	30	33	
Kresol	5	22	H
Methanol	200	260	H
Chlormethan	50	105	
Dichlormethan	100	360	
Nickeltetracarbonyl	–	–	H; im Tierversuch krebserregend (III A2)
Nitrobenzol	1	5	H

Tab. 1-4. MAK-Werte einiger Gase, Dämpfe und Schwebstoffe 1988 (Fortsetzung).

Verbindung	MAK-Werte (in mL/m^3) (ppm)**$^{)}$	(in mg/m^3)	Bemerkungen*$^{)}$
Phosgen (Carbonylchlorid)	0,1	0,4	
Pyridin	5	15	
Quecksilber	0,01	0,1	
Schwefeldioxid	2	5	
Schwefelwasserstoff	10	15	
Selenwasserstoff	0,05	0,2	
Stickstoffdioxid	5	9	
Tetrachlormethan	10	15	H
Toluol	100	380	
Trichlormethan	10	50	möglicherweise krebserregend (III B)
Xylol	100	440	

*$^{)}$ H: Hautresorption; S: Sensibilisierung; III A1, III A2, III B: Abschnitt der MAK-Liste.
$^{)}$ Abkürzung für **parts **p**er **m**illion, d.h. Anteil des Stoffes in einer Million Teile Luft.

Tab. 1-5. TRK-Wert-Liste 1988 (Beispiele).

Arbeitsstoff	TRK-Wert mL/m^3 (ppm)	mg/m^3
Benzol	5	16
Dimethylsulfat		
Herstellung	0,02	0,1
Verwendung	0,04	0,2
Hydrazin	0,1	0,13

Können für bestimmte Stoffe keine MAK-Werte aufgestellt werden, weil eine Wirkung des Stoffes auf den menschlichen Organismus vermutet aber noch nicht mengenmäßig bestimmbar ist, dann tritt an die Stelle des MAK-Wertes die Technische Richtkonzentration (TRK-Wert). Diese TRK-Werte sind Richtkonzentrationen, die als Jahresmittelwerte nicht überschritten werden dürfen. Als Einwirkungsdauer gelten 8 Stunden täglich und 40 Stunden wöchentlich.

Für die Festlegung der Höhe der TRK-Werte sind maßgebend:

— die Möglichkeit, die Schadstoffkonzentration im Bereich des TRK-Wertes analytisch zu bestimmen.
— der Stand der verfahrens- und lüftungstechnischen Maßnahmen unter Berücksichtigung des in naher Zukunft technisch Erreichbaren.
— daß vorliegende arbeitsmedizinische Erfahrungen ihnen nicht entgegenstehen.

Die Atemgifte werden in vier Gruppen unterteilt:

1. Die *erstickenden Gase und Dämpfe* können indifferente Gase und Dämpfe sein, die an sich nicht gesundheitsschädlich sind, aber zum Ersticken führen, wenn ihre Beimischung zu Luft deren Sauerstoffgehalt unterhalb $\varphi(O_2) = 15\%$ drückt. Hierzu gehören z.B. Stickstoff, Helium und Argon. Dagegen greifen narkotisch wirkende Gase und Dämpfe direkt in lebenswichtige Vorgänge im menschlichen Körper ein und führen unter Umständen zum inneren Ersticken. So blockiert z.B. Kohlenstoffmonoxid den Sauerstofftransport im Blut. Der Umgang mit solchen Gasen und Dämpfen ist besonders gefährlich, weil das Gift mit den menschlichen Sinnen nicht erfaßt werden kann. Da die meisten dieser Stoffe schwerer als Luft sind (z.B. Kohlenstoffdioxid, Dämpfe organischer Lösemittel), sammeln sie sich an den jeweils tiefsten Stellen. Deshalb ist es verboten, in Gruben, Schächte oder geschlossene Behälter ohne besondere Sicherheitsmaßnahmen und ohne Überprüfung der Atemluft einzusteigen. Als Schutzmaßnahmen beim Umgang mit erstickenden Gasen und Dämpfen eignen sich Absaugungen in Bodennähe oder künstliche Belüftungen in gefährdeten Räumen. Müssen Arbeiten in Bereichen durchgeführt werden, aus denen erstickende Gase oder Dämpfe nicht entfernt werden können, dann müssen als Atemschutzgeräte ausschließlich Frischluftgeräte getragen werden, z.B. Preßluftatmer und Sauerstoffgeräte. Eine Schutzmaske mit Filtereinsatz ist unbrauchbar, da nicht genügend Sauerstoff im entsprechenden Gasgemisch vorhanden ist und diese Geräte nur gegen geringe Mengen giftiger Stoffe wirksam sind.

2. *Narkotische Gase und Dämpfe* haben betäubende Wirkung. Stoffe, die dabei keine schweren Nachwirkungen zeigen (z.B. das als Lachgas bezeichnete Distickstoffoxid, N_2O), werden in der Medizin zur Narkose verwendet. Andere Substanzen (z.b. Benzol) wirken stark schädigend und in großen Konzentrationen sogar tödlich.

3. *Reizgase* üben eine stark reizende, bei entsprechend hoher Konzentration ätzende Wirkung vor allem auf die Schleimhäute und Augen aus. Dazu gehören alle Gase, die in wäßriger Lösung Säuren (HCL, HF, SO_2 usw.) oder Laugen (NH_3) bilden aber auch organische Substanzen wie z.B. Aldehyde. Reizende Wirkung zeigen mitunter aber auch die Stäube bestimmter Salze (Silberchlorid, Natriumcarbonat).

4. Die übrigen *giftigen und gesundheitsschädlichen Stoffe* werden nochmals unterschieden in

   – *giftige Feststoffe und Stäube* mineralischer oder pflanzlicher Natur. Die Stäube gelangen über die Atemwege in die Lunge und von dort zu anderen Organen, wo sie Reizungen oder Erkrankungen verursachen können. Zu den besonders gefährlichen Stäuben gehören Alkaloidstäube (Morphin, Strichnin usw.), Aluminiumstaub, Quarzstaub, Metallstäube (z.B. Blei, Chrom) und mineralische Feinstäube (Asbest).

   – *giftige Flüssigkeiten*, die in erster Linie durch Hautresorption ins Blut gelangen und sowohl das Blut selbst als auch die Leber und andere Organe schädigen. Die Gefahr der Aufnahme giftiger Flüssigkeiten ist besonders im Umgang mit organischen Lösungsmitteln sehr groß. Hinzu kommt oft deren betäubende Wirkung, so daß stets für frische Luft gesorgt werden muß.

Tab. 1-6. Hinweise zum Umgang mit Gefahrstoffen.

Chemische Verbindung	Formel	Kenn-zeich-nung	Gefahrenhinweise	Sicherheitsratschläge
Anilin	$C_6H_5NH_2$	T	Im gasförmigen und flüssigen Zustand beim Einatmen, Verschlucken und bei Berührung mit der Haut	Behälter dicht geschlossen halten, Berührung und Einatmen vermeiden, beschmutzte Kleidung sofort wechseln, undurchlässigen Handschutz tragen und nach jeder Arbeit die Hände und alle Arbeitsgeräte gründlich reinigen.
Anilin-hydrochlorid	$C_6H_5NH_2 \cdot HCl$	T	Besonders als Staub, sonst wie Anilin	
Benzol	C_6H_6	F, T	Als Dampf und Flüssigkeit; Hautresorption	Unter Verschluß aufbewahren, Behälter dicht geschlossen an gut belüftbarem Ort lagern. Unter dem Abzug arbeiten, beschmutzte Kleidung sofort ausziehen.
N-Acetyl-toluidin	$CH_3 \cdot C_6H_4 \cdot NHCOCH_3$	T	Im gasförmigen und festen Zustand. Beim Einatmen der Dämpfe, beim Verschlucken und bei Berührung mit der Haut	Behälter dicht geschlossen halten, Berührung und Einatmen vermeiden, verschmutzte Kleidung sofort wechseln und nach jeder Arbeit eine gründliche Reinigung der Hände vornehmen.
Nitrotoluol (alle Isomere)	$CH_3 \cdot C_6H_4 \cdot NO_2$	T	wie N-Acetyltoluidin	wie N-Acetyltoluidin
Toluidin (alle Isomere)	$CH_3 \cdot C_6H_4 \cdot NH_2$	T	wie N-Acetyltoluidin	wie N-Acetyltoluidin
Nitrobenzol	$C_6H_5 \cdot NO_2$	T	Im gasförmigen und flüssigen Zustand. Beim Einatmen, Verschlucken und bei Berührung mit der Haut	Behälter dicht geschlossen halten, Berührung vermeiden, undurchlässigen Handschutz tragen und Hände nach der Arbeit gründlich reinigen.

Tab. 1-6. Hinweise zum Umgang mit Gefahrstoffen (Fortsetzung).

Chemische Verbindung	Formel	Kenn- zeich- nung	Gefahrenhinweise	Sicherheitsratschläge
Phenyl-hydrazin	$C_6H_5 \cdot NH\text{-}NH_2$	T	Im gasförmigen und flüssigen Zustand. Beim Einatmen, Verschlucken und bei Berührung mit der Haut	Behälter dicht geschlossen halten, Berührung vermeiden, beschmutzte Wäsche wechseln, Hände und Geräte gründlich reinigen.
Trichlor-methan (Chloroform)	$CHCl_3$	X_n	Wie Phenylhydrazin	Behälter dicht geschlossen halten und kühl lagern. Dämpfe auf keinen Fall einatmen.
β-Naphthol	$C_{10}H_7OH$	X_n	Als Feststoff besonders beim Verschlucken, reizt Haut und Augen	Behälter dicht geschlossen halten. Stäube nicht einatmen, Berührung vermeiden und Hände nach der Arbeit gut reinigen.
Tetrachlor-methan	CCl_4	T	Als Dampf und durch Benetzung der Haut	Behälter dicht geschlossen, an gut belüftbarem und kaltem Ort aufbewahren. Nicht einatmen, Berührung vermeiden, unter dem Abzug arbeiten, beschmutzte Kleidung wechseln.
Arsenoxid	As_2O_3	T	Als Staub beim Einatmen und Verschlucken. Reizt Haut und Atemwege	Unter Verschluß aufbewahren, Behälter trocken und dicht abgeschlossen halten. Dämpfe nicht einatmen, Berührung mit Haut und Augen vermeiden. Wirksames Atemschutzgerät tragen, nach der Arbeit Hände reinigen.
Arsensulfid	As_2S_3	T	Als Staub beim Einatmen	wie Arsenoxid
Arsen-wasserstoff	AsH_3	T	Gas gefährlich beim Einatmen	wie Arsenoxid

Tab. 1-6. Hinweise zum Umgang mit Gefahrstoffen (Fortsetzung).

Chemische Verbindung	Formel	Kenn-zeich-nung	Gefahrenhinweise	Sicherheitsratschläge
Nickel-carbonat	$NiCO_3$	T	In Form von atembaren Stäuben. Steigert die Empfindlichkeit gegenüber anderen Chemikalien	Behälter dicht verschlossen halten, nicht einatmen, Berührung vermeiden, Atemschutz tragen und nach der Arbeit die Hände gründlich reinigen.
Nickelsulfid	NiS	T	wie Nickelcarbonat	wie Nickelcarbonat
Quecksilber	Hg	T	Giftig in Form von Dämpfen, als Flüssigkeit	Behälter dicht verschlossen halten, nicht einatmen, Berührung vermeiden, Atemschutz tragen und nach der Arbeit die Hände gründlich reinigen.
Quecksilber (II)-chlorid	$HgCl_2$	T	wie Quecksilber	wie Quecksilber
Quecksilber (II)-oxid	HgO	T	Auch als Feststoff. Hautresorption	wie Quecksilber

— Die *giftigen Gase und Dämpfe* wirken oft schon in geringen Mengen tödlich. Besonders gefährlich ist der Umgang mit ihnen, wenn sie, wie z.B. Kohlenstoffmonoxid, geruch- und farblos sind.

Hinweise für den Umgang mit gesundheitsschädlichen Chemikalien enthält die Tab. 1-6. In dieser Tabelle sind außerdem die Kennzeichnung der Verbindungen entsprechend der Gefahrstoffverordnung (GefStoffV) vom 26.8.1986 und den Listen der Berufsgenossenschaften aufgenommen (T für giftig, F für leicht entzündlich und X_n für mindergiftig). Daneben sind Hinweise auf die krebserregenden Eigenschaften enthalten, soweit sie in der MAK-Liste (vgl. Abschn. 1.5.4) aufgeführt sind (A1: erfahrungsgemäß krebserregend; A2: im Tierversuch krebserregend; B: vermutlich krebserregend).

Mit *Atemschutzgeräten* soll das Einatmen schädlicher Stoffe verhindert werden. Ist der Sauerstoffgehalt der Luft unter $\varphi(O_2) = 17\%$ gesunken oder die Gaskonzentration unbekannt, dann müssen Geräte verwendet werden, die von der Umgebungsluft unabhängig sind. Dazu sind z.B. Schlauchgeräte, Sauerstoffschutzgeräte oder Preßluftatmer geeignet.

Liegt der Sauerstoffgehalt der Luft oberhalb $\varphi(O_2) = 17\%$ und die Schadstoffkonzentration unterhalb $\varphi(\text{Schadstoff}) \leq 0{,}5\%$, dann sind *Atemfilter* ausreichend. Dabei ist zu beachten, daß *Partikelfilter* nicht vor Gasen und Dämpfen, und *Atemfilter* nicht vor Schwebstoffen schützen. Die Atemfilter sind jeweils für bestimmte Stoffe geeignet und entsprechend gekennzeichnet (vgl. Tab. 1-7). Nach Ablauf der angegebenen Lagerzeit müssen auch ungebrauchte Filter ersetzt werden.

Atemfilter werden nach ihrem jeweiligen Schutzumfang entsprechend DIN 3181 in Filterklassen eingeteilt (Tab. 1-7).

Zum Vergleich sind die bisherigen Schutzstufen entsprechend Atemschutzmerkblatt angegeben.

Tab. 1-7. Kennzeichnung der Atemfilter.

Filterklassen

Bisher: Schutzstufen nach Atemschutzmerkblatt		**Neu:** Filterklassen nach DIN 3181 *)			
Schutz-stufe			Filterklasse	Schutz gegen	Prüfbedingungen **)
1	*Gase*	Gas-filter	1 2 3	*Gase* Aufnahmevermögen klein (in der Regel Steckfilter) mittel (in der Regel Schraubfilter) groß (in der Regel Filterbüchsen)	*Prüfanteil (φ)* 0,1% 0,5% 1,0%
2	*Schwebstoffe*	Par-tikel-filter		*Partikel* Rückhaltevermögen	*max. Durchlaßgrad in % bei 95 L/min bei Prüfung mit NaCl Paraffinöl*
2a	inerte Schweb-stoffe				
2b	gesundheits-schädliche Schwebstoffe		P 1 P 2	klein (feste Partikel) mittel (feste u. flüss. Parti-kel)	20 6 2
2c	giftige Schweb-stoffe		P 3	groß (feste u. flüss. Parti-kel)	0,05 0,01
3	Gas-Schwebstoff-Gemische	Kom-bina-tions-filter		*Gase und Partikel*	
3a	entsprechend		1-P1; 2-P1; 3-P1		
3b	jeweils enthalte-nem		1-P2; 2-P2; 3-P2		
3c	Schwebstoffilter		1-P3; 2-P3; 3-P3		

*) Mai 1980
**) Die Prüfbedingungen der DIN 3181 enthalten neben den hier angegebenen Daten detaillierte Angaben über Atemwiderstände und Mindest-Durchbruchzeiten der verschiedenen Filter.

Tab. 1-8. Filtertypen und Kennfarben.

Gasfiltertyp	Kennfarbe	Hauptanwendungsbereich
A		**Organische Gase und Dämpfe**, z.B. von Lösemitteln
B		**Anorganische Gase und Dämpfe** z.B. Chlor, Schwefelwasserstoff, Cyanwasserstoff (Blausäure)
E		**Schwefeldioxid, Chlorwasserstoff**
K		**Ammoniak**

Es ist vorgesehen, die DIN 3181 für Spezialgasfilter sowie Spezialkombinationsfilter zu ergänzen.
Für die folgenden Spezialfilter wird empfohlen, die Kennbuchstaben und Kennfarbe zu berücksichtigen.

CO[3]		**Kohlenstoffmonoxid**
Hg		**Quecksilber (Dampf)**
Reaktor		**Radioaktives Jod** inkl. radioaktives Methyljodid

[3] Das Dräger-Kombinationsfilter 711 St CO 2-P3 besitzt zusätzlich zum CO-Katalysator eine Aktivkohleschicht mit B 2-Leistung.

1.5.5   Betriebsanweisung nach § 20 der Gefahrstoffverordnung

Zur Gewährleistung der Arbeitssicherheit müssen die Arbeitnehmer eines Betriebes über die von den Gefahrstoffen ausgehenden Gefahren und deren Abwehr informiert werden. Grundlage dazu ist § 20, Absätze 1 und 2 der Gefahrstoffverordnung:

(1) Der Arbeitgeber hat eine Betriebsanweisung zu erstellen, in der die beim Umgang mit Gefahrstoffen auftretenden Gefahren für Mensch und Umwelt sowie die erforderlichen Schutzmaßnahmen und Verhaltensregeln festgelegt werden; auf die sachgerechte Entsorgung entstehender gefährlicher Abfälle ist hinzuweisen. Die Betriebsanweisung ist in verständlicher Form und in der Sprache der Beschäftigten abzufassen und an geeigneter Stelle in der Arbeitsstätte bekanntzumachen. In der Betriebsanweisung sind auch Anweisungen über das Verhalten im Gefahrfall und über die Erste Hilfe zu treffen.

(2) Arbeitnehmer, die beim Umgang mit Gefahrstoffen beschäftigt werden, müssen anhand der Betriebsanweisung über die auftretenden Gefahren sowie über die Schutzmaßnahmen unterwiesen werden. Gebärfähige Arbeitnehmerinnen sind zusätzlich über die für werdende Mütter möglichen Gefahren und Beschäftigungsbeschränkungen zu unterrichten. Die Unterweisungen müssen vor der Beschäftigung und danach mindestens einmal jährlich mündlich und arbeitsplatzbezogen erfolgen. Inhalt und Zeitpunkt der Unterweisungen sind schriftlich festzuhalten und von den Unterwiesenen durch Unterschrift zu bestätigen.

Da die Vorschriften über den Umgang mit gefährlichen Arbeitsstoffen sehr umfangreich sind und jeder Arbeitnehmer immer nur von einigen Vorschriften betroffen ist, sollen die speziell auf ihn zutreffenden Anordnungen in einer Betriebsanweisung festgehalten werden. Sie muß in verständlicher Form und Sprache — bei der Beschäftigung von ausländischen Mitarbeitern auch in deren Sprache — abgefaßt sein. Die in Betracht kommenden Fachverbände der Wirtschaft und die Berufsgenossenschaften sollen die Arbeitgeber durch die Formulierung von Muster-Betriebsanweisungen unterstützen. Nachfolgend ist das Muster einer Betriebsanweisung für Laboratorien nach § 20 der Gefahrstoffverordnung — Regeln für den Umgang mit Gefahrstoffen — wiedergegeben:

Alle in chemischen Laboratorien auftretenden Stoffe sind, falls ihre Ungefährlichkeit nicht zweifelsfrei feststeht, stets als gefährlich anzusehen und entsprechend zu behandeln. Der Kontakt chemischer Stoffe mit Haut oder Kleidung sowie ihr Einatmen ist grundsätzlich zu vermeiden. Laborgeräte dürfen nur entleert oder vorgespült zum Reinigen gegeben werden. Im Laboratorium ist ständig eine Schutzbrille mit Seitenschutz zu tragen. Brillenträger erhalten Schutzbrillen mit optisch korrigierten Sichtscheiben. In den Laboratorien besteht Rauchverbot.

Arbeiten mit gefährlichen Stoffen sind im geschlossenen Abzug durchzuführen. Dies gilt besonders für Stoffe und Reaktionsmischungen, bei denen Zersetzungen und Explosionen nicht mit Sicherheit ausgeschlossen werden können. Falls dies nicht möglich ist (z. B. wegen der Größe der Apparaturen), sind Schutzscheiben und örtliche Absaugungen zu verwenden. Beim offenen Umgang mit giftigen, ätzenden oder reizenden Stoffen sind die erforderlichen Körperschutzmittel wie Korbbrillen, Schutzschirme und Handschuhe, gegebenenfalls auch Atemschutzgeräte, zu benutzen. Die Körperschutzmittel werden im Zweifelsfall durch den Laborleiter vorgeschrieben.

Falls bei Versuchen gefährliche Stoffe auftreten, sind gefährdete Personen zu warnen. Der Vorgesetzte ist sofort zu verständigen.

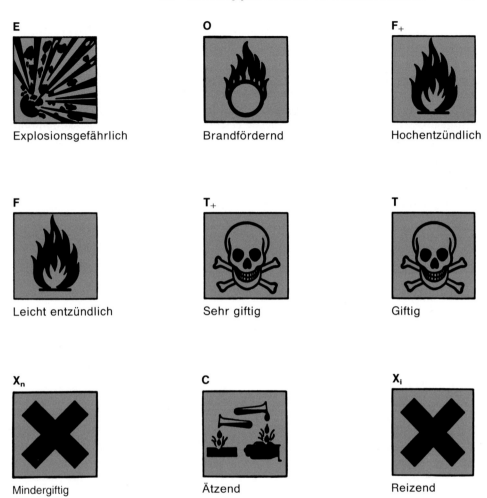

Abb. 1-4. Gefahrensymbole mit Bezeichnung und Erläuterung.

Durch chemische Stoffe verschmutzte Kleidung ist zu wechseln. Bei Hautkontakt ist sofort mit viel Wasser abzuspülen. Spritzer in die Augen sind mit Augenspülflaschen und anschließend mit viel Wasser nachzuspülen.

Bei Unfällen sind sofort der Vorgesetzte und ein Arzt zu benachrichtigen. Bei Kontakt mit giftigen Stoffen, Unwohlsein und Verletzungen ist der Betroffene sofort zur ärztlichen Behandlung zu bringen.

Auf der Betriebsanweisung sind die Bezeichnung des Betriebes, der Abteilung und die Gebäudenummer anzugeben, des weiteren Name, Rufnummer und Dienstzimmer des Vorgesetzten und des zuständigen Arztes der Ambulanz.

1.5.6   Kennzeichnungen nach der Gefahrstoffverordnung

Zur schnellen Information über Gefahrstellen im Betrieb und den zu ergreifenden Schutzmaßnahmen wurden viele Symbole entwickelt. Sie sind in den Unfallverhütungsvorschriften der Berufsgenossenschaft Chemie einzusehen. Auch Plakate, Tafeln und alle
damit zusammenhängenden Unterlagen sind über die Berufsgenossenschaft erhältlich.
Die Gefahrensymbole und -bezeichnungen für Gefahrstoffe sind in der Gefahrstoffverordnung enthalten (vgl. Abb. 1-4).

1.5.7   Gefahrenhinweise und Sicherheitsratschläge
            (R- und S-Sätze)

Die nachfolgend aufgeführten R- und S-Sätze sind der Gefahrstoffverordnung entnommen.
    Die R-Sätze sind Hinweise, die dem Verbraucher ausführlicher als die Gefahrensym-
bole beschreiben, welche Gefahren beim Umgang mit dem betreffenden Stoff bestehen.
    Die S-Sätze geben Hinweise, wie beim Umgang mit gefährlichen Stoffen Gefahren für
die Gesundheit abgewehrt werden können. Sie geben dem Verbraucher an, was er tun
muß, um Körperschäden zu vermeiden.

Gefahrenhinweise (R-Sätze)

R 1	In trockenem Zustand explosionsfähig
R 2	Durch Schlag, Reibung, Feuer oder andere Zündquellen explosionsfähig
R 3	Durch Schlag, Reibung, Feuer oder andere Zündquellen leicht explosionsfähig
R 4	Bildet hochempfindliche explosionsfähige Metallverbindungen
R 5	Beim Erwärmen explosionsfähig
R 6	Mit und ohne Luft explosionsfähig
R 7	Kann Brand verursachen
R 8	Feuergefahr bei Berührung mit brennbaren Stoffen
R 9	Explosionsgefahr bei Mischung mit brennbaren Stoffen
R 10	Entzündlich

R 11   Leichtentzündlich
R 12   Hochentzündlich
R 13   Hochentzündliches Flüssiggas
R 14   Reagiert heftig mit Wasser
R 15   Reagiert mit Wasser unter Bildung leicht entzündlicher Gase
R 16   Explosionsfähig in Mischung mit brandfördernden Stoffen
R 17   Selbstentzündlich an der Luft
R 18   Bei Gebrauch Bildung explosiver/leichtentzündlicher Dampf-Luftgemische möglich
R 19   Kann explosionsfähige Peroxide bilden
R 20   Gesundheitsschädlich beim Einatmen
R 21   Gesundheitsschädlich bei Berührung mit der Haut
R 22   Gesundheitsschädlich beim Verschlucken
R 23   Giftig beim Einatmen
R 24   Giftig bei Berührung mit der Haut
R 25   Giftig beim Verschlucken
R 26   Sehr giftig beim Einatmen
R 27   Sehr giftig bei Berührung mit der Haut
R 28   Sehr giftig beim Verschlucken
R 29   Entwickelt bei Berührung mit Säure giftige Gase
R 30   Kann bei Gebrauch leicht entzündlich werden
R 31   Entwickelt bei Berührung mit Säure giftige Gase
R 32   Entwickelt bei Berührung mit Säure hochgiftige Gase
R 33   Gefahr kumulativer Wirkungen
R 34   Verursacht Verätzungen
R 35   Verursacht schwere Verätzungen
R 36   Reizt die Augen
R 37   Reizt die Atmungsorgane
R 38   Reizt die Haut
R 39   Ernste Gefahr irreversiblen Schadens
R 40   Irreversibler Schaden möglich
R 42   Sensibilisierung durch Einatmen möglich
R 43   Sensibilisierung durch Hautkontakt möglich

Sicherheitsratschläge (S-Sätze)

S 1   Unter Verschluß aufbewahren
S 2   Darf nicht in die Hände von Kindern geraten
S 3   Kühl aufbewahren
S 4   Von Wohnplätzen fernhalten
S 5   Unter … aufbewahren (geeignete Flüssigkeit ist vom Hersteller anzugeben)
S 6   Unter … aufbewahren (inertes Gas ist vom Hersteller anzugeben)
S 7   Behälter dicht geschlossen halten
S 8   Behälter trocken halten
S 9   Behälter an einem gut belüfteten Ort aufbewahren
S 10   Inhalt feucht halten

S 11   Zutritt von Luft verhindern

S 12   Behälter nicht gasdicht verschließen

S 13   Von Nahrungsmitteln, Getränken und Futtermitteln fernhalten

S 14   Von ... fernhalten (inkompatible Substanzen sind vom Hersteller anzugeben)

S 15   Vor Hitze schützen

S 16   Von Zündquellen fernhalten — Nicht rauchen

S 17   Von brennbaren Stoffen fernhalten

S 18   Behälter mit Vorsicht öffnen und handhaben

S 20   Bei der Arbeit nicht essen und trinken

S 21   Bei der Arbeit nicht rauchen

S 22   Staub nicht einatmen

S 23   Gas, Rauch, Dampf, Aerosol nicht einatmen

S 24   Berührung mit der Haut vermeiden

S 25   Berührung mit den Augen vermeiden

S 26   Bei Berührung mit den Augen gründlich mit Wasser abspülen und Arzt konsultieren

S 27   Beschmutzte, getränkte Kleidung sofort ausziehen

S 28   Bei Berührung mit der Haut sofort mit viel ... abwaschen (ist vom Hersteller anzugeben)

S 29   Nicht in die Kanalisation gelangen lassen

S 30   Niemals Wasser hinzugießen

S 31   Von explosionsfähigen Stoffen fernhalten

S 33   Maßnahmen gegen elektrostatische Aufladungen treffen

S 34   Schlag und Reibung vermeiden

S 35   Abfälle und Behälter müssen in gesicherter Weise beseitigt werden

S 36   Bei der Arbeit geeignete Schutzkleidung tragen

S 37   Geeignete Schutzhandschuhe tragen

S 38   Bei unzureichender Belüftung Atemschutzgerät anlegen

S 39   Schutzbrille/Gesichtsschutz tragen

S 40   Fußboden und verunreinigte Gegenstände mit ... reinigen (ist vom Hersteller anzugeben)

S 41   Explosions- und Brandgase nicht einatmen

S 42   Beim Räuchern/Versprühen geeignetes Atemschutzgerät anlegen (geeignete Bezeichnung(en) vom Hersteller anzugeben)

S 43   Zum Löschen ... verwenden (ist vom Hersteller anzugeben)   Wenn Wasser die Gefahr erhöht, anfügen: „Kein Wasser verwenden!"

S 44   Bei Unwohlsein ärztlichen Rat einholen (wenn möglich, dieses Etikett vorzeigen)

S 45   Bei Unfall oder Unwohlsein sofort Arzt hinzuziehen (wenn möglich, dieses Etikett vorzeigen)

1.6   Wiederholungsfragen

1. Welches sind die beiden Ursachen, durch deren Zusammenwirken die meisten Unfälle zustande kommen?
2. Welche überbetrieblichen Arbeitsschutzorganisationen befassen sich mit der Sicherheit am Arbeitsplatz?
3. Wie sind die unter 2. genannten Organisationen aufgebaut und welche Aufgaben kommen ihnen zu?
4. Wer beschäftigt sich in Ihrem Betrieb mit Problemen der Arbeitssicherheit?
5. Welche Merkmale und Voraussetzungen müssen gegeben sein, damit es zur Anerkennung
   – eines Betriebsunfalles,
   – eines Wegeunfalles,
   – einer Berufskrankheit
   kommt?
6. Nennen Sie spezifische Betriebsgefahren der Chemischen Industrie.
7. Definieren Sie die Begriffe
   – Flammpunkt,
   – Brennpunkt,
   – Zündpunkt,
   – Zündgrenze.
8. Wodurch unterscheiden sich die Verbrennungsvorgänge
   – Verpuffung,
   – Explosion und
   – Detonation
   voneinander?
9. Wie entsteht ein Brand?
10. Welche Feuerlöschmittel kennen Sie, und wie bekämpfen Sie einen Brand?
11. Wie sind Feuerlöscher aufgebaut, und auf welche Art und Weise erzielen Sie die gewünschte Wirkung?
12. Erläutern Sie die Einstellung brennbarer Flüssigkeiten in Gefahrenklassen.
13. Ordnen Sie nachfolgende Lösemittel den entsprechenden Gefahrenklassen zu: Benzol, Propanol, Toluol, Xylol, Ethanol, Aceton, Methanol, Ethylacetat.
14. Was wissen Sie über Aufbewahrung und Transport brennbarer Lösemittel?
15. Welche Sicherheitsmaßnahmen sind beim Arbeiten mit brennbaren Lösemitteln einzuhalten?
16. Wann ist die Gefahr statischer Aufladung von brennbaren Lösemitteln besonders groß?
17. Welche Atemschutzgeräte gibt es, und wann werden sie eingesetzt?
18. Welche Schutzmaßnahmen ergreifen Sie bei Arbeiten mit aggressiven Chemikalien?
19. Was ist beim Umgang mit giftigen Chemikalien zu beachten?
20. Welche Hinweise bieten
    – die R-Sätze
    – die S-Sätze

2 Umweltschutz

2.1 Themen und Lerninhalte

Theoretische Grundlagen

Gesetzliche Richtlinien

Umweltschutz bei Wasser
       — Luft
       — Abfall

Lärm- und Strahlenschutz

Umweltschutz ist eine der dringlichsten Aufgaben unserer Zeit. Die chemische Industrie setzt ihr technisches Wissen und Können, ihre Forschungskapazität und das Engagement ihrer Mitarbeiter ein, um

- umweltfreundlichere Produktionsverfahren anzuwenden
- mit Rohstoffen, Wasser und Energien möglichst sparsam umzugehen,
- durch Wiederverwendung oder Weiterverarbeitung von Nebenprodukten bzw. Abfällen Rohstoffe einzusparen und Umweltbelastungen zu verringern
- die Verunreinigung des Bodens, von Gewässern und der Luft so gering wie möglich zu halten,
- die Belastung der Luft und der Gewässer durch Reinigungsanlagen nach dem Stand der Technik zu vermindern,
- durch Aus- und Weiterbildung der Mitarbeiter, vor allem aber durch eine bewußte Umwelterziehung, jeden einzelnen für ein umweltgerechtes und sicheres Arbeiten zu gewinnen.

2.2 Ökologie

2.2.1 Umweltschutz als Aufgabe

Wenn der Mensch sich mit dem Problem des Umweltschutzes befaßt, sollte er sich stets bewußt sein, welchen Einfluß er auf die Umwelt hat bzw. die Umwelt auf ihn.

Menschliches Leben, vor allem der heute von uns beanspruchte Lebensstandard, ist ohne Belastung der Umwelt nicht möglich.

Umweltschutz ist, ähnlich wie Arbeitssicherheit, auch für die Unternehmen der chemischen Industrie eine nie endende Aufgabe. Die Verpflichtung daran mitzuwirken, daß die Umwelt so wenig wie möglich belastet wird, ist für die Mitarbeiter vieler Unternehmen als vorrangiges Ziel festgeschrieben.

Aufgabe des Einzelnen ist es, eigenes umweltgerechtes Handeln nicht von einem ebensolchen Handeln anderer abhängig zu machen. Das eigene Tun muß so ausgerichtet sein, daß für die Umwelt die geringst mögliche Belastung entsteht.

Um die vielschichtigen und z.T. sehr komplexen Aufgaben im Umweltschutz besser verstehen zu können, um sich selbst umweltgerecht verhalten zu können, sollte jeder über ein ökologisches Grundwissen verfügen.

2.2.2   Grundlagen

Ökologie: Unter Ökologie wird die Wissenschaft von den Wechselbeziehungen zwischen Organismen und ihrer belebten und unbelebten Umwelt verstanden. Der Begriff Organismen umfaßt Bakterien, Pilze, Pflanzen, Tiere und Menschen.

Umwelt: Unter Umwelt werden alle direkt und indirekt auf den Organismus einwirkenden Einflüsse der Außenwelt verstanden. Diese Umweltfaktoren können in Gruppen eingeteilt werden.

— Klimatische Faktoren (Temperatur, Feuchtigkeit, Wind)
— Bodeneigenschaften (Wassergehalt, pH-Wert)
— Chemische Faktoren (Sauerstoff, Pflanzennährstoffe, Chemikalien)
   Physikalische Faktoren (Licht, Schwerkraft)
— Biotische Faktoren (Schmarotzer, Einwirkungen von Lebewesen als Feinde von bestimmten Arten, Krankheitserreger)
— Tropische Faktoren (Ernährungsfaktoren, Urbarmachung)

Ökologische Umwelt: Die ökologische Umwelt ist die Gesamtheit aller direkt und indirekt auf den Organismus wirkenden Umweltfaktoren.

Ökosystem: Das Ökosystem ist eine funktionale Einheit aus Organismen und Umwelt, es umfaßt Biotop und zugehörige Lebensgemeinschaft. Durch wechselseitige Beziehungen von Organismen untereinander und mit den verschiedenen Umweltfaktoren entsteht ein Abhängigkeitsgefüge.

Einzelne Ökosysteme, z.B. Wald, Feld, Fluß oder See, sind zwar räumlich abgrenzbar, sie sind jedoch immer durch Energiefluß, Stofftransport und Organismenwanderung verbunden (Abb. 2-1).

Die Produzenten der einzelligen Pflanzen bauen mit Hilfe der Sonnenenergie (Licht und Wärme) aus einfachen anorganischen Verbindungen (Kohlenstoffdioxid, Nitraten, Ammoniumsalzen) organische Verbindungen auf.

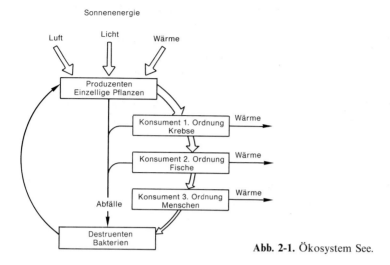

Abb. 2-1. Ökosystem See.

In der folgenden Nahrungskette werden dann Nährstoffe vom Produzenten über

Konsumenten 1. Ordnung,
Konsumenten 2. Ordnung und
Konsumenten 3. Ordnung

weitergereicht.

Dabei wird Wärme abgegeben (Energieverlust). Entsprechend verringert sich das Nahrungsangebot von Stufe zu Stufe. Als Folge müssen die Bestände der Fleischfresser in einem Ökosystem immer kleiner sein als die Bestände der Pflanzenfresser.

Weiterhin entsteht auf jeder Stufe Bestandsabfall (Fall-Laub, Totholz, Aas, Kot). Dieser Bestandsabfall wird durch Bakterien wieder in mineralische Nährstoffe umgewandelt und steht so den Produzenten wieder zur Verfügung.

Biotop: Die Gesamtheit der Lebewesen eines Ökosystems wird als Lebensgemeinschaft bezeichnet. Der charakteristische Lebensraum dieser Lebensgemeinschaft, z.B. Trockenhang, Seeufer, Almwiese, ist der Biotop.

Ökologisches Gleichgewicht: In einem Ökosystem ist die Lebensgemeinschaft aus zahlreichen Arten aufgebaut. Diese beeinflussen sich gegenseitig, und jede Art beansprucht einen bestimmten Lebensraum. Aus dem Zusammenspiel aller Faktoren und aller Arten ergibt sich ein ökologisches Gleichgewicht, d.h. der Bestand aller Arten und Individuen schwankt um einen bestimmten Mittelwert, der durch die Gesamtkapazität des Ökosystems bestimmt wird. Hierbei handelt es sich um ein dynamisches Gleichgewicht. Ein ökologisches Gleichgewicht bleibt über einen kurzen oder längeren Zeitraum erhalten. Wenn sich die Umweltfaktoren ändern, wandeln sich die Ökosysteme. Durch Veränderung des ursprünglichen ökologischen Gleichgewichts entstehen neue Lebensgemeinschaften mit veränderten Kapazitätswerten.

Störungen des Ökosystems (Belastungen): Jedes Ökosystem hat die Eigenschaft, nach einer Störung wieder in den Gleichgewichtszustand, d.h. zu ursprünglich gegebenem Energie- und Stoffhaushalt sowie Artenvorkommen, zurückzukehren. Je stabiler ein System ist, desto schneller wird die Störung ausgeglichen.

Die Summe der Störungen, die ein Ökosystem ohne bleibende Schadwirkung in der Lage ist zu kompensieren, stellt die Belastbarkeit des Ökosystems dar.

2.2.3   Konzentrationsangaben

Bei Diskussionen über Ökologie und Umwelt spielt die Konzentration von Verunreinigungen eine große Rolle. Einige Beispiele sollen die abstrakten Begriffe verdeutlichen.

Dieser Teller faßt 0,27 Liter Flüssigkeit. Wird dem Inhalt ein Löffel Essig beigemischt, ist der Essig in einer Konzentration von einem Prozent (1%) vorhanden und wird in dieser Konzentration auch noch von den Geschmacksnerven des Menschen erfaßt.

Ein Löffel Essig, verteilt auf 2,7 Liter Flüssigkeit in diesen Flaschen ist in einer Verdünnung von 1:1000 vorhanden. Der Essig macht ein Promille (1‰) aus.

Dieser Tankzug faßt 2700 Liter (2,7 m³). Unser Löffel Essig macht hier ein Millionstel des Tankinhaltes aus, d.h. im gefüllten Tank befindet sich 1 ppm Essig.

2,7 Millionen Liter Flüssigkeit faßt dieses Schiff. Gibt man einen Löffel Essig hinzu, enthält die Ladung — als ein Teil einer Milliarde Teile — 1 ppb Essig.

Wenn es darum ginge, einen Löffel Essig in der Talsperre Östertal im Sauerland nachzuweisen (2,7 Milliarden Liter Wasser), dann würde der Essig 1 ppt des Talsperreninhaltes ausmachen — also ein Teil von einer Billion Teilen.

2,7 Billionen Liter Wasser gibt es im Starnberger See. Ein Löffel voll Essig, in diesem See aufgelöst, ergibt eine Konzentration von 1 ppq, also ein Teil von einer Billiarde Teilen.

Abb. 2-2. Konzentrationsangaben.

2.3 Gesetzliche Regelungen

Zur Durchsetzung der Belange des Umweltschutzes gibt es in der Bundesrepublik eine Fülle von Gesetzen, Verordnungen und Technischen Anleitungen (TA). Eine Verankerung des Umweltschutzes als Staatsziel im Grundgesetz wird diskutiert.

Verordnungen und Technische Anleitungen sind in ihrer Wirkung Gesetzen gleich. Sie können nur schneller geändert und damit dem „Stand der Technik" besser angepaßt werden.

Die wichtigsten gesetzlichen Grundlagen des Umweltschutzes werden nachfolgend genannt und kurz beschrieben.

Das **Bundesimmissionsschutzgesetz** wurde zum Schutz vor schädlichen Umwelteinwirkungen durch Luftverunreinigungen, Geräusche, Erschütterungen und ähnliche Vorgänge erlassen. Es enthält Vorschriften über

— die Errichtung und den Betrieb von Anlagen,
— die Beschaffenheit von Stoffen, Anlagen und Erzeugnissen,
— die Beschaffenheit und den Betrieb von Fahrzeugen
— den Bau und die Änderung von Straßen und Schienenwegen
— die Ermittlung und Überwachung von Emissionen und Immissionen.

Die **Technische Anleitung (TA)-Luft** ist Teil des Bundesimmissionsschutzgesetzes. Sie enthält als allgemeine Verwaltungsvorschrift Richtwerte und Grenzwerte für Emission und Immission verschiedener Schadstoffe.

Die **TA-Lärm** enthält Richtwerte für Geräuschimmissionen, aufgegliedert nach der Nutzungsart der betroffenen Gebiete.

Die **Störfallverordnung** legt fest, welche Produktionsanlagen genehmigungspflichtig sind und regelt die Störfallvorsorge und -abwehr beim Betrieb dieser Anlagen.

Die **Smogverordnungen** der Länder legen Höchstkonzentrationen für Schadstoffe in der Luft fest. Werden diese Grenzwerte erreicht, treten Beschränkungen für den Straßenverkehr, den Betrieb von Heizungen und den Betrieb von industriellen Anlagen in Kraft.

Das **Wasserhaushaltsgesetz** enthält Regelungen zur Erhaltung eines ordnungsgemäßen Wasserhaushaltes und legt z.B. Grundwassernutzung und Abwassermengen fest.

Die **Abwasserabgabenverordnung** ist ein marktwirtschaftliches Instrument zur Verringerung der Schadstoffe in Abwässern. Die Abgaben sollen den Vorteil ausgleichen, den Einleiter nicht ausreichend geklärter Abwässer gegenüber denjenigen haben, die ihre Abwässer ausreichend reinigen. Die Abgaben richten sich nach der Menge und der Schädlichkeit der eingeleiteten Schmutzstoffe.

Das **Abfallbeseitigungsgesetz** regelt die Verpflichtung zur ordnungsgemäßen Beseitigung von Abfällen durch öffentlich-rechtliche Körperschaften oder die Selbstbeseitigungsverpflichtung der Verursacher.

Das **Chemikaliengesetz** (Gesetz zum Schutz vor gefährlichen Stoffen) soll sicherstellen, daß neue Stoffe, bevor sie in Verkehr gebracht werden, auf gefährliche Eigenschaften hinreichend untersucht und die aufgrund der Untersuchungsergebnisse notwendigen Sicherheitsvorkehrungen beim Umgang mit diesen Stoffen beachtet werden.

Die **Gefahrstoffverordnung** hat den Zweck, durch Regelungen über das Inverkehrbringen (Verpacken, Kennzeichnen, Weitergeben) von gefährlichen Stoffen und über den Umgang (Aufbewahrung, Lagerung und Vernichtung) mit Gefahrstoffen den Menschen vor Gesundheitsgefahren und die Umwelt vor stoffbedingten Schädigungen zu schützen.

Zweck des **Pflanzenschutzgesetzes** ist, Pflanzen vor Schadorganismen und Krankheiten zu schützen (Pflanzenschutz), Pflanzenerzeugnisse vor Schadorganismen zu schützen (Vorrats-Schutz) und Schäden abzuwenden, die bei Anwendung von Pflanzen-Schutzmitteln und anderen Maßnahmen des Pflanzenschutzes, insbesondere für die Gesundheit von Mensch und Tier, entstehen können. Außerdem enthält es Vorschriften für die Zulassung von Pflanzenschutzmitteln.

Die **Strahlenschutzverordnung** regelt den Umgang mit radioaktiven Stoffen und den Schutz der Beschäftigten bei diesem Umgang.

2.4   Energiebedarf in der Chemischen Industrie

Die chemische Industrie ist eine energieintensive Industrie. Sie benötigt ca. 25% der Energie, die im verarbeitenden Gewerbe der Bundesrepublik Deutschland verbraucht wird. Im Jahre 1986 beanspruchte sie die Energie von ca. $1{,}9 \cdot 10^8$ Megawattstunden (MWh).

Ein Kernkraftwerk des Typs Biblis produziert in einem Jahr etwa $1{,}1 \cdot 10^7$ MWh.

2.4.1   Energieverbrauch und Umweltschutz

Prozeßdampf für die chemische Produktion wird fast nur durch Verbrennung von Stein- und Braunkohle, Gas und Mineralöl in „Kesselhäusern" erzeugt. Besteht in Produktionsstätten annähernd ein gleichlaufender Bedarf an Wärme und Strom, so erfolgt eine Kraft-Wärme-Kopplung. Dabei wird Hochdruckdampf von ca. 500 °C erzeugt und über Gegendruckdampfturbinen auf die gewünschte Temperatur des Prozeßdampfes, die üblicherweise unter 300 °C liegt, entspannt. Auf diese Weise werden ca. 40 %, d.h. fast die Hälfte des Strombedarfs der chemischen Industrie gedeckt und Wirkungsgrade der Heizkraftwerke von ca. 85 % der eingesetzten Primärenergie erreicht.

Bei der Umwandlung von Primärenergie in die Energieformen Strom und Dampf treten Verluste auf, die die Umwelt als Abwärme belasten. Außerdem werden bei Verbrennungsvorgängen im Abgas Schadstoffe emittiert.

Im Interesse des Umweltschutzes ist es notwendig, Energie (gleich welcher Art) nicht zu verschwenden.

Beispiele: In Kraftwerken bevorzugt man die Kraft-Wärme-Kopplung (Erhöhung des Wirkungsgrades von ca. 40 % auf ca. 85 %).
Anlagen und Rohrleitungen werden, um Energieverluste zu vermeiden, besser isoliert.
Kühlwasser wird nur in der erforderlichen Menge verwendet.
Vakuum, Druckluft und ähnliche „Energien" werden zentral erzeugt und sparsam verwendet.
Moderne Niedertemperatur-Heizanlage.
Wärmedämmung bei Anlagen und Gebäuden.

2.5 Umweltschutz durch innovative Verbesserungen

2.5.1 Produktionsprozesse

Technische und organisatorische Verbesserungen der Produktionsprozesse leisten einen langfristig wirkenden, ihrer Größenordnung nach aber wichtigen Beitrag zur Entlastung der Umwelt.

Als allgemeines Beispiel sei hier die Entschwefelung und Entstickung von Rauchgasen genannt. Dieses Verfahren, zuerst mit einem hohem Anfall von Nebenprodukten (Gips) belastet, ist im Verlaufe der Entwicklung zu einem Prozeß gereift, bei dem ein Großteil der aus den Rauchgasen eliminierten Anteile als Schwefelsäure anfällt, die in anderen Produktionsverfahren Verwendung finden kann.

Die technologische Entwicklung im Verlauf der Zeit wird am Beispiel der jedem im naturwissenschaftlichen Bereich Tätigen bekannten Synthese von Schwefelsäure dargestellt.

Das historische Bleikammerverfahren wurde vom Kontaktverfahren abgelöst, aus dem das Doppelkontaktverfahren entwickelt wurde. Bei diesem wird durch eine zwischenzeitliche Absorption des gebildeten SO_3 die Ausbeute des Verfahrens deutlich gesteigert.

Die Umstellung vom Einsatzstoff Pyrit (FeS_2) zum bei der Entschwefelung von Erdgas (Umweltschutz!) anfallenden elementaren Schwefel, damit Wegfallen der Entstaubung des SO_2 und Wegfall der Aufarbeitung bzw. Deponierung des anfallenden Staubes ergeben eine weitere Reduzierung der anfallenden Schadstoffe.

Die zur Kühlung der Reaktionsgase eingebauten Rieselkühler wurden im Verlauf der Entwicklung der Produktionsanlagen durch Plattenwärmetauscher ersetzt. Kam es früher durch Korrosion der Kühler zum Eintritt von Schwefelsäure in das Kühlwasser und konnte dies erst spät entdeckt und unter großem Aufwand abgestellt werden, ist durch die heutige Anordnung sofortiges Erkennen und Lokalisieren der Störung, Teilstillegung der Kühlanlage und Austausch der defekten Elemente ohne Belastung der Umwelt möglich.

Zukunftsperspektive ist die Verbrennung des elementaren Schwefels mit reinem Sauerstoff. Dies würde die bei der Verbrennung mit Luft anfallenden NO_x-Spuren im SO_2-Gas verhindern. Die technologischen Probleme, die durch die sehr viel höhere Verbrennungstemperatur entstehen, sind allerdings noch nicht gelöst.

2.5.2   Produktanwendungen

Bei der Anwendung von Produkten der chemischen Industrie durch den Konsumenten, der evtl. fachlich nicht hochqualifiziert ist, kann es zu Umweltbelastungen kommen. Um diese zu minimieren, ist eine Umstellung der Zusammensetzung und der Handhabung der Produkte möglicherweise erforderlich.

Als Beispiel sei hier die Umstellung der Rezeptur von Beschichtungsstoffen auf umweltverträglichere Bestandteile genannt.

Der erste Schritt ist die Substitution physiologisch bedenklicher und umweltbelastender Rohstoffe und Zwischenprodukte:

Bei **Farbmitteln** werden z.B. Zinkchromat, Strontiumchromat, Bleichromat und Cadmiumpigmente durch organische Pigmente ersetzt.

Lösemittel, die als physiologisch bedenklich oder umweltschädigend angesehen werden, z.B. chlorierte Kohlenwasserstoffe, Methylglykol, Ethylglykol, 2-Nitropropan werden durch unschädlichere Lösemittel, z.B. Wasser, ersetzt.

Weitere Bestandteile wie **Additive** und **Bindemittel** werden auf ihre Umweltverträglichkeit überprüft und, wenn nötig, ersetzt.

Parallel zu diesen Umstellungen erfolgt eine Optimierung der Herstellungs- und Mischungsverfahren mit dem Ziel, Gesundheits- und Umweltbelastungen zu vermeiden oder zu begrenzen.

Dies geschieht durch:

— arbeiten in geschlossenen Systemen
— Verwendung von Pigmentpasten
— Absaugung und Nachbehandlung der Abluft.

Der zweite Schritt, dem Kunden die umweltgerechte Handhabung des Beschichtungs-stoffes zu erleichtern, ist die Entwicklung emissionsarmer Verarbeitungsverfahren.

Weitere Möglichkeiten der Entlastung der Umwelt ergeben sich durch die Nachver-brennung der Abluft und die Reduzierung der anfallenden Abfallmengen durch Erhö-hung des Materialnutzungsgrades.

2.6   Wasser und Abwasser

Bedeutung des Wassers

Wasser ist einer der bedeutendsten Ökofaktoren. Der Ursprung des Lebens ist im Wasser zu suchen. Ohne Wasser wäre kein Leben und keine Evolution möglich gewesen.

Da Wasser bei $+4\,°C$ seine größte Dichte hat (Anomalie des Wassers), schwimmt das Eis auf dem Wasser, und Wasser mit einer Temperatur um $+4\,°C$ sinkt zum Grund. Das Eis schützt und isoliert so den darunterliegenden Lebensraum, daß Tiere und Pflan-zen überwintern können. Für die Ausbreitung und Erhaltung des Lebens ist dieses Phänomen von größter Bedeutung.

Der Wassergehalt von Pflanze und Tier liegt in der Regel zwischen 50 und 95%. Die wichtigste Aufgabe des Wassers ist der Stofftransport, da es ein ausgezeichnetes Löse-mittel für viele Substanzen ist.

Vorkommen des Wassers

Wasser gehört wie Luft und Erde zum Lebensraum und bedeckt ca. drei Viertel der Erdoberfläche.

Die Gesamtmenge wird auf 1,4 Trillionen Tonnen geschätzt, wovon fast 98% als Salzwasser in den Meeren vorkommen.

Der Rest ist Süßwasser, das wiederum zu ca. 80% in Form von Eis (Gletscher der Bergwelt und der Arktis bzw. der Antarktis) festgelegt ist.

Daraus ergibt sich, daß nur weniger als 1% der Gesamtwassermenge als Trinkwasser zur Verfügung steht.

Durch seine Fähigkeit, Wärme zu speichern und starke Temperaturschwankungen auszugleichen, ist Wasser auch ein Klimafaktor. Die Verdunstung aus den Weltmeeren, die anschließende Kondensation und schließlich die Niederschläge über den Kontinenten bewirken einen Kreislauf. Die Menge der Niederschläge bestimmen die Art der Vege-tation (z.B. Wald, Steppe, Wüste).

Verwendung des Wassers

Neben seiner Bedeutung für die Ernährung und als Lebensraum für Tiere und Pflanzen dient das Wasser in Flüssen und Meeren seit Jahrtausenden als wichtiger Verkehrsweg.

Eine wesentliche Rolle spielt das Wasser bei technischen und chemischen Prozessen. Als Kühlwasser wird es benutzt, um die bei chemischen und physikalischen Prozessen freiwerdende Wärme abzuführen. Als Prozeßwasser ermöglicht es die Durchführung vieler chemischer Reaktionen.

Während Kühlwasser bei seinem Einsatz nicht verunreinigt wird, enthält das aus dem Prozeßwasser entstehende Abwasser Substanzen suspendiert oder gelöst, die häufig für eine Wiederverwendung oder Weiterverwertung nicht mehr in Frage kommen.

2.6.1   Belastungen und Verunreinigungen des Wassers

2.6.1.1   „Natürliche" Belastungen

Bei Stoffwechselvorgängen von Mensch, Tier und Pflanze entstehen Abfallprodukte.

So ist der Harnstoff End- und Ausscheidungsprodukt des Eiweißstoffwechsels von Menschen und Wirbeltieren.

Mikroorganismen bilden Schwefelwasserstoff, Methan, Ammoniak und andere Stoffwechselprodukte. Es gibt Seepflanzen, die Halogenwasserstoff produzieren.

Beim Absterben von Organismen übrigbleibende Substanzen gelangen ins Wasser.

Auswaschungen von Natrium-, Kalium-, Eisen-, Stickstoff-, Phosphorsalzen aus dem Boden haben für die Wasserqualität wesentliche Bedeutung (z. B. Mineralwasser).

2.6.1.2   Zivilisatorisch bedingte Belastungen des Wassers

Mit Zunahme der technischen und zivilisatorischen Entwicklung sind die Ansprüche des Menschen an Komfort und Hygiene beträchtlich gestiegen.

In diesem Zusammenhang spielen gewerblich oder industriell erzeugte Güter eine immer größere Rolle. Zu deren Herstellung und Verwendung wird in vielen Fällen Wasser benötigt und verunreinigt.

Es seien hier exemplarisch Verursacher und Belastungen aus Haushalt, Gewerbe und Industrie genannt.

— durch Haushalte und öffentliche Einrichtungen

Der mittlere Verbrauch an Trinkwasser beträgt pro Tag und Einwohner in den Industrieländern etwa 150 Liter und kann an heißen Sommertagen um ein Vielfaches erhöht sein.

Trinkwasser wird zur Nahrungsaufnahme (ca. 3%) und besonders zur Reinigung benutzt und fällt in gleicher Menge wieder als Abwasser an, das mit einer Vielzahl von Substanzen verunreinigt ist. Sanitäre Abwässer enthalten außer Harnstoff weitere anorganische und organische Verbindungen.

Küchenabfälle, vor allem Speisereste, enthalten Fette, Proteine und Kohlenhydrate, die durch Spülmittel fein verteilt beim Geschirrspülen ins Abwasser gelangen. Bei der Anwendung von Waschmitteln fallen neben dem Wäscheschmutz Detergentien und

Phosphate an. Nicht zu vergessen die Vielzahl der Haushaltsreiniger und Körperpflegemittel, die täglich angewendet werden und deren Bestandteile neben dem aufgenommenen Schmutz zur Belastung der häuslichen Abwässer beitragen.

Neuere Untersuchungen haben ergeben, daß ein großer Teil der Schwermetallgehalte des Trinkwassers (z. B. Kupfer, Zink, Eisen, Blei) durch Korrosion von wasserführenden Leitungen verursacht wird. Dies ist nicht verwunderlich, wenn man das dichte Netz an Trinkwasser- und Abwasserleitungen bedenkt.

Besondere Probleme ergeben sich bei öffentlichen Einrichtungen, wie z. B. Krankenhäusern und Schwimmbädern. Hier muß dafür gesorgt werden, daß nicht mit Krankheitserregern belastete Abwässer anfallen.

— durch Gewerbebetriebe

Bei Betrieben, die Nahrungsmittel herstellen oder verarbeiten, (z. B. Molkereien, Brauereien, Zuckerfabriken und Schlachthöfe) fallen oft große Mengen an Abwasser an, die mit organischen Substanzen erheblich belastet sind.

Bei der Verarbeitung eines geschlachteten Rindes fällt genausoviel abzubauende Substanz im Abwasser an wie bei den häuslichen Abwässern von 21 Einwohnern pro Tag (21 Einwohnergleichwerte, 21 EGW).

> Die Herstellung von 1 hL Bier verursacht 100 EGW
> Die Herstellung von 100 kg Käse verursacht 130 EGW

In der metallverarbeitenden Industrie, besonders bei Galvanisierbetrieben, fallen Schwermetallsalze und cyanidhaltige Lösungen an, die spezifische Verfahren zur Abwasserbehandlung erfordern.

In der Landwirtschaft können, insbesondere bei unsachgemäßer Anwendung von Düngemitteln und Pflanzenbehandlungsmitteln, Rückstände in Vorfluter (Flüsse und Bäche) oder ins Grundwasser gelangen. Das Ausbringen von Gülle kann zu erheblicher Beeinträchtigung sowohl des Oberflächenwassers als auch des Grundwassers führen.

— durch Industriebetriebe

Schwieriger und aufwendiger gestalten sich die Probleme bei Industriebetrieben. Besonders Chemiebetriebe haben eine sehr vielfältige Verfahrens- und Produktstruktur.

Die unterschiedlichsten Arbeitsstoffe können bei unsachgemäßer Handhabung ins Abwasser gelangen. An die Zuverlässigkeit und das Verantwortungsbewußtsein, sowie an die fachliche Qualifikation der Mitarbeiter sind deshalb besonders hohe Anforderungen zu stellen.

Auf die Gesamtmenge des Abwassers bezogen fallen allerdings ca. 80% als abgeleitetes Kühlwasser an. Dieses ist lediglich „thermisch belastet". Organische oder anorganische Verunreinigungen sind darin kaum enthalten.

2.6.2   Wie wirken sich verunreinigte Abwässer in der Natur aus?

Die meisten organischen Verbindungen werden von Bakterien als Nahrung verwertet und zu Biomasse umgebaut (Baustoffwechsel). Infolge des gleichzeitig ablaufenden Betriebsstoffwechsels (Veratmung zu CO_2 und H_2O unter Sauerstoffverbrauch) tritt weitgehende Mineralisation ein.

Der Abbau dieser sauerstoffzehrenden Verbindungen im Wasser wird auch als Selbstreinigung der Gewässer bezeichnet.

Wichtig bei diesem Vorgang ist dabei die im Wasser enthaltene Sauerstoffmenge. Diese ist um so höher, je mehr aus der Luft in das Gewässer eingetragen werden kann; günstig wirkt sich daher Turbulenz und hohe Strömungsgeschwindigkeit aus.

Bei hoher organischer Belastung wird der Sauerstoffgehalt der Gewässer so stark reduziert, daß auf Sauerstoff angewiesene Wassertiere und -pflanzen zugrunde gehen.

Man nimmt deshalb den mikrobiellen Abbau organischer Substanzen vorweg und verlegt ihn in eine biologische Kläranlage. Deren Funktion wird später noch beschrieben.

Gelangen **stickstoff- und phosphorhaltige Verbindungen** im Übermaß in ein Oberflächengewässer, kann es zur **Euthrophierung** kommen. Was passiert dabei?

Stickstoff und Phosphor sind für die Pflanzen und die Kleinlebewesen (Phytoplankton) unentbehrliche Nährstoffe. Erhöhte Konzentrationen an Stickstoff und Phosphor verstärken den Pflanzenbewuchs, insbesondere das Algenwachstum, so stark, daß nur die in der oberen Wasserschicht lebenden Algen genügend Licht zur Assimilation und damit zum Leben erhalten. Die in tieferen Schichten lebenden Algen sterben ab und sinken zu Boden. Dort werden sie von Bakterien, wie bereits beim Abbau der organischen Substanzen beschrieben, aerob, d.h. unter Sauerstoffverbrauch, mineralisiert. Als Folge beginnen anaerobe Prozesse, d.h. die abgestorbenen Organismen faulen.

Bei diesen anaeroben Prozessen entstehen übelriechende und z.T. giftige Stoffwechselprodukte, die zusammen mit dem Sauerstoffmangel Fischen und anderen Lebewesen keine Existenz mehr ermöglichen.

Schwermetalle, wie Blei, Cadmium und Quecksilber, wirken schädigend, da sie als Enzym- und Zellgifte in den Stoffwechsel eingreifen.

Aus Kraftfahrzeugen stammende Bleiemissionen sammeln sich durch Niederschläge in Oberflächengewässern. Im Gegensatz zu den Abwässern bleiverarbeitender Betriebe, die in Behandlungsanlagen entgiftet werden, ist eine Reinigung der bleihaltigen Abschwemmungen von Verkehrsflächen nicht möglich.

2.6.3   Analytik wassergefährdender Stoffe

Um die Qualität eines Oberflächenwassers nach biologischen Kriterien zu beurteilen, beobachtet und bewertet man Leitorganismen und Lebensgemeinschaften, die bei bestimmten Güteklassen des Gewässers gehäuft auftreten oder fehlen.

Man nennt dies ein Saprobiensystem und hat nach Art und Vorkommen dieser Lebensgemeinschaft das Wasser in Güteklassen eingeteilt.

Güteklasse Beurteilung

I	unbelastet
II	mäßig belastet
III	stark verschmutzt
IV	übermäßig verschmutzt

Wenn Abwässer gereinigt werden sollen, muß man über Art und Menge der Verunreinigung orientiert sein.

Die eingesetzten Analyseverfahren sind in den „Deutschen Einheitsverfahren zur Abwasseruntersuchung" 1953 herausgebracht und 1976 überarbeitet worden.

Kenndaten zur Beurteilung der Wasserqualität

Nachfolgend sollen einige wichtige Kenndaten zur Untersuchung von Abwasserinhaltsstoffen beschrieben werden. Den Bestimmungen von organischen Verunreinigungen (durch Ermittlung der CSB- und BSB-Werte) kommt eine wesentliche Bedeutung zu.

CSB = chemischer Sauerstoffbedarf

Er gibt die Menge Sauerstoff an, die bei der chemischen Oxidation der organischen Abwasserinhaltsstoffe mit starken Oxidationsmitteln ($K_2Cr_2O_7$) in Schwefelsäure-Lösung, $w(H_2SO_4)$ = ca. 50% verbraucht wird. Man ermittelt mit dieser Methode den maximalen O_2-Verbrauch, da die organischen Substanzen vollständig oxidiert werden. Außerdem erfaßt man noch anorganische, oxidierbare Substanzen, wie zweiwertiges Eisen, Nitrit, Sulfid und ggfs. auch Chlorid.

BSB_5 = biochemischer Sauerstoffbedarf

Da durch Mikroorganismen abbaufähige organische Substanzen unter Sauerstoffverbrauch zu CO_2 und H_2O mineralisiert werden, kann man hier eine Maßzahl erhalten, die angibt, wieviel mg Sauerstoff pro Liter Abwasser von Bakterien in fünf Tagen verbraucht werden, um die enthaltenen organischen Verbindungen biologisch abzubauen.

TOC = gesamter organischer Kohlenstoff und
DOC = gelöster organischer Kohlenstoff

sind weitere Kenndaten, mit deren Hilfe der Gehalt an organischen Verunreinigungen definiert werden kann. Die organischen Bestandteile werden bei hohen Temperaturen in CO_2 überführt und das Kohlenstoffdioxid mittels Infrarotmessung bestimmt.

Bakterientoxizität

Antibiotische, d.h. bakterienhemmende oder -tötende Substanzen verhindern den bakteriellen Abbau der organischen Stoffe und können in einer biologischen Kläranlage zu erheblichen Störungen führen.

Fischtoxizität

Als Testfische werden in der Regel Goldorfen eingesetzt. Der Fischtest macht eine Aussage über die toxische Wirkung der Gesamtheit aller Abwasserinhaltsstoffe und dient beispielsweise zur Prüfung, ob Abwasser gefahrlos in den Vorfluter eingeleitet werden kann.

Feststoffgehalt

Absetzbare, ungelöste Stoffe bilden Verunreinigungen, die mit dem bloßen Auge sichtbar sind. Ihre Menge wird in einem Imhoff-Trichter (nach unten spitz zulaufendes Glasgefäß mit Meßskala) nach einer definierten Sedimentationszeit bestimmt.

2.6.4   Maßnahmen zur Reduzierung des Wasserverbrauchs und zur Reinhaltung des Wassers

Es gibt viele Möglichkeiten sowohl im privaten als auch im gewerblichen bzw. industriellen Bereich, die Menge an verbrauchtem Wasser und an wasserverunreinigenden Stoffen zu vermindern.

Maßnahmen zur Entlastung und zum Schutz der Gewässer sind in den vergangenen Jahrzehnten ständig erweitert worden.

2.6.4.1   *Reduzierung des Verbrauchs*

Durch technische Maßnahmen kann der private Trinkwasserverbrauch für sanitäre Zwecke reduziert werden.

Die Kreislaufführung von Kühlwasser reduziert den Frischwasserbedarf der Industrie.

2.6.4.2   *Reinhaltung des Wassers*

Die Entwicklung und der Einsatz neuer Produktionsverfahren mit höherer Ausbeute und vermindertem Reststoffanfall steht an erster Stelle.

Zwei Gründe sind maßgebend:

– Die Erhöhung der Ausbeute steigert die Produktivität und reduziert den Reststoffanteil.
– Die Verhinderung oder Verminderung des Anfalls von Schadstoffen bei der Produktion ist billiger als die Entsorgung in nachgeschalteten Anlagen.

2.6.4.3   *Reinigung des Abwassers*

Die Methoden der Abwasserreinigung sind:

– mechanische

- chemische
- biologische
- physikalische und
- andere spezielle Verfahren.

Mechanische Abwasserreinigung

Die Grobstoffe werden in einem Rechenwerk zurückgehalten. Das Wasser durchfließt ein Gitter, dessen Stäbe einen Abstand von etwa 1 cm besitzen. Eine Rechenharke beseitigt automatisch das Rechengut. Es wird verbrannt oder deponiert.

In einem langen, flachen Becken werden durch Verminderung der Fließgeschwindigkeit auf etwa 30 cm/s schnell sedimentierende Sandkörner zurückgehalten (Sandfang).

Bei Industrieabwässern wird in der Regel auf einen Sandfang verzichtet, wenn keine nennenswerten Mengen schwerer Sinkstoffe zu erwarten sind.

Im Schwimmstoffabscheider sammeln sich Stoffe mit, gegenüber dem Wasser, niedrigerer Dichte (Fette, Öle) an der Oberfläche und können mit Schiebern in einen Auffangraum abgezogen werden. Anschließend erfolgt Verbrennung oder Wiederaufarbeitung.

Im Vorklärbecken werden durch extreme Verlangsamung der Fließgeschwindigkeit geflockte und langsam sedimentierende Stoffe am Boden gesammelt und mit Hilfe von Räumern und Absaugvorrichtungen entnommen. In einem Eindicker erfolgt eine Konzentrierung.

Chemische Abwasserreinigung

Da die Bakterien in der biologischen Stufe ihre Funktion nur erfüllen können, wenn das Wasser einen pH-Wert um den Neutralbereich aufweist, muß saures bzw. alkalisches Abwasser vor dem Einleiten neutralisiert werden.

Bei der Neutralisation saurer Abwässer durch Kalk kommt es oft gleichzeitig zu Fällungen und Flockungen. Dabei werden bakterienschädliche Metallionen abgeschieden.

Sehr fein verteilte Verunreinigungen, wie dispergierte Polymere, lassen sich mit Flockungsmitteln (meist Eisen- oder Aluminiumsalzen) niederschlagen. Nach der biologischen Reinigung im Wasser enthaltene unerwünschte Phosphate können ebenfalls durch die vorgenannten Flockungsmittel eliminiert werden.

Biologische Abwasserreinigung

Diese Methode ist die wichtigste und universellste Art der Reinigung, da hierbei die meisten sauerstoffverbrauchenden Schmutzstoffe abgebaut werden.

Bakterien verwenden die organischen Abfallstoffe unter Sauerstoffverbrauch als Nahrung.

Diese Oxidationsvorgänge laufen bei relativ niedrigen Temperaturen ($+5$ bis $+33\,^{\circ}\mathrm{C}$) ab. Dabei vermehren sich die Bakterien beträchtlich.

Die Bakterien sind in der Lage, chemisch sehr unterschiedliche Verbindungen abzubauen. Sie können sich an zunächst für sie schädliche oder unangreifbare Substanzen so adaptieren (anpassen), daß sie letztendlich auch diese (sogar in höheren Konzentrationen) abbauen. Als Beispiel sei hier Phenol genannt, das in Konzentrationen von etwa 100 mg/L abgebaut werden kann.

Es kommen unterschiedlichste Verfahren der biologischen Abwasserreinigung wie Tropfkörper, Belebungsbecken, Hochbiologie u.a. zur Anwendung.

Die beiden letztgenannten Verfahren sollen näher erläutert werden.

Belebungsbecken

Das chemisch aufbereitete (neutralisierte) Abwasser gelangt in große betonierte Becken, welche mit Belüftungseinrichtungen ausgestattet sind. Oberflächenbelüfter lassen nur eine begrenzte Beckentiefe von etwa 4 m zu. Eine ausreichende Sauerstoffversorgung und Turbulenz ist in Becken größerer Tiefe nicht mehr gewährleistet.

Besser sind Druckbelüfter, durch die vom Boden des Beckens her Luft eingepreßt wird. Die Becken können flächenmäßig kleiner dimensioniert sein und können besser abgedeckt werden, um Geruchsemissionen zu vermeiden. So kann man bei niedrigem Energieaufwand große Mengen Sauerstoff eintragen. Im Belebungsbecken wird eine hohe Konzentration an Bakterienschlamm (etwa $2-8$ g/L) aufrechterhalten, wobei, mit entsprechend günstigem Sauerstoffeintrag, ein hoher Umsatz der organischen Verbindungen erreicht wird.

Die Mikroorganismen benötigen zur Vermehrung noch einen Zusatz an anorganischen Nährsalzen, hauptsächlich Stickstoff- und Phosphorverbindungen.

Die für den Abbau nötige Verweilzeit ergibt sich durch entsprechende Regulierung der Zulaufmenge. Damit beim Ablauf der mit dem gereinigten Wasser vermischte Bakterienschlamm nicht in den Fluß gelangt und weil ein großer Teil wieder als Rücklaufschlamm in das Belebungsbecken zurückgeführt werden muß, erfolgt eine Abtrennung im Nachklärbecken.

Das vom Schlamm getrennte und gereinigte Abwasser kann, wenn keine Phosphatfällung mehr erfolgen muß, in den Vorfluter eingeleitet werden. Der gebildete Überschußschlamm wird über einen Eindicker und mehrere Filterstationen unter Zusatz von Filterhilfsmitteln und Vorklärschlamm weitgehend entwässert und anschließend verbrannt oder der Deponie zugeführt.

Schlämme aus kommunalen Kläranlagen, die sehr wenig oder gar nicht mit Schwermetallen belastet sind, können zur Bodenverbesserung auf landwirtschaftlich genutzte Flächen aufgebracht werden.

Biohochreaktoren

Biologische Kläranlagen konventioneller Bauart haben neben anderen Nachteilen vor allem einen großen Platzbedarf. Die räumliche Enge an vielen Produktionsstandorten hat zur Entwicklung der Biohoch-Reaktoren geführt.

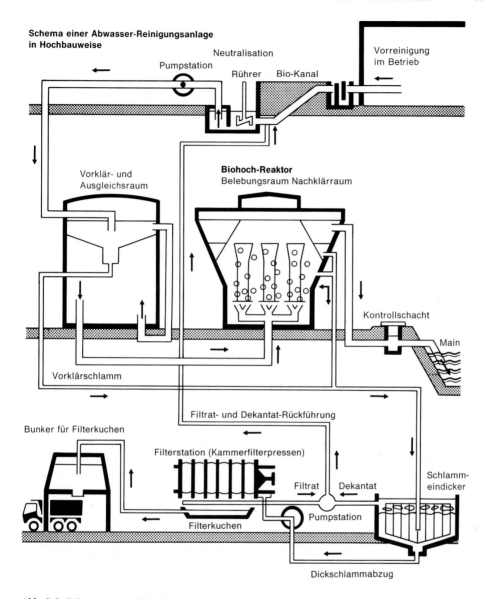

Schema einer Abwasser-Reinigungsanlage in Hochbauweise

Abb. 2-3. Schema einer Biologischen Abwasserreinigungsanlage.

Bei einer Flüssigkeitshöhe von 15 bis 30 m werden 60 bis 80% des zugeführten Sauerstoffs genutzt. Dadurch ergibt sich u.a. ein geringerer Anfall an geruchsintensiver Abluft.

Der Sauerstoff wird in Form von Luft durch am Behälterboden angeordnete Radialdüsen eingebracht. Dabei wird das Gemisch aus Belebtschlamm und Abwasser in einer kräftigen Umwälzströmung geführt. Durch einen mit großen Löchern versehenen Zwischenboden gelangt das Gemisch in eine Zone geringer Bewegung. Hier trennen sich wäßrige Phase und Gasphase. Das Belebtschlamm-Wassergemisch fließt über in eine als Ring ausgebildete Nachklärung, in der sich der Schlamm am Boden sammelt und das gereinigte Abwasser an der Oberfläche über Wehre abläuft.

Der Schlamm wird zum großen Teil als Rücklaufschlamm in den Belebungsraum zurückgeführt. Der restliche Teil des Schlamms wird als Überschußschlamm abgezogen und dem Eindicker zugeführt. Der Überschußschlamm wird wie bei den mit Belebungsbecken arbeitenden biologischen Kläranlagen entsorgt.

2.7   Luft und Abluft

Reine Luft ist ein Gasgemisch mit folgender Zusammensetzung:

φ (Stickstoff)	78,09%
φ (Sauerstoff)	20,95%
φ (Edelgase)	0,93%
φ (Kohlenstoffdioxid)	0,03%

Außerdem enthält die Luft unter anderem Wasserdampf.

Durch den Ausstoß von Schadstoffen, z.B. bei Verbrennungsvorgängen, wird die Luft mehr oder weniger stark verunreinigt.

Die Luftverunreinigungen, die von einer Anlage (z.B. Haushalt, kommunale oder industrielle Anlagen) ausgehen, bezeichnet man als Emissionen. Durch Transport und Verdünnung in der Atmosphäre (Transemission) entstehen daraus Immissionen; sie wirken dann auf Menschen, Tiere, Pflanzen und Sachgüter ein.

Zwischen Emission und Immission können sich Luftverunreinigungen chemisch umwandeln.

Beispielspielsweise entsteht bei der Verbrennung schwefelhaltiger Stoffe der Luftschadstoff SO_2. Er wird in der Atmosphäre teilweise zu Schwefeltrioxid oxidiert und reagiert mit Wasser zu Schwefelsäure.

2.7.1   Arten der Luftschadstoffe

Luftschadstoffe können gasförmig und partikular in Form feiner Feststoffe (Stäube) oder Flüssigkeitströpfchen auftreten.

Bei Feststoffen unterscheidet man zwischen Fein- und Grobstaub. Feinstaub (mit einem Teilchendurchmesser von $< 10^{-4}$ mm) ist besonders zu beachten, da er bis in die feinen Verästelungen der Lunge vordringt und dort Schäden verursachen kann.

Bei gasförmigen Emissionen kann es sich um „echte" Gase oder auch um Dämpfe handeln.

Beispiele von Luftschadstoffen:

Gase: Kohlenstoffmonoxid, Schwefeldioxid, Stickstoffoxide, Ozon
Dämpfe: Kohlenwasserstoffe, Alkohole, Ester, Ketone
Stäube: Ruß, Silikate, Polymere

2.7.2   Schadstoffverursacher

Die Verursacher der wichtigsten Luftverunreinigungen sind aus Tab. 2-1 zu entnehmen (Stand 1984):

Tab. 2-1. Die Belastung der Luft nach Verursachergruppen.

Emissionen Anteile in %	SO_2	Staub	NO_x	org. Verbind.	CO
Verkehr	4,8	13,0	60,8	51,6	73,7
Kleinverbraucher	10,7	8,1	4,8	3,5	10,6
Energie	60,8	15,3	24,6	0,6	0,5
Industrie[1]	23,7	63,6	9,8	6,0	15,2
Lösemittelverwendung	0	0	0	38,3	0
[1] davon chem. Industrie	4,7	2,0	2,8	1,3	0,5
Gesamtemissionen in Mio Tonnen	2,2	0,55	3,0	2,4	8,9

Kohlenstoffmonoxid ist mengenmäßig die bedeutendste Emission. Während 1965 noch 12,5 Millionen Tonnen Kohlenstoffmonoxid emittiert wurden, ist der Wert 1984 auf 7,4 Millionen Tonnen gesunken.

Auch beim Schwefeldioxid ist ein deutlich fallender Trend zu beobachten, da die Ausrüstung von Wärmekraftwerken mit Entschwefelungsanlagen zunehmend Stand der Technik wird.

Stickstoffoxidemissionen, berechnet als Stickstoffdioxid, haben sich in den letzten 30 Jahren infolge der Zunahme des Kraftfahrzeugverkehrs und der veränderten Kraftwerkstechnologie verdreifacht und betragen derzeit ca. 3 Millionen Tonnen pro Jahr.

Der Anteil der Kohlenwasserstoffemissionen, hauptsächlich aus Autos, nahm von 1954 bis 1970 zu und zeigt seither fallende Tendenz (z. Z. ca. 1,6 Millionen Tonnen pro Jahr).

Ebenso sind die Staubemissionen nach Berechnungen des Umweltbundesamtes stark zurückgegangen. Während vor 30 Jahren noch ca. 6,5 Millionen Tonnen Stäube pro Jahr emittiert wurden, liegt der Wert heute bei 0,7 Millionen Tonnen.

Aus der aufgeführten Tabelle der Verursacher geht hervor, daß der Verkehr mit fast 50% der Hauptverursacher von Schadstoffemissionen ist.

Besonders in diesem Bereich können neue Technologien zur Verminderung der Emissionen führen.

2.7.3   Auswirkungen der Luftverunreinigungen auf Menschen, Ökosysteme und Sachgüter

2.7.3.1   Immissionswirkung auf Menschen und Tiere

Die schädigende Wirkung von Luftverunreinigungen auf den menschlichen Organismus geht hauptsächlich von Gasen und Stäuben aus.

Wenn bei austauscharmen Wetterlagen (Inversionen) die „Smog"-Situation entsteht, führt dies lokal oder regional begrenzt zu einer ungewöhnlich starken Anreicherung von Schwefeldioxid und Stickstoffoxiden in der Atmosphäre. Dies kann unter bestimmten Voraussetzungen zu Beeinträchtigungen des körperlichen Wohlbefindens bzw. der Gesundheit führen.

Organische Verbindungen und Stickstoffoxide unterliegen u. a. dem photochemischen Abbau. Als Zwischenprodukte des photochemischen Abbaus entstehen Stoffe, die wegen ihrer oxidierenden Eigenschaften als Photooxidantien bezeichnet werden. Da Photooxidantien nicht emittiert werden, sondern sich erst nachträglich aus anderen Schadstoffen bilden, werden sie als sekundäre Luftverunreinigungen bezeichnet.

Ozon gilt als Leitkomponente für photochemisch wirksame Luftverunreinigungen. Bei erhöhtem Ozongehalt der Luft ($0,2 - 0,5$ mg/m^3) können Bindehautreizungen, Hustenreiz und Abnahme der körperlichen Leistungsfähigkeit auftreten. Photooxidantien wirken bereits in geringer Konzentration pflanzenschädigend.

Kohlenstoffmonoxid lagert sich am Blutfarbstoff Hämoglobin an und blockiert die Sauerstoffaufnahme, so daß eine Sauerstoffverarmung des Gewebes erfolgen kann. Besonders Herz- und Kreislauferkrankte werden durch erhöhte Kohlenstoffmonoxidimmissionen belastet.

In allen Ökosystemen kommen von Natur aus bestimmte Schwermetalle vor. Als sog. „Spurenelemente" (z. B. Kupfer, Zink) sind sie lebensnotwendig. Sie wirken erst in höheren Konzentrationen schädigend auf den menschlichen Organismus.

Schwermetalle, wie Blei, Cadmium, Thallium etc., können bei erhöhten Konzentrationen zu Gesundheitsschäden führen.

Verursacher von Bleiemissionen ist in erster Linie der Kraftfahrzeugverkehr. Die in Autoabgasen vorkommenden Bleiverbindungen liegen in einer durchschnittlichen Partikelgröße von 0,25 Mikrometer vor und können mit der Atemluft in die Lungenbläschen gelangen.

Über die Atemwege nimmt der Mensch täglich ca. 10 µg Blei auf. Die Bleiaufnahme über die Nahrungskette täglich beträgt etwa 30 µg. Der überwiegende Teil des aufgenommenen Bleis wird jedoch wieder ausgeschieden, der Rest wird in den Knochen gespeichert. Gesundheitsschädigungen bei Aufnahme der vorgenannten Bleimengen sind bei erwachsenen Menschen nicht wahrscheinlich.

Ein kleiner Anteil der Bleiemission wird von den Pflanzen aufgenommen. Der größere Anteil lagert sich auf den Blättern der Pflanzen ab.

2.7.3.2 Immissionswirkung auf Ökosysteme

Das bei der Verbrennung fossiler Brennstoffe entstehende Schwefeldioxid wirkt — bei erhöhten Konzentrationen — schädigend auf Pflanzen ein.

Die Pflanzen nehmen Schwefeldioxid durch die Spaltöffnungen auf, der Blattfarbstoff Chlorophyll wird geschädigt, so daß die Photosynthese (Aufbau organischer Verbindungen unter Lichteinwirkung) gestört wird.

Der Schaden wird sichtbar durch Braunfärbung von Blättern und Pflanzen. Schwefeldioxid reagiert außerdem in der Atmosphäre mit Wasser und bildet schweflige Säure. Die sauren Niederschläge verändern den pH-Wert des Bodens; Metallverbindungen werden dann leichter gelöst und mobilisiert. Die Mehrzahl aller Organismen ist nur zwischen pH-Werten von 5 bis 8 lebensfähig. Bei pH-Werten unter 5 sind bei vielen Organismen starke Einschränkungen der Lebensmöglichkeiten festzustellen.

Stickstoffoxide bilden mit Wasser salpetrige Säure und Salpetersäure. Neben der „ansäuernden" Wirkung erfolgt eine Anreicherung des Bodens mit Nitraten (Düngung).

2.7.3.3 Immissionswirkung auf Sachgüter

Luftverunreinigungen können Korrosionsvorgänge von Materialien und Werkstoffoberflächen beschleunigen bzw. auslösen. Schwefeldioxid zählt zu den bedeutsamsten materialschädigenden Luftschadstoffen.

Immissionsbedingte Schäden treten besonders bei metallischen und mineralischen Oberflächen auf. Auch mit Lacken beschichtete Oberflächen können von Luftschadstoffen geschädigt werden (z.B. Glanzverlust, Farbtonveränderungen etc.).

2.7.4 Begrenzung von Emissionen

Die Aufbereitung von verunreinigter Luft in der Atmosphäre ist nicht möglich. Eine Reinigung der Abluft muß deshalb vor Austritt in die Atmosphäre erfolgen. Umweltschutzmaßnahmen laufen darauf hinaus, die Emissionen von Schadstoffen so gering wie möglich zu halten.

Das Bundesimmissionsschutzgesetz verpflichtet die Betreiber von genehmigungsbedürftigen Anlagen, Emissionen zu begrenzen. In der „Technischen Anleitung zur Reinhaltung der Luft" (TA-Luft) sind zulässige Grenzwerte für Emissionen (Stäube, Gase, Dämpfe) festgelegt.

Die chemische Industrie entwickelt schon seit vielen Jahren Verfahren, die die Emissionen von Luftschadstoffen erheblich reduzieren.

Obgleich die Produktion in den letzten 20 Jahren um ca. 80% gesteigert wurde, konnten die Emissionen im gleichen Zeitraum um etwa 60% reduziert werden. Eine weitere Reduzierung von Schadstoffemissionen wird durch die verstärkte Entwicklung umweltfreundlicher Verfahren und Produkte angestrebt.

Die Reinigung der Autoabgase mittels Katalysator ist ein weiterer wichtiger Beitrag, um die Emissionen von Kohlenstoffmonoxid, Stickstoffoxiden und Kohlenwasserstoffen zu verringern.

Auch werden in der Automobilfertigung immer mehr Lacke eingesetzt, die sich durch einen geringeren Lösemittelanteil auszeichnen. Bei der Verarbeitung solcher Beschichtungsstoffe ist deshalb die Emission von Kohlenwasserstoffen wesentlich geringer.

2.7.5   Abluft-/Abgasreinigung

Die Betreiber von genehmigungsbedürftigen Anlagen sind im Sinne des Bundesimmissionsschutzgesetzes verpflichtet, Maßnahmen nach dem Stand der Technik zu treffen, um Emissionen zu begrenzen. Dazu dienen Abluft- und Abgasreinigungsanlagen.

Man unterscheidet Verfahren zur Beseitigung von staubförmigen und gasförmigen Luftverunreinigungen.

2.7.5.1   Staubabscheidung

Die Abscheidung staubförmiger Verunreinigungen kann nach verschiedenen Methoden erfolgen:

Mechanische Staubabscheidung: Die mechanische Abscheidung von Staub aus Abluft oder Abgas beruht auf der Abscheidung der Staubpartikel durch die Schwer- oder Fliehkraft.

Naßentstaubung: Hierbei wird die Abluft durch einen Wassersprühnebel geleitet. Dabei werden die Staubteilchen von Wassertröpfchen benetzt und abgeschieden.

Filtrationsentstaubung: Die Abluft wird mittels Filter von den Staubteilchen gereinigt. Die Filtermittel bestehen aus unterschiedlichen Materialien, wie Wolle, synthetische Fasern etc.

Elektroentstaubung: Die Staubteilchen werden elektrisch aufgeladen, mit Hilfe eines elektrischen Feldes zur positiven Elektrode transportiert und dort abgeschieden.

2.7.5.2 Beseitigung gasförmiger Emissionen

Zur Beseitigung bzw. Begrenzung gasförmiger Emissionen finden hauptsächlich folgende Verfahren Anwendung:

Absorptionsverfahren:

Luftverunreinigungen werden aus dem Abluftstrom „ausgewaschen".

Eine z.B. mit Chlorwasserstoff verunreinigte Abluft wird gereinigt, indem der Chlorwasserstoff mit Wasser „ausgewaschen" (absorbiert) wird.

Bei Schwefeldioxid erreicht man eine ausreichende Abtrennung erst im alkalischen Bereich, z.B. mit verdünnter Natronlauge

$$NaOH + SO_2 \longrightarrow NaHSO_3$$

Diesen Vorgang bezeichnet man als Chemisorption. Viele Absorptionsverfahren haben jedoch den Nachteil, daß die Abluftprobleme ins Abwasser verlagert werden. Häufig ist die Aufbereitung und Entsorgung der „Waschflüssigkeit" nur mit technisch sehr aufwendigen Maßnahmen möglich.

Adsorptionsverfahren:

Die gasförmigen Schadstoffe werden an der Oberfläche eines festen Stoffes, z.B. Aktivkohle, festgehalten.

Die Adsorptionsleistung wird mit steigender Temperatur der zu reinigenden Abluft geringer; andererseits steigt sie mit wachsendem Druck.

Zur Rückgewinnung des adsorbierten Stoffes können die beladenen Adsorptionsmittel aufgearbeitet werden.

2.7.5.3 Thermische Abgasreinigung

Hier werden Kohlenwasserstoffverbindungen, die sich in Abluft oder Abgas befinden, bei Temperaturen von 600 °C und mehr zu CO_2 und Wasser oxidiert.

2.7.5.4 Katalytische Abgasreinigung

Durch Einsatz geeigneter Katalysatoren, z.B. Platin oder Palladiumverbindungen, kann die Oxidation, z.B. von Kohlenwasserstoffen, in der Abluft bei Temperaturen von 300 bis 400 °C durchgeführt werden.

Der Hauptvorteil dieses Verfahrens liegt in der niedrigeren Verbrennungstemperatur. Katalysatorgifte, wie z.B. Phosphorverbindungen, Blei und Halogene können die Lebensdauer des Katalysators stark verringern.

2.8   Abfallsammlung, -verwertung und -entsorgung

In der chemischen Produktion fallen neben den Hauptprodukten auch unerwünschte Reststoffe oder Rückstände an. Diese gilt es entweder wiederzuverwenden, weiterzuverwerten oder schadlos zu beseitigen, sofern ihre Entstehung nicht vermieden werden kann. Die Ziele sind also:

— Wiederverwendung
— Weiterverwertung oder, sofern die Verwertung aus technischen oder wirtschaftlichen Gründen nicht möglich ist,
— Entsorgung als Abfall.

2.8.1   Wiederverwendung

Hierunter ist die Nutzung der Reststoffe in ihrer vorliegenden Form ohne chemische Umwandlung zu verstehen, z.B. die Nutzung von Abfallgips (aus der Naß-Phosphorsäureherstellung) als Baumaterial oder von Schlacke als Füllmaterial. Auch das Wiederaufschmelzen von Kunststoffresten zu neuer Formgebung ist ein Beispiel.

2.8.2   Weiterverwertung

Bei dieser Abfallbehandlung werden die Produktionsreststoffe chemisch verändert, z.B. durch Oxidation, Elektrolyse oder Depolymerisation, um die in den Rückständen enthaltenen Grundstoffe oder Energien zu verwerten.

2.8.3   Entsorgung

Die industriellen Abfallstoffe werden nach folgenden Abfallarten getrennt:

— hausmüllähnliche Gewerbeabfälle
— Klärschlämme
— produktionsspezifische Abfälle.

Ist die Wiederverwendung oder Weiterverwertung der Reststoffe aus technischen oder wirtschaftlichen Gründen nicht möglich, werden diese zu Abfällen im eigentlichen Sinne. Dann ist die schadlose Entsorgung dieser Stoffe im Rahmen eines rechtlich und technisch

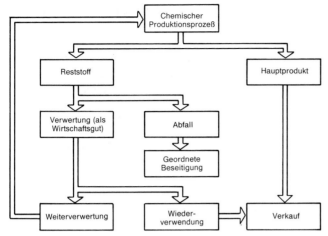

Abb. 2-4. Kreisläufe Abfall — Wirtschaftsgut.

geordneten Beseitigungsverfahrens erforderlich. Deponie und Abfallverbrennung bilden die Schwerpunkte der Entsorgung und sollen nachfolgend genauer beschrieben werden.

Zusammenfassend kann man folgende allgemeine Abgrenzung

„Abfall" und „Wirtschaftsgut"

vornehmen:

Ist eine eigene Verwertung der Reststoffe oder die Abgabe an Dritte für den Besitzer möglich, so ist die Sache in der Regel kein Abfall, sondern als Wirtschaftsgut zu betrachten. Der Gesetzgeber stellt die Wiederverwendung oder Weiterverarbeitung in den Vordergrund.

2.8.3.1 Abfallentsorgung

Der Entscheidung über die weitere Behandlung der Abfälle gehen analytische Untersuchungen voraus (Beispiele hierzu finden sich unter 2.10).

Bei der Abfallbeseitigung sowie bei der behördlichen und innerbetrieblichen Überwachung der Abfallbeseitigung werden die Abfälle nach mehreren Kriterien beurteilt. Dabei geht es insbesonders um das Verhalten der Stoffe beim Befördern, Zwischenlagern und der geordneten Beseitigung. Dies erfordert Untersuchungen der physikalischen, chemischen und biochemischen Eigenschaften der Abfälle. Art und Umfang der Untersuchungen sind in den abfallrechtlichen Genehmigungen vorgegeben. Der tatsächlich betriebene Untersuchungsaufwand übertrifft jedoch in der Regel den Rahmen des Vorgeschriebenen.

2.8.3.2 Abfallverbrennung

Werden feste, pastöse und flüssige Abfälle aus industrieller Produktion beseitigt, falls diese aufgrund ihrer umweltrelevanten Inhaltsstoffe von der Deponie ausgeschlossen

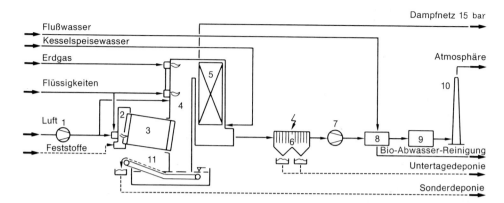

Abb. 2-5. Schema einer Abfallverbrennungsanlage. 1 Frischluftgebläse, 2 Faßaufzug, 3 Drehrohrofen, 4 Nachbrennkammer, 5 Dampfkessel, 6 Elektrofilter, 7 Saugzug, 8 Zweistufige Wäsche, 9 Wiederaufheizung, 10 Kamin, 11 Naßentschlacker.

sind, erfolgt ihre Beseitigung in speziell konstruierten Verbrennungsanlagen. Bei derartigen Abfällen handelt es sich im wesentlichen um:

— organische Produktionsrückstände
— pflanzliche und tierische Fettprodukte
— Pflanzenbehandlungs- und Schädlingsbekämpfungsmittel
— Mineralölprodukte aus der Erdölverarbeitung und Kohleveredlung
— organische Lösemittel
— Farben, Lacke, Klebstoffe, Kitte und Harze.

Bei der Verbrennung müssen schädliche Emissionen vermieden werden. Daher werden die Rauchgase entsprechend den behördlichen Auflagen gereinigt; die TA-Luft konkretisiert hierbei den Stand der Technik.

Das Verfahrensfließbild in Abb. 2-5 zeigt eine Drehrohrofenanlage, in der Abfälle beliebiger Konsistenz verbrannt werden können.

Die gelagerten Abfälle werden dem Ofen und z. T. der nachgeschalteten Nachbrennkammer zugeführt, an die sich ein Abhitzekessel anschließt. Der hier erzeugte Dampf wird zu Heizzwecken oder zur Stromerzeugung genutzt.

Anschließend werden die Rauchgase in einem Elektrofilter von Flugasche und in der darauffolgenden Wäsche von Schadgasen und Aerosolen befreit. Die gereinigten Abgase werden über den Schornstein in die Atmosphäre geleitet.

2.8.3.3   Abfalldeponierung

Unter dem Begriff **Deponie** versteht man allgemein die geordnete Ablagerung von Abfällen auf einem dafür vorgesehenen Gelände. Bei diesem Verfahren werden die Abfälle systematisch eingebaut, verdichtet und mit einem geeigneten Material abgedeckt, so daß keine Gefährdung des Grund- und Oberflächenwassers eintritt und den hygienischen und ästhetischen Belangen Rechnung getragen wird.

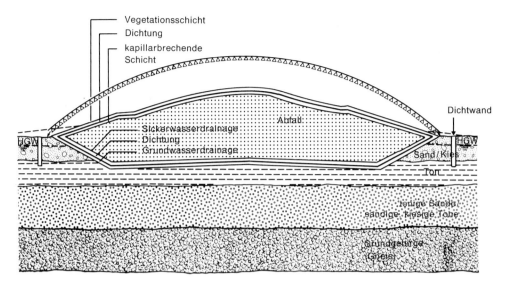

Abb. 2-6. Schema einer Deponie.

Art und Menge der Abfälle und deren Beschaffenheit bestimmen im Einzelfall die technischen Anforderungen und das Ausstattungsniveau der Deponie-Anlage. Dies gilt insbesonders im Hinblick auf den erforderlichen Aufwand für Gewässerschutz-Maßnahmen.

Nach Abfallherkunft unterscheidet man folgende Deponiearten:

— *Hausmülldeponie:* Dort werden überwiegend Hausmüll und hausmüllähnliche Abfälle abgelagert.
— *Industrieabfalldeponie:* Hier werden überwiegend oder ausschließlich Abfälle aus gewerblicher Tätigkeit abgelagert.

Bei Ablagerung von Sonderabfällen (z.B. toxische Stoffe) handelt es sich um eine **Sonderabfalldeponie.**

In der Abfallpraxis differenziert man noch zwischen

— *Monodeponie* (z.B. Deponie nur für Klärschlamm)
— *Mischdeponie* wie sie z.B. gegeben ist, wenn verschiedene Chemiereststoffe (z.B. Gips, Braunsteinabfälle, Schlacke, Klärschlamm) dem Stand der Technik entsprechend geordnet abgelagert werden.

Auszuschließen von der Deponie sind im allgemeinen:

— Organische Lösemittel
— Abfallstoffe, aus denen im Zusammenwirken mit anderen Abfällen gefährliche Umsetzungen resultieren können.
— Geruchsintensive Abfälle, soweit diese — trotz Abdeckung — eine ständige Geruchsquelle darstellen.

- Abfälle, die Sicherheitsmaßnahmen beeinträchtigen können, welche gegen eine Verschmutzung des Grundwassers durch Sickerwasser getroffen sind.
- Abfälle, für deren Beseitigung anderweitige gesetzliche Regelungen bestehen, z.B. Altöle oder radioaktive Stoffe.

Bei den Deponieformen, die durch die Geländeauswahl vorbestimmt werden, unterscheidet man zwischen Halde, Anböschung und Grube.

Zum Schutz des Grundwassers ist eine Basisabdichtung von Deponien erforderlich. Dies kann eine **natürliche Abdichtung** und/oder eine **künstliche Abdichtung** sein.

Zu den **natürlichen Abdichtungen** zählen die wasserundurchlässigen Böden wie Lehme und Tone. Ist der Untergrund nicht von hinreichender Dichtigkeit, muß die Deponie mit Kunststoffbahnen abgedichtet werden.

Die über der Sperrschicht anfallenden Sickerwässer sind entweder durch Dränleitungen oder durch die im Gefälle liegende Sperrschicht (Flächendränung) zu sammeln und abzuleiten, um sie einer geeigneten Behandlung zuzuführen.

2.9   Lärm/Strahlung

2.9.1   Lärm

2.9.1.1   Definition

Lärm ist unerwünschter Schall. In der Lärmschutzgesetzgebung wird Lärm näher definiert als Schall oder Geräusch, der/das Gefahren, erhebliche Nachteile oder erhebliche Belästigungen für die Allgemeinheit oder die Nachbarschaft herbeiführt oder an Arbeitsplätzen Gesundheit, Arbeitssicherheit oder Leistungsfähigkeit beeinträchtigt.

2.9.1.2   Maßnahmen zur Verminderung/Vermeidung von Lärm/Geräuschen

Die Maßnahmen zur Verminderung/Vermeidung von Lärm/Geräuschen sind auf den ersten Blick außerordentlich einfach.
Sie lauten:

> Apparate so konstruieren, daß sie möglichst geräuscharm arbeiten und Restgeräusche durch Kapseln, Dämmen usw. minimieren.

Da die apparative Ausstattung in den Produktionsanlagen jedoch äußerst unterschiedlich ist, muß es daher Aufgabe jedes einzelnen Betriebes sein, seine spezifischen Lärmschutzmaßnahmen zu ergreifen.

Hier ist auf die Anwendung persönlicher Schallschutzmittel wie:

> Gehörschutzstöpsel
> Gehörschutzwatte
> Gehörschutzkapseln

zu achten.

2.9.2   Energiereiche Strahlung

2.9.2.1   Definition

Unter energiereicher Strahlung sind zu verstehen, die

— Röntgenstrahlung
— radioaktive Strahlung (jedoch nur die α- und β-Strahlung)
— ultraviolette Strahlung
— Laserstrahlung
— Mikrowellen.

2.9.2.2   Einsatz energiereicher Strahlung

Energiereiche Strahlung wird für folgende Zwecke eingesetzt

— Röntgen: z. B. medizinische Untersuchungen, Prüfungen von Schweißnähten und andere Materialprüfungen, Feinstrukturanalysen
— α- und β-   z. B. Dicken- und Füllstandsmessungen, Tracer-Technik
 Strahlen:
— UV: z. B. Spektroskopie, Härten von Oberflächenbeschichtungen
— Laser: z. B. Schweißen, Schneiden, Messen, Informationsübertragung
— Mikrowellen: z. B. Trocknen

2.9.2.3   Schutz vor energiereicher Strahlung

Zum Schutz vor energiereicher Strahlung wurden zahlreiche Verordnungen erlassen

— Röntgenverordnung
— Strahlenschutzverordnung
— Richtlinien „Umschlossene radioaktive Stoffe"
— Richtlinien „Zum Schutz gegen ionisierende Strahlen bei Verwendung und Lagerung offener radioaktiver Stoffe".

Auszubildende im Berufsfeld Chemie-Physik-Biologie, die im Rahmen ihrer Tätigkeit mit Strahlungsquellen in Berührung kommen, müssen vor Beginn ihrer Tätigkeit auf die Gefahren beim Arbeiten mit ionisierender und radioaktiver Strahlung hingewiesen und für den Umgang mit energiereicher Strahlung eingehend unterwiesen werden.

2.10   Experimentelle Beispiele

2.10.1   pH-Wert-Messungen in Bodenproben

Bodenproben:

Es werden Bodenproben genommen, wobei auf unterschiedliche Herkunft geachtet wird. Die luftgetrockneten Bodenproben werden durch ein Sieb mit der Maschenweite 2 mm gegeben.

Elutionsmittel:

1. KCl-Lösung, $c(KCl)$ $= 1$ mol/L   pH $= 5,7$
2. CaCl$_2$-Lösung, $c(CaCl_2)$ $= 0,01$ mol/L   pH $= 5,7$
3. vollentsalztes Wasser, (VE-Wasser)   pH ≈ 7

Geräte:

100 mL Becherglas
Glasstab
Meßanordnung zur pH-Wert-Bestimmung

Versuchsdurchführung:

20 g gesiebter Boden werden mit 50 mL Elutionsmittel 1, 2 oder 3 versetzt und innerhalb einer Stunde zweimal mit dem Glasstab umgerührt.

Anschließend wird der pH-Wert der einzelnen Eluate bestimmt.

Auswertung:

Es zeigt sich einmal, daß der pH-Wert der mit KCl- oder CaCl$_2$-Lösung extrahierten Bodenprobe identisch ist, während bei der Verwendung von VE-Wasser als Elutionsmittel in der Regel höhere pH-Werte gemessen werden.

Außerdem kann gezeigt werden, daß z.B. Gartenerde mit pH-Werten von >7 erheblich alkalischer sind als Waldböden (pH $3-3,5$). Die niedrigeren pH-Werte von Waldböden sind vor allem durch das Vorhandensein von natürlichen Huminsäuren und die Bodenverbesserungen der Gartenerde durch Kalkung zu erklären.

2.10.2   Bestimmung von Sauerstoff in Wasser

Gelöster Sauerstoff ist für das Leben im Wasser von großer Bedeutung. Die exakte Bestimmung verlangt analytische Erfahrung oder größeren Geräteaufwand. Hier soll deshalb ein einfacher Schnelltest der Fa. Merck zur Anwendung kommen, der auf einer modifizierten Winkler-Methode basiert (s. Abb. 2.7).

Durchführung:

14662 Aquamerck®-Sauerstoff

Packungsinhalt: Reagenz für 50 Bestimmungen, wasserfeste Farbkarte, Meßgefäß, zusätzlich Reaktionsflasche 14663 erforderlich	**50**
Meßbereich: Die Farbkarte ist wie folgt abgestuft: 0-1-3-5-7-9-12 mg/L O_2	

Durchführung

Sauerstoff-Reaktions-flasche mit dem zu prüfenden Wasser spülen und luftblasen-frei bis zum Überlaufen füllen.	**Nacheinander je 5 Tropfen Reagenz 1 und Reagenz 2 zuge-ben, mit dem abge-schrägten Stopfen luft-blasenfrei verschließen und ca. 30 sec lang schütteln.**	**10 Tropfen Reagenz 3 zugeben, wieder ver-schließen und erneut gut umschütteln.**	**Mit der so erhaltenen Reaktionslösung Meß-gefäß spülen und bis zur 5 ml Markierung füllen.**

Meßgefäß auf die Farbkarte aufsetzen.	**Farbvergleichswert zuordnen.**		

Hinweis: Die Reaktion basiert auf einer modifizierten Winkler Methode.

Abb. 2-7. Versuchsablaufschema zur Bestimmung von Sauerstoff in Wasser.

Hinweise zur Arbeitssicherheit und Entsorgung:

Bei allen Arbeiten mit Chemikalien ist Schutzkleidung und Schutzbrille zu tragen. Beim Umgang mit Reagenzien unbekannter Zusammensetzung ist immer äußerste Vorsicht geboten.

Die am Ende der Bestimmung angefallene Reaktionslösung kann, stark verdünnt, in die Kanalisation gegeben werden.

Die Reagenzien sind gegebenenfalls als Sondermüll zu entsorgen.

2.10.3   Bestimmung von Kohlenstoffdioxid in Luft

Die Bestimmungen werden mit dem Gasspürgerät und Prüfröhrchen der Fa. Dräger, Lübeck durchgeführt.

Je nach Meßstandort werden verschiedene Konzentrationen gemessen:

Normalwert	$\varphi(CO_2) = 0,03\%$
in schlecht gelüfteten Räumen	$\varphi(CO_2) \geq 0,03-0,5\%$
in der Nähe von Pflanzen	$\varphi(CO_2) \leq 0,03\%$

An Hand dieser Meßergebnisse lassen sich Betrachtungen über die Herkunft und über den Abbau von CO_2 und über die ökologischen Notwendigkeiten in diesem Zusammenhang (Begrünung/Photosynthese) anstellen.

Geräte:

Gasspürpumpe
Prüfröhrchen für CO_2 $\varphi = 0,01\%/a$ Nr. CH 30801

Hinweise zur Arbeitssicherheit und Entsorgung:

Beim Abbrechen der Spitzen der Prüfröhrchen entstehen scharfe Kanten. Es besteht die Gefahr von Schnittverletzungen.

Gebrauchte Prüfröhrchen sind zu sammeln und als Sondermüll zu entsorgen.

Durchführung:

Die Bestimmung wird nach der den Prüfröhrchen beiliegenden Anleitung vorgenommen.

2.10.4   Energiesparmöglichkeiten beim Betrieb einer Reaktionsapparatur

Im Chemielaboratorium werden viele Reaktionen bei Siedetemperatur des Lösemittels am Rückfluß durchgeführt. Durch eine quantitative Betrachtung des Wärmetauschs im

Rückflußkühler kann Kühlwasser gespart werden, ebenso wie durch optimierten Betrieb des elektrischen Heizkorbes.

Geräte:

> Reaktionsgefäß (500-mL-Rundkolben)
> Rückflußkühler
> Thermometer im Kühlwasserausgang des Kühlers
> Elektrischer Heizkorb, Leistung 200 W
> Meßzylinder 500 mL
> Stoppuhr

Nach dem Einfüllen von ca. 300 mL Wasser wird der elektrische Heizkorb angebaut, einige Siedeperlen zugegeben, das Kühlwasser, wie bei normalen Laborversuchen üblich, angestellt. Dann werden die Temperatur und die Menge des Kühlwassers gemessen. Danach wird das Wasser mit der größten Leistung des Heizkorbes zum Sieden erhitzt und nach einiger Zeit erneut die Temperatur des Kühlwassers gemessen. Nun wird die Kühlwassermenge so gedrosselt, daß die Temperatur des abfließenden Kühlwassers auf 35 °C ansteigt und die jetzt durchlaufende Menge gemessen.

Ergebnisse (Beispiel):

> Kühlwasserdurchfluß (normal) = 30 − 35 L/h
> Kühlwassertemperatur vor dem Versuch = 24 °C
> Kühlwassertemperatur während des Versuchs = 28 °C
> Kühlwasserdurchfluß ($\vartheta(H_2O) = 35$ °C) = 10 − 15 L/h

Schlußfolgerung:

Die Kühlwassermenge kann, ohne daß man durch zu hohe Temperatur des ablaufenden Wassers ökologische Probleme erzeugt und ohne den notwendigen Kühleffekt zu verlieren auf 30 − 50% des „normalen" Durchlaufs gedrosselt werden.

Weitere Möglichkeiten der Energieeinsparung durch gleichzeitige Drosselung der Heizleistung sind in diesem Modellversuch nicht berücksichtigt, sollten aber bedacht werden.

2.10.5 Bestimmung der absetzbaren Bestandteile einer Wasserprobe

Einsatzstoffe:

> ca. 50 g Erde
> Wasser
> Eisen-II-sulfat
> Natronlauge, $w(NaOH) = 10\%$

Apparatur: Imhoff-Trichter

Arbeitsanweisung:

20 g Erde werden grob gesiebt und in 1000 mL Wasser eingerührt. Die entstandene Suspension wird in einen Imhoff-Trichter gegeben und das Absitzen der Schwebstoffe verfolgt.

Um die Wirkung von Flockungsmitteln zu zeigen werden bei einem zweiten Versuch der Suspension 0,2 g Eisen-II-sulfat zugesetzt und der pH-Wert auf 7 eingestellt.

Ergebnisse:

Aus der unbehandelten Suspension werden schnell grobe Feststoff-Teile abgeschieden. Die feinen Schwebstoffe setzen sich nicht ab, die Flüssigkeit bleibt trübe.

Bei der behandelten Probe entsteht über dem Sediment eine klare Lösung.

Dieser Versuch kann auch mit Proben aus Bächen (Hochwasser!), Kläranlagen oder Produktionsabwässern durchgeführt werden. Eine Reproduktion der Ergebnisse ist in diesen Fällen schwieriger.

2.10.6   Chemische Reinigung und Klärung von Abwässern

Apparatur:

Rührapparatur (4-Hals-Rundkolben, Schliffthermometer, Tropftrichter, Rührer mit Führung und Rührmotor, Rückflußkühler, el. Heizkorb)

Div. Bechergläser und Meßzylinder, Trichter, Reagenzgläser, Faltenfilter, Indikatorpapier.

Chemikalien:

Abwasserlösung (0,4 g Dispersionskleber und 0,09 g Dinatriumhydrogenphosphat (Na_2HPO_4) in 1 L Wasser suspendieren)
Eisen-II-sulfat-Lösung (0,2 g $FeSO_4$ in 20 mL Wasser)
gesättigte Calciumhydroxid ($Ca(OH)_2$)-Lösung
Schwefelsäure, $w(H_2SO_4) = 10\%$.

Hinweise zu Arbeitssicherheit und Entsorgung:

Bei allen Arbeiten im Labor muß Schutzbrille und Laborkittel getragen werden. Beim Umgang mit Chemikalien sind die Hinweise auf besondere Gefahren (R-Sätze) und die Sicherheitsratschläge (S-Sätze) zu beachten.

Nicht neutrale Lösungen sind vor dem Einleiten in die Kanalisation zu neutralisieren.

Lösungen, die Schwermetalle enthalten, sind entweder einer ordnungsgemäßen Entsorgung in einer chemisch-biologischen Kläranlage zuzuführen

oder

die Schwermetalle sind mit geeigneten Methoden auszufällen, abzufiltrieren und der Rückstand ist als Sondermüll zu beseitigen. Das Filtrat kann in die Kanalisation gegeben werden.

Versuchsdurchführung:

In der Rührapparatur werden 300 mL Abwasserlösung vorgelegt. Zur Kontrolle werden ca. 0,5 mL Probe entnommen und ein Phosphat-Nachweis durchgeführt. Die Lösung wird nun mit Schwefelsäure, $w(H_2SO_4) = 10\%$, auf einen pH-Wert $= 3$ eingestellt und mit 20 mL Eisen-II-sulfat-Lösung versetzt. Danach wird aus dem Tropftrichter Calciumhydroxid-Lösung zugegeben, bis die Lösung einen pH-Wert $= 7$ hat. Nach 15 Minuten Rühren wird der pH-Wert der Lösung überprüft und ggf. erneut auf pH $= 7$ eingestellt.

Die Lösung wird nun über Faltenfilter abfiltriert, dem Filtrat eine Probe entnommen und ein Phosphat-Nachweis durchgeführt.

Ergebnisse:

Im Filtrat kann kein Phosphat nachgewiesen werden. Die durch den Dispersionskleber aufgetretene Trübung wurde durch den Zusatz von Eisensulfat und Calciumsulfat ausgeflockt und konnte abfiltriert werden. Im Rückstand befinden sich Dispersionskleber, Phosphat-, Eisen- und Calcium-Ionen.

Das chemisch vorgereinigte Abwasser kann nun einer biologischen Kläranlage zugeführt werden.

2.10.7 Adsorption von Schwefelwasserstoff an Eisen-(III)-oxid

Schwefelwasserstoff ist ein sehr giftiges Gas, das bei einem Atemluftanteil von $\varphi(H_2S) = 0,08\%$ nach 5–10 Minuten tödlich wirkt!

Der MAK-Wert für H_2S liegt bei 10 mg/m^3 ($= 10$ ppm). Schwefelwasserstoff stellt schon in geringster Verdünnung eine extreme Geruchsbelästigung dar.

Es wird deutlich, daß hohes Interesse darin besteht gasförmige Emissionen in unserer Umwelt auf ein Minimum zu reduzieren. Das läßt sich ermöglichen, indem man aus belasteter Abluft z.B. durch geeignete Adsorbentien den Schwefelwasserstoff entfernt. Dies geschieht, indem der Abluftstrom durch einen Festbettadsorber geleitet wird.

Eine Möglichkeit, mit Schwefelwasserstoff belastete Abluft zu reinigen, ist das Adsorbieren von Schwefelwasserstoff an Eisenoxiden, z.B. Eisen-(III)-oxid.

Leitet man Schwefelwasserstoff durch Eisen-(III)-oxid, so wird es in Folge einer chemischen Reaktion an der Oberfläche des Eisen-(III)-oxids gebunden und somit aus dem Abgasstrom entfernt.

$$Fe_2O_3 + 3 H_2S \longrightarrow Fe_2S_3 + 3 H_2O$$

Die Reaktionsgleichung macht deutlich, daß der Schwefelwasserstoff unter Bildung von Wasser und nichtflüchtigem Eisensulfid aus dem Abgas adsorbiert wird. Das gebildete Eisensulfid muß nicht deponiert, sondern kann in einem Recycling-Verfahren wieder genutzt werden.

Als Beispiel wäre hier die Herstellung von Schwefelsäure aus sulfidischen Erzen nach dem Doppelkontaktverfahren zu nennen.

Geräte:

Druckgasflasche mit Schwefelwasserstoff, 2 Gaswaschflaschen, Standzylinder, 2 Chlorcalciumrohre, Raschigringe (klein), Gasschläuche, Stativmaterial, 2 Drägernachweisröhrchen für H_2S.

Chemikalien:

Eisen-(III)-oxid
Schwefelwasserstoff in Stahlflasche
kaltgesättigte Kochsalzlösung

Umweltschutz und Entsorgung:

Der Versuch darf nur unter einem Abzug durchgeführt werden. Die entstandenen Sulfide sind als chemischer Sondermüll zu deponieren.

Unfallverhütung, Arbeitssicherheit:

Beim Umgang mit Schwefelwasserstoff ist aus den in der Einführung erwähnten Gründen Vorsicht geboten.

R/S-Sätze:

R 13: Hochentzündliches Flüssiggas
R 26: Sehr giftig beim Einatmen

S 7: Behälter dicht geschlossen halten
S 9: Behälter an gut belüftetem Ort aufbewahren
S 25: Berührung mit den Augen vermeiden
S 45: Bei Unfall/Unwohlsein sofort Arzt zuziehen
        (wenn möglich dieses Etikett vorzeigen)

Arbeitsanweisung:

Ein Chlorcalciumrohr wird an einem Ende mit Glaswolle verschlossen und so mit Raschigringen und Eisen-(III)-oxid gefüllt, (Mischungsverhältnis ca. 10 g Fe_2O_3 und 40 g Raschigringe) daß ein nicht zu festes Stoffgemisch entsteht. Das andere Ende wird ebenfalls mit Glaswolle und einem durchbohrten Gummistopfen verschlossen. Anschließend ist das Rohr auf einer Analysenwaage zu wiegen und die Masse zu notieren.

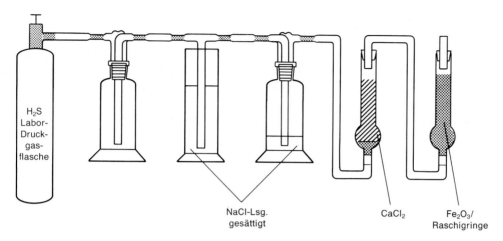

NaCl-Lsg.
gesättigt

CaCl₂

Fe₂O₃/
Raschigringe

Abb. 2-8. Apparatur zur Adsorption von Schwefelwasserstoff.

Das zweite Chlorcalciumrohr wird mit **wasserfreiem** Calciumchlorid gefüllt.

Die kaltgesättigte Kochsalzlösung wird auf einem Mangetrührer hergestellt; es werden ca. 0,75 L benötigt.

Der Versuch wird entsprechend der folgenden *Skizze* aufgebaut:

Nach dem Aufbau wird eine gleichmäßige Strömungsgeschwindigkeit des Schwefelwasserstoffs mit Hilfe des Blasenzählers auf ca. 1 bis 2 Blasen pro Sekunde eingestellt. Hierbei ist darauf zu achten, daß der Schwefelwasserstoff nicht aus der Tauchung herausströmt. Die Strömungsgeschwindigkeit darf während des Versuches nicht mehr verändert werden. Die Versuchsdauer beträgt eine Stunde.

Während des Versuchsablaufs wird mit einem Drägergasspürgerät mehrfach die Konzentration an Schwefelwasserstoff im Abzug gemessen.

Auswertung:

Anhand der Verfärbung des Eisen-(III)-oxids, der entstehenden Wassertröpfchen und der Erwärmung wird die Adsorption des Schwefelwasserstoffs nachgewiesen.

Die Massenzunahme der Eisen-(III)-oxid/Raschigringe-Mischung wird festgestellt und daraus die Menge des adsorbierten Schwefelwasserstoffs ermittelt. Es ist ein Protokoll sowie eine Skizze des Versuches anzufertigen.

Im Versuch betrug die Massenzunahme ca. 1,4 g; dies entspricht einer Adsorption von ca. 900 mL H_2S an 10 g Fe_2O_3.

2.11 Wiederholungsfragen

1. Was versteht man unter dem Begriff „Ökologie"?
2. Was ist ein Biotop?
3. Erklären Sie die Konzentrationsangabe „ppm".
4. Nennen Sie Gesetze und Verordnungen, die den Umweltschutz betreffen.
5. Warum stellen Energieeinsparungen einen Beitrag zum Umweltschutz dar?
6. Erklären Sie die Bedeutung des Wassers für das Leben auf der Erde.
7. Nennen Sie: a) Natürliche
   b) Zivilisatorisch bedingte
   Belastungen des Wassers.
8. Erklären Sie die Begriffe CSB und BSB_5.
9. Nennen Sie Möglichkeiten der mechanischen und chemischen Abwasserreinigung.
10. Erklären Sie die Funktion einer Biologischen Kläranlage.
11. Erklären Sie die Begriffe Emission und Immission.
12. Nennen Sie Möglichkeiten der Abluftreinigung.
13. Was versteht man unter Wiederverwendung
    Weiterverwendung
    Entsorgung?
14. Nennen Sie Möglichkeiten der Entsorgung.
    Geben Sie Beispiele für verschiedene Schadstoffe an.
15. Nennen Sie Beispiele energiereicher Strahlung und geben Sie deren Verwendungsmöglichkeiten an.

3 Qualität und Qualitätssicherung

3.1 Qualitätsbegriff und Qualitätsphilosophie

Wird irgend eine Aufgabe durchgeführt, ohne das ein verwertbares Ergebnis entsteht, so ist das Ganze nur sinnlose Beschäftigung. Wird ein Produkt erzeugt, ohne auf die Möglichkeiten seiner Vermarktung zu achten, ist dies Material-, Zeit- und Geldverschwendung. Eine Dienstleistung, die wegen ihrer mangelhaften Ausführung nicht akzeptiert wird, dient nur der Selbstbeschäftigung des Personals. Alle aufgeführten Beispiele weisen auf die Schlüsselfunktion der Mitarbeiter hin. Qualität ist die Anforderung die das Handeln aller Mitarbeiter in allen Arbeitsbereichen bestimmen muß. Die Rückwirkung der beiden Begriffe aufeinander ist heute unstrittig.

Früher war der Begriff Qualität eng an den Begriff Produkt gekoppelt. Diese Produktqualität versuchte man sicherzustellen, in dem man die Gesamtproduktion in viele kleine Einzelarbeiten zerlegte (Taylorismus). Man erzielte dadurch eine enorme Rationalisierung, aber die immer wieder gleichförmigen, stupiden Einzelarbeiten führten zu Konzentrationsmängeln bei den Mitarbeitern und so zu Fehlern. Diese Fehler wurden aber häufig erst in der Endkontrolle bemerkt: das ganze Produkt war Ausschuß und wanderte auf den Schrott.

Heute faßt man Arbeit und ihren Sinn ganz anders auf. Moderne Arbeitsplanung stellt Mitarbeitern oder Teams ganzheitliche Aufgaben und überträgt die Verantwortung für die Sicherstellung der Qualität des Handelns, der Abläufe und des Produktes auf die Durchführenden. Dauernde Selbst- und Fremdkontrolle ist die Grundlage aller Arbeitsprozesse.

Wenn die Qualität der Arbeit einen so großen Einfluß hat, muß man über die Inhalte dieses Begriffes genauer nachdenken.

Folgende Fragen müssen beantwortet werden:

> Was ist Qualität?
> Wer entscheidet über die Qualität?
> Was hat der Mitarbeiter von guter Qualität?
> Wie wird Qualität erreicht?
> Wie wird ständig Qualität sichergestellt und verbessert?

Ein Produkt oder eine Dienstleistung hoher Qualität entspricht genau den Anforderungen, die der Abnehmer (Kunde) stellt. Einer der Begründer des modernen Qualitätsbegriffes, der Amerikaner J. M. Juran*) definiert kurz und knapp: "Quality ist fitness for use." Ein Produkt mit hoher Qualität eignet sich demnach optimal für seine weitere Verwendung.

Mit dieser Definition des Begriffs Qualität beantworten sich die zweite und dritte Frage von selbst. Nur der Abnehmer des Ergebnisses, der Dienstleistung oder des Produkts entscheidet ob er mit der Qualität einverstanden ist.

Nur wenn der „Kunde" mit der Qualität zufrieden ist wird er das Produkt oder die Dienstleistung kaufen.
Nur wenn der „Kunde" mit der Qualität zufrieden ist kann die Gruppe, die Abteilung, die Firma auf dem internationalen Markt konkurrieren und Arbeitsplätze sichern und erhalten.

Abb. 3-1. Qualitäts-Kettenreaktion.

Die Beantwortung der vierten Frage erzeugt die größten Probleme. Wie kann man bei der normalen, täglichen Arbeit Qualität erreichen und sicherstellen?

---

*) (Fußnote Biographie)

Hier ist ein Umdenken dringend nötig. Qualität wird nicht durch den Vorgesetzten oder Kontrolleur erzeugt. Diese schaffen die Basis auf der dann **jeder,** der eine Aufgabe im Produktions- oder Dienstleistungsprozeß hat, mitarbeitet und mitverantwortet.

Die Qualität der Produkte und Dienstleistungen wird durch eine Fülle von Bedingungen am Arbeitsplatz, im Betrieb und beim Mitarbeiter beeinflußt. Eine Reihe von Faktoren, die für Qualität wichtig sind wurden in der folgenden Liste zusammengestellt. Diese Liste ist mit Sicherheit nicht vollständig und muß für jeden Betrieb erstellt werden.

Mitarbeiter

— motivierter Mitarbeiter
— Spaß an der Arbeit
— gute Ausbildung
— häufige Selbstkontrolle
— Fehler erkennen
— Eigenverantwortung
— Identifikation mit dem Ziel
— Ehrlichkeit

Organisation

— Eigenkontrolle
— sorgfältige Arbeit
— richtiges Konzept
— Kundenwünsche beachten
— Verbesserungen umsetzen
— Perfektion anstreben
— dauernde Weiterbildung

Material

— gutes Material
— kalibrierte Geräte
— gepflegtes Werkzeug

Methode

— Qualitätssicherungs-
  maßnahmen anwenden
— gute Einweisung

Werden alle Bedingungen erfüllt, ergibt sich, zusammengefaßt wie bei einem Puzzle, das Qualitätsprodukt.

Abb. 3-2. Qualitätspuzzle.

Fehlt ein Teil oder ist ein Teil von minderer Qualität, ist dies dem Gesamtprodukt sofort anzusehen. Kein Kunde wird das Ergebnis dieser Arbeit haben wollen. Alle am Entstehungsprozeß Beteiligten tragen Verantwortung für die Qualität ihres Erzeugnisses, nicht nur derjenige, der die Endkontrolle vornimmt.

Arbeitsorganisation, Materialeinkauf, Personaleinsatz und ähnliche übergeordnete Einflüsse auf die Produktions- oder Dienstleistungsprozesse werden von Vorgesetzten organisiert. Sie nehmen an Qualitätszirkeln teil und nutzen Fehler-Möglichkeits- und Einfluß-Analysen (FMEA) um ihren Betrieb und den Betriebsablauf so zu gestalten, daß systematische Fehler so weit wie möglich ausgeschlossen sind.

Die dazu getroffenen Maßnahmen werden in einem Qualitäts-Handbuch zusammengefaßt und sind Basis für die Erteilung eines Qualitätszertifikats nach den Normen der DIN ISO 9000 - 9004. Das Zertifikat bestätigt die Sicherstellung der Qualität für die dauernd erbrachte Leistung und dokumentiert, daß der Betrieb so organisiert ist, Qualitätsprodukte erzeugen zu können. Aufgabe eines jeden Mitarbeiters ist es nun, seine ganzen Kenntnisse, Fähigkeiten und Fertigkeiten einzusetzen, damit das im Qualitäts-Handbuch beschriebene Ziel auf Dauer erreicht wird. Fallen einem Mitarbeiter Möglichkeiten der Verbesserung auf, muß er diese mit seinen Vorgesetzten besprechen und, wenn möglich und sinnvoll, so schnell es geht in den Arbeitsablauf einfügen. Geldprämien für solche Verbesserungsvorschläge sind neben dem Stolz auf die gute eigene Arbeit ein zusätzlicher Anreiz.

3.2 Qualitätssicherung

3.2.1 Variabilität und das SPC-Prinzip

Bei einer routinemäßigen Produktion geht man von folgendem aus: In allen Industriezweigen muß Qualität durch den Prozeß selbst sichergestellt sein. Qualität kann man nicht „hineinprüfen". Sämtliche Prozesse verfügen über eine Variabilität.

Betrachtet man das Ergebnis einer Serienpipettierung (Tab. 3.1) , erkennt man, daß es von der Genauigkeit der Überprüfung abhängt, ob man eine Variabilität erkennt. Diese hier gezeigte Variabilität ist für den Prozeß nicht schädlich. Es ist die natürliche Variabilität eines jeden Prozesses. Erst wenn durch zusätzliche, zufällige Fehler größere Abweichungen entstehen, wirkt sich dies auf den Prozeß aus. Bei der 11. Pipettierung wurde bewußt ein Fehler eingebaut: Die Pipette wurde ausgeblasen. Die Differenz zu der übrigen Tabelle ist offensichtlich. Nur bei sehr groben Toleranzen kann das Ergebnis noch genügen.

Tab. 3-1. Ergebnisse einer Serienpipettierung.

Lfd. Nr.	Tafelwaage	Präzisionswaage	Analysenwaage
1	10 g	9,9 g	9,9594 g
2	10 g	9,9 g	9,9460 g
3	10 g	10,0 g	9,9452 g
4	10 g	9,9 g	9,9512 g
5	10 g	9,9 g	9,9492 g
6	10 g	9,9 g	9,9524 g
7	10 g	9,9 g	9,9496 g
8	10 g	10,0 g	9,9482 g
9	10 g	10,0 g	9,9438 g
10	10 g	9,9 g	9,9492 g
11	10 g	10,1 g	10,1502 g

Methoden der statistischen Prozeßführung (SPC) sind für jeden Prozeß, sei er kontinuierlich oder diskontinuierlich, geeignet die Variabilität zu untersuchen. Speziell erlauben es Regelkarten, zwischen natürlicher, zufälliger Variabilität und unnatürlicher, systematischer Variabilität sehr zuverlässig zu unterscheiden.

Ein Prozeß, der nur die natürliche Variabilität aufweist, ist stabil und vorhersagbar. Man sagt auch, dieser **Prozeß ist in statistischer Kontrolle.** Ein solcher Prozeß ist eine wesentliche Voraussetzung für das Erreichen von bester Qualität zu den niedrigsten Kosten. Ein Prozeß, der zusätzlich eine unnatürliche Variabilität aufweist, ist instabil und nicht vorhersagbar. Man sagt dann, der **Prozeß ist nicht in statistischer Kontrolle.**

Die unnatürliche Variabilität tritt ohne Vorwarnung ein. Man weiß nicht, wie lange sie andauert und wann sie endet, aber sie kommt irgendwann mit Sicherheit wieder.

Durch die eindeutige Unterscheidung zwischen natürlicher und unnatürlicher Variabilität mit Hilfe von Regelkarten wird es möglich, die Ursachen der unnatürlichen Variabilität zu suchen. Hatte sie einen positiven Effekt, so sollten die Korrekturmaßnahmen am Prozeß sicherstellen, daß dieser Zustand von Dauer ist. Hatte die unnatürliche Variabilität einen negativen Effekt, so muß die Korrektur sicherstellen, daß diese Ursache dauerhaft vermieden wird. Die Wirksamkeit und die Irreversibilität der Korrektur wird mittels Regelkarten nachgewiesen. Dies ist — in aller Kürze dargestellt — das Prinzip von SPC.

3.2.2   Statistische Methoden, Regelkartenanalyse

3.2.2.1   *Strichliste, Häufigkeitsverteilung, Histogramm*

Oft werden Meßergebnisse und Daten in einfacher Tabellenform aufgelistet und in zeitraubender und umständlicher Form nur auf extreme Ausreißer hin angesehen. Die meist mit viel Aufwand ermittelten Ergebnisse können jedoch mit statistischen Methoden wesentlich aussagekräftiger aufbereitet und in einer schnell zu übersehenden und auf das Wesentliche konzentrierten Form dargestellt werden.

Im folgenden wird gezeigt, wie man Datenlisten Schritt für Schritt statistisch aufbereitet, um zu den angegebenen Aussagen und Darstellungsformen zu gelangen.

Eine Tabelle mit beispielsweise 30 Meßwerten bezeichnet man als **Urliste,** da noch keine statistischen Betrachtungen vorgenommen wurden (Abb. 3.3). Die einfachste statistische Methode ist das Anlegen einer **Strichliste.** Handwerkszeug sind Papier und Bleistift. Mit Hilfe der angegebenen Regeln wählt man **Klassen** und zählt die **Häufigkeit** der Meßwerte pro Klasse. Man bekommt bereits jetzt einen optischen Eindruck über die **Verteilung** der Meßwerte. Aus der **absoluten Häufigkeit** kann man leicht, z. B. mit Hilfe eines Taschenrechners, die **relative Häufigkeit** in Prozent berechnen. Man kann diese graphisch als **Häufigkeitsverteilung** und **Histogramm** darstellen.

Die normale Berechnung von Mittelwert und Standardabweichung bergen allerdings gewisse Gefahren in der Anwendung. SPC hat das Ziel, Prozesse statistisch unter Kontrolle zu halten. Ist diese Bedingung (noch) nicht erfüllt, so besitzen Mittelwert und Standardabweichung sowie alle daraus abgeleiteten Größen nicht die im Sinn von SPC geforderte Aussagekraft; vor einem kritiklosen Einsatz von Taschenrechnern und Statistikprogrammen muß hier gewarnt werden. Außerdem ist der zeitliche Anfall der Daten, der für die Beurteilung des Prozesses entscheidend ist, in den Formeln für Mittelwert und Standardabweichung nicht berücksichtigt. Der Zeitbezug wird erst durch den Einsatz von Regelkarten wiedergegeben.

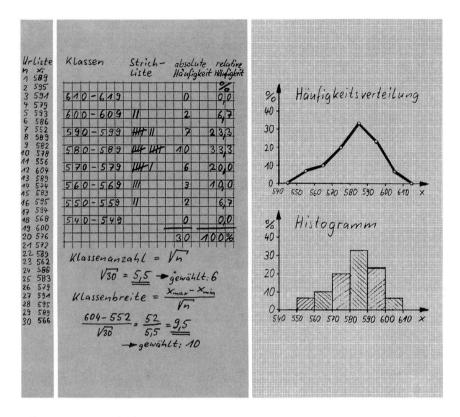

Abb. 3-3. Urliste und Histogramm.

3.2.2.2 Regelkarten

Regelkarten sind graphische Darstellungen der Meßwerte in Abhängigkeit von der Zeit, wobei die Eingriffsgrenzen aus der Abfolge der Meßwerte heraus berechnet werden und als Linien eingezeichnet zur weiteren Prozeßführung von den Anlagenbedienern als Entscheidungshilfen verwendet werden. Hierbei werden neue Meßwerte eingezeichnet, sofort interpretiert und zugehörige Anmerkungen, z. B. über Änderungen oder Eingriffe, in die Regelkarte eingetragen.

Für den Bereich der Chemie ist die **Einzelwert x-Karte,** kombiniert mit der **gleitenden Spannweite R_2-Karte,** von größter Bedeutung, da sehr häufig bei der Überwachung von chemischen Prozessen nur ein Meßwert aus einer Produktprobe gewonnen wird. Sowohl für kontinuierliche als auch für diskontinuierliche Prozesse ist im Regelfall eine Einzelprobe zum Zeitpunkt der Probennahme, wegen der Homogenität des Systems, repräsentativ für das zu ermittelnde Produktmerkmal. Das in anderen Branchen sinnvolle Stichprobenverfahren verliert hier seine Bedeutung.

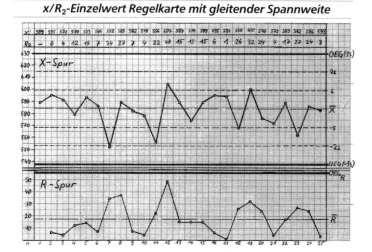

Abb. 3-4. Regelkarte.

Während bei Prozessen der mechanischen Fertigung die Streuung des Prüfverfahren vielfach klein gegenüber der Streuung des Herstellprozesses ist, tendiert dies bei chemischen Herstellverfahren in die gegenteilige Richtung. Als Faustregel kann gelten:

Streuung der	Herstellung	Prüfung
durch mechanische Fertigung	klein	klein
durch chemische Produktion	klein	groß

Für das Beispiel einer Einzelwertkarte für x und gleitenden Spannweitenkarte für R_2 in Abb. 3-4 wurden die Meßwerte aus der Urliste Abb. 3-3 verwendet. In der oberen Hälfte ist die Meßwert- oder x-Spur gezeichnet, in der unteren Hälfte die Spannweiten- oder R_2-Spur. Die gleitende Spannweite R_2 ist die absolute Differenz zwischen dem vorhergehenden und dem aktuellen Meßwert ($|589 - 595| = 6$). Die **Spannweitenspur** liefert eine Information über die Streuung des Prozesses, die **Meßwertspur** sagt etwas **über die Lage aus.**

In der x/R_2-Regelkarte sind die Mittelwerte $\overline{X}$ und $\overline{R}_2$ eingezeichnet, außerdem sogenannte Eingriffsgrenzen:

OEG   = Obere Eingriffsgrenze Meßwertspur   (bei $\overline{x} + 3s$)
UEG   = Untere Eingriffsgrenze Meßwertspur   (bei $\overline{x} - 3s$)
OEG_R = Obere Eingriffsgrenze Spannweitenspur

Außerdem können in der Regelkarte zusätzlich Linien bei $\pm 1s$ und $\pm 2s$ als Hilfe zur Interpretation eingetragen werden.

Die Verwendung der allgemeinen Formel für die Standardabweichung s kann die Berechnung überhöhter Eingriffsgrenzen zur Folge haben, wenn etwa eine Mittelwertverschiebung im Betrachtungszeitraum stattgefunden hat. Um derartigen Berechnungsfehlern zu begegnen, errechnet man den Abstand 3 s besser mit Hilfe eines statistischen Faktors aus der mittleren gleitenden Spannweite $\overline{R}_2$ (3 s = 2,66 $\overline{R}_2$). Die obere Eingriffsgrenze (OEG$_R$) für die gleitende Spannweite liegt entsprechend bei 3,268 $\overline{R}_2$.

7 statistische Regeln

(Beurteilung, ob Prozeß außer statistischer Kontrolle)

Für Spannweitenspur R:

1. Ein Punkt (oder mehr) außerhalb der OEG$_R$
2. Zwei Drittel der Punkte unterhalb von $\overline{R}$

Für Meßwertspur x:

3. Ein Punkt (oder mehr) außerhalb von OEG oder UEG (3 s)
4. Sieben aufeinanderfolgende Punkte steigend oder fallend: Trend
5. Acht aufeinanderfolgende Punkte auf einer Seite von $\overline{x}$: Verschiebung
6. Zwei von drei aufeinanderfolgenden Punkten außerhalb von 2/3 von OEG oder UEG (2 s)
7. Vier von fünf aufeinanderfolgenden Punkten außerhalb von 1/3 von OEG oder UEG (1 s)

Zusätzlich überprüfen, ob ● ein Ablesefehler vorliegt
● ein Übertragungsfehler vorliegt
● ein Eintragungsfehler vorliegt

Trifft eine der 7 obengenannten Bedingungen zu, so liegen spezielle Ursachen vor und der Prozeß ist außer statistischer Kontrolle. Es müssen entsprechende Maßnahmen getroffen werden.

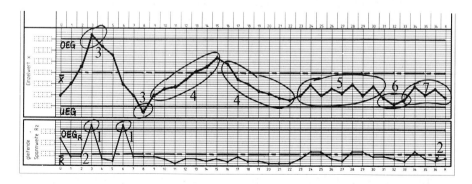

Abb. 3-5. Auswertung einer Regelkarte.

3.2.2.3   Interpretation von Regelkarten

Die Interpretation der Regelkarten wird mit Hilfe von **statistischen Regeln** vorgenommen (s. Abb. 3-5), die sehr einfach in der Anwendung sind und zuverlässig aussagen, ob im Prozeß nur die natürliche Variabilität oder ob zusätzlich eine unnatürliche Variabilität vorhanden ist. Die eindeutige Aussage ist dann: Dieser Prozeß ist in statistischer Kontrolle, oder: Er ist nicht in statistischer Kontrolle.

Ist ein Prozeß in statistischer Kontrolle, so ist er stabil und vorhersagbar.

3.2.3   GLP, Good Laboratory Practice

Grundsätzlich sollte man davon ausgehen können, daß jeder seine Arbeit so gut wie möglich verrichtet. Um einen gewissen Standard zu erreichen, sind Regeln vereinbart worden.

Hinter der Abkürzung GLP verbirgt sich der Ausdruck

G	Good	Gute
L	Laboratory	Labor
P	Practice	Praxis

Diese Grundsätze der GLP sollen gewährleisten, daß die Art und Weise, wie Prüfungen geplant, durchgeführt und berichtet werden, nach einem formellen Schema ablaufen. So soll eine hohe und gleichbleibende Qualität garantiert werden — eine Vorraussetzung für internationale gegenseitige Anerkennung.

Die Prüfungen werden von verschiedenen Gesetzen gefordert (Chemikaliengesetz, Pflanzenschutzgesetz, Arzneimittelgesetz usw.). Sie sollen Mensch, Tier und Natur vor Schäden bewahren. Gesetze sind nur so gut, wie sie ausgeführt werden. GLP trägt einen Teil dazu bei.

3.2.3.1   Geschichte der GLP

Seit Anfang der 60er Jahre forderten die Zulassungsbestimmungen der wichtigsten Industrieländer die Vorlage von Untersuchungen zum Nachweis der Qualität, Wirksamkeit und Unbedenklichkeit von neuen Arzneimitteln.

Die amerikanische Behörde gab 1976 einen Verordnungsentwurf heraus. Das erste GLP-Gesetz trat im Juni 1979 in den USA in Kraft. Der Gedanke der Qualitätssicherung betraf anfänglich nur Arzneimittel, weitete sich aber dann auf Pflanzenschutzmittel und andere Chemikalien aus.

Die europäischen Firmen führten praktisch zeitgleich freiwillig die GLP-Maßstäbe in ihren Laboratorien ein. Zwischen 1983 und 1988 wurden in den einzelnen Bundesländern

Deutschlands Überwachungsverfahren eingeführt. Es wurden behördliche Inspektionen durchgeführt und zertifiziert.

Mit der Novellierung des Chemikaliengesetzes vom März 1990 wurden die Grundsätze der GLP im Gesetz verankert. Sie gelten seit dem 1. August 1990.

3.2.3.2 Grundsätze der GLP

Die wesentlichen Inhalte, die die Gute Laborpraxis regelt, sind an dieser Stelle nur als Kapitelüberschriften aufgelistet. Sie sind vollständig nachzulesen im Anhang 1 zu § 19a Absatz 1 des Chemikaliengesetzes.

1. Organisation und Personal der Prüfeinrichtung
2. Qualitätssicherungsprogramm
3. Prüfeinrichtung
4. Geräte, Materialien und Reagenzien
5. Prüfsysteme
6. Prüf- und Referenzsubstanzen
7. Standard Arbeitsanweisungen
8. Prüfungsablauf
9. Bericht
10. Archivierung

3.2.3.3 Behördliche Überwachung

Neben den Grundsätzen der Guten Laborpraxis sind auch Regelungen aufgestellt worden, die sicherstellen, daß eine ausreichende staatliche Kontrolle stattfindet.

Das Verfahren der behördlichen Überwachung der Einhaltung der Grundsätze der GLP wird in der Allgemeinen Verwaltungsvorschrift (Chem VwV-GLP) vom 29. 10. 1990 detailliert beschrieben.

3.2.4 Qualitätssicherung durch Strukturierte Protokollierung

Um den Anforderungen der GLP-Vorschriften aber auch den Grundregeln von Arbeitssicherheit und Umweltschutz (vgl. Kap. 1 und 2) zu genügen, ist es sinnvoll, eine Protokollnorm für die jeweiligen Aufgaben des Labors oder Betriebes vorzugeben. Diese Protokollvorgaben sollten mindestens folgende Punkte enthalten:

— Überschrift
— Name
— Datum

- Aufgabe
- Verwendete Literatur oder Arbeitsvorschrift
- Verwendete Geräte (Gerätenummern, Kalibrierungsdaten usw.)
- Reaktionsgleichungen
- Verwendete Chemikalien (Namen, Formeln, R- u. S-Sätze sowie Hinweise für Umweltschutz und Entsorgung)
- Verwendete Apparatur (Bauteile und Skizze)
- Versuchsablauf in Stichworten
- Beobachtungen während des Versuchs
- Meßwerte/Zeiten/Daten
- Verwendete Einheiten und Formeln
- Berechnungsansatz
- Berechnung
- Ergebnisse mit Einheiten
- Bewertung der Ergebnisse
- Unterschriften

Eine weitere Möglichkeit der Standardisierung, die in Produktionsbetrieben gebräuchlich ist, ist das Ablaufprotokoll (s. Abb. 3-6). Als Beispiel ist das Ablaufprotokoll der Herstellung von Kupfersulfat abgebildet.

3.3   Ständige Qualitätsverbesserung

Qualitätsverbesserungen wurden in unseren Betrieben schon immer vorgenommen, und man hat in der Vergangenheit auch große Erfolge erzielt. SPC bietet die Möglichkeit, die Anstrengungen auf diesem Gebiet mit Hilfe spezieller Methoden zu **ständiger Qualitätsverbesserung** zu verstärken.

Die Auswahlkriterien für ein **Qualitätsmerkmal für die SPC-Methodik** leiten sich aus den Wünschen der internen und externen Kunden ab. Das Merkmal soll die Produktqualität charakterisieren, hinreichend schnell und genau meßbar sowie zur Führung des Prozesses geeignet sein. Hierzu können sich auch Hinweise aus der **Analyse potentieller Fehler und Folgen** (FMEA aus dem englischen Failure Mode and Effects Analysis) oder aus häufigen Beanstandungen ergeben. Regelkarten zeigen anhand bestimmter Qualitätsmerkmale, ob Prozesse in statistischer Kontrolle sind oder nicht. Wenn sie in statistischer Kontrolle sind, kann man durch Prozeßfähigkeits- oder Prozeßpotentialuntersuchungen Kennwerte ermitteln, die Aussagen über das Qualitätsniveau des betreffenden Prozesses machen.

Dies gibt die Möglichkeit, Projekte zur Qualitätsverbesserung zu formulieren, die in Gruppenarbeit in **Qualitätsverbesserungsteams** bearbeitet werden. Die Qualitätsverbesserungsteams können sich spontan bilden oder durch das Management einberufen werden. Sie bestehen aus Mitarbeitern unterschiedlicher Fachrichtung und unterschiedlicher Hierarchiestufen, die gemeinsam **Problemlösungsmethoden** anwenden mit dem Ziel, einen

Zeit	Temp.	Menge:	Arbeitsablauf
			Überprüfung des pH-Wertes:
			Probeentnahme pH-Wert: ___
			Zugabe von Schwefelsäure ist beendet
			Dosierpumpe wird angestellt und Schwefelsäure nachdosiert
			Lösung hat einen pH-Wert von 1
		___ L	Es wurden ___ L Schwefelsäure w(H₂SO₄) = 37 % benötigt
			Quittierung durch den Ausbilder: ___
			Restliche Säure ist in den Vorratsbehälter zurückgegeben
			Heizphase beendet
			Im Lösegefäß sind
		4 L	Ethanol vorgelegt
			Dosierpumpe ist eingeschaltet
			Ethanol ist zudosiert; Dosierpumpe ist abgestellt
			Probe wird entnommen und auf vollständige Fällung geprüft:
			Fällung ist vollständig/Fällung ist unvollständig und es wurden
		___ L	Ethanol nachdosiert
			Quittierung durch den Ausbilder: ___
			Produkt ist abgelassen
			Anlage ist mit Mutterlauge gespült
			Umlaufpumpe und Rührer sind abgestellt
			Kupfersulfat ist abgesaugt
			Kupfersulfat ist aufgeblecht und im Vakuumtrockenschrank
			Mutterlauge wird zur Aufarbeitung bereitgestellt
			Anlage ist wieder betriebsbereit
			Ausbeute feucht: ___ kg
			Ausbeute trocken: ___ kg
			Ausbeute theoretisch: ___ kg
			Prozentausbeute: ___ %

Protokoll zum Zertifikat Präparative Betriebstechnik

Aufgabe: Herstellung von Kupfersulfat   Op.Nr.:

Name: Datum:

Zeit	Temp.	Menge:	Arbeitsablauf
			Glasreaktionsapparatur ist auf Betriebsbereitschaft überprüft:
		5 L	Wasser sind im Reaktionsgefäß vorgelegt. Der Rührer ist eingeschaltet. Die Umlaufpumpe wird folgendermaßen angefahren:
			Dampfventil ist geöffnet und einreguliert
			Reaktionstemperatur ist erreicht
		0,46 kg	Beginn des Eintrages von basischem Kupfercarbonat. Eintrag beendet
			Im Lösekessel sind
		0,9 L	Schwefelsäure w(H₂SO₄) = 37 % vorgelegt
			Sicherheitsmaßnahmen beim Abfüllen:
			1.
			2.
			3.
			4.
			5.
			Dosierpumpe ist eingeschaltet. Beginn der Zugabe von Schwefelsäure
			1. Probenahme pH-Wert:
			2. Probenahme pH-Wert:
			3. Probenahme pH-Wert:
			4. Probenahme pH-Wert:
			5. Probenahme pH-Wert:
			6. Probenahme pH-Wert:
			7. Probenahme pH-Wert:
			8. Probenahme pH-Wert:
			Dosierpumpe abgeschaltet

Abb. 3-6. Ablaufprotokoll.

Wissensdurchbruch und damit eine Verbesserung des Prozesses zu erreichen. Der Schwerpunkt der Betrachtung liegt auf den Prozessen und nicht auf den Spezifikationen.

Bei der Qualitätsplanung neuer Prozesse ist die bereits erwähnte FMEA eine Methode, die sehr erfolgversprechend ist. Kreative Methoden, die jeder Mitarbeiter anwenden kann, sind die verschiedenen Arten des **Brainstorming,** die zum Zweck haben, möglichst viele Theorien zu erzeugen.

Systematisiert man die Verarbeitung dieser Theorien gelangt man zu einer Reihe immer wiederkehrender, aufeinander folgender Maßnahmen, die man deshalb als „**Universelle Sequenz**" bezeichnet.

1. Notwendigkeit für die Verbesserung nachweisen/chronische Situation erkennen.
2. Verbesserungswürdige Projekte erkennen und auswählen
3. Projekte organisieren
4. Diagnose organisieren
5. Diagnose durchführen/Wissensdurchbruch erreichen
6. Therapie planen und durchführen
7. Erreichte Verbesserung durchführen und erhalten
8. Widerstand gegen den Wandel überwinden

Die Punkte 2−7 werden bei jedem Prozeß zur Qualitätsverbesserung durchlaufen. Die Punkte 1 und 8 haben übergeordnete Bedeutung.

Unter Verwendung von **Ursache/Wirkungs-Diagrammen** (Ishikawa) in Verbindung mit einer **Pareto-Analyse** können diese Ideen und Theorien eingeordnet und bewertet werden. Die Theorien werden einzeln oder in Gruppen überprüft, um entscheiden zu können, ob sie zutreffen oder nicht.

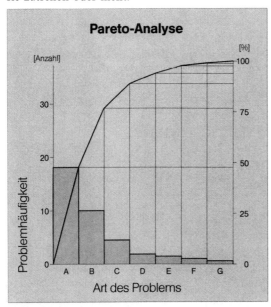

Abb. 3-7. Pareto-Analyse.

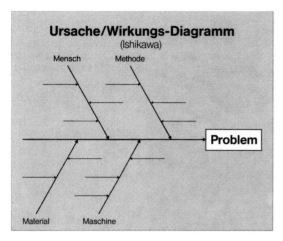

Abb. 3-7a. Ishikawa-Diagramm.

Ein Muster für die Anwendung der Universellen Sequenz ist das folgende Fallbeispiel.

3.3.1 Fallbeispiel: Anwendung der Universellen Sequenz

In einem Labor zur Ausbildung für Chemielaboranten werden in Vorratsflaschen eine Reihe von häufig gebrauchten Lösungen vorgehalten.

Diese Lösungen werden zum Beispiel im Verlauf der qualitativen Analyse routinemäßig verwendet. Ist die im Moment gebrauchte Lösung nicht vorhanden, muß die Analyse unterbrochen werden. Mögliche Nebenreaktionen, die das Analysenergebnis verfälschen, sind die Folge: Die ganze Analyse muß möglicherweise wiederholt werden.

In diesem Labor werden 22 Chemielaboranten ausgebildet. Der oben geschilderte Mangel führte zu Streit, gegenseitiger Anschuldigung und Bespitzelung, wer denn die Flaschen geleert haben könnte und wer die Lösungen neu ansetzen müsse.

Diese Situation erschien dem verantwortlichen Ausbilder untragbar. Er versammelte die betroffene Gruppe Auszubildender und trug ihnen auf, Ursachen für die **Chronische Situation** der fehlenden Lösungs-Vorräte zu nennen.

Die möglichen Ursachen wurden von den Auszubildenden auf Kärtchen geschrieben und in einem **Ishikawa-Diagramm,** das **Ursachen und Wirkung** verknüpft, geordnet zusammengestellt.

Mensch   **Maschine**

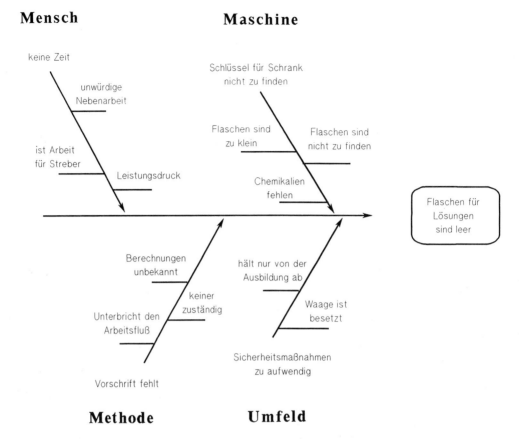

Methode   **Umfeld**

Abb. 3-8. Ishikawa-Diagramm: fehlende Lösungsvorräte.

Das vorliegende Ishikawa Diagramm wurde von den Auszubildenden betrachtet. Dabei ergab die Diskussion, daß einige der aufgeführten Ursachen unwahrscheinlich seien. Der Ausbilder beauftragte seine Gruppe, nun die **wichtigen Ursachen** von den **unwichtigen Ursachen** zu trennen. Als Werkzeug wählte er die **Pareto-Analyse.** Jedes Gruppenmitglied wählte aus den im Ishikawa-Diagramm aufgeführten Ursachen die wichtigste aus. Die Ergebnisse der Wahl wurden als Säulendiagramm dargestellt. In das Diagramm wurden die Ergebnisse als absolute Zahlen und als prozentuale Anteile eingetragen. Die Summe der Prozentzahlen wurden zu einer zusätzlichen, summierenden Kurve zusammengefaßt.

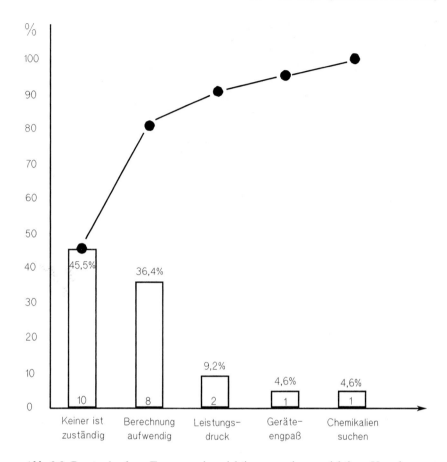

Abb. 3-9. Pareto-Analyse: Trennung der wichtigen von den unwichtigen Ursachen.

Die vorliegende Pareto-Analyse wurde von der Gruppe ausgewertet. Als Hauptursachen für die chronische Situation wurden mangelnde Zuständigkeiten und zu aufwendige Berechnungen erkannt. Nach diesem Wissensdurchbruch versuchte man nun gemeinsam, eine Therapie zur Behebung der erkannten Ursachen zu finden. Die mangelnde Zuständigkeit wurde einfach gelöst: Es wurde ein Kalender erarbeitet auf dem an jedem Arbeitstag ein anderes Gruppenmitglied schriftlich als Verantwortlicher für das Ansetzen von Lösungen benannt wird. Selbst derjenige, der sich in der Abstimmung über den hohen Leistungsdruck gesorgt hatte, konnte diese geringe Mehrbelastung akzeptieren. Zur Berechnung der Substanz- und Lösemittelportionen, die für die Lösungen gebraucht wurden, ergab sich in der Diskussion eine einfache Lösung. Die erforderliche Berechnung wurde einmal für jeweils einen Liter oder ein Kilogramm der Lösung durchgeführt und, als Tabelle zusammengefaßt, im Labor aufgehängt. Beim Ansetzen der Lösung mußten jetzt nur noch die erforderlichen Portionen aus der Tabelle abgelesen, abgewogen bzw. abgemessen und gemischt werden.

Tab. 3-2. Vorgaben zum Ansetzen von Lösungen (Beispiele).

Ammoniak, $w(NH_3) = 10\%$	: 441 mL NH_3, w = 25%	$\longrightarrow$ 1 L
Ammoniumrhodanid, $w(NH_4SCN) = 10\%$	: 111 g NH_4SCN	$\longrightarrow$ 1 L
Diacetyldioxim, $w(C_4H_8N_2O_2) = 1\%$	: 6,67 g	$\longrightarrow$ 1 L mit Ethanol
Salzsäure, $c(HCl) = 0,1$ mol/L	: 40,5 mL HCl, w = 37%	$\longrightarrow$ 5 L
Wasserstoffperoxid, $w(H_2O_2) = 3\%$	: 75,3 mL H_2O_2, w = 35%	$\longrightarrow$ 1 L

Die Einführung dieser organisatorischen Maßnahmen erwies sich als sehr wirksam und angenehm. Ein Rückfall in vergangene Zustände konnte nach einiger Zeit der sorgfältigen Beobachtung ausgeschlossen werden.

Nach der erfolgreichen Regelung dieser chronischen Situation ist die Gruppe sensibilisiert, weitere chronische Situationen zu erkennen und mit den Werkzeugen der universellen Sequenz zu bearbeiten.

3.4   Praktische Aufgabe

3.4.1   Anwendung der Regelkarte

Pipettieren von Wasser

Mit einer 10 mL**) Vollpipette wird 20..30 mal eine Wasserportion pipettiert und deren jeweilige Masse auf einer Waage***) bestimmt. Die erhaltenen Wertepaare werden in eine Urliste eingetragen und die Häufigkeitsverteilung wie in Abb. 3-3 dargestellt bestimmt.

Die Werte werden in eine Regelkarte eingetragen. Eine Kopiervorlage der Regelkarte finden Sie in der Tasche am hinteren Bucheinband.

Die X- und R-Spur der Regelkarte werden nach den sieben statistischen Regeln in Abb. 3-5 ausgewertet.

Ist der Prozeß (Pipettierung) nicht in statistischer Kontrolle, wird das Problem nach den Regeln der Universellen Sequenz analysiert, der Wissensdurchbruch überprüft und der Prozeß mit den gefundenen neuen Erkenntnissen wiederholt.

**) Der Versuch wird wesentlich einfacher, wenn das Pipettenvolumen größer gewählt wird.

***) Bei der Verwendung einer Waage mit der Auflösung m = 0,1 g wird die R-Spur mangelhaft ausfallen. Dies zeigt, daß die Kontrollmethode zu grob gewählt wurde. Bei der Verwendung einer Analysenwaage (Auflösung m = 0,0001 g) tritt dieser Fehler nicht auf.

Versuchsauswertung (Beispiel)

Tab. 3-3. Urliste.

Nr.	Masse $\times$ in g	$\lvert m1 - m2 \rvert$ in g
1	9,9594	
2	9,9460	0,0134
3	9,9452	0,0008
4	9,9512	0,0060
5	9,9492	0,0020
6	9,9524	0,0032
7	9,9529	0,0005
8	9,9496	0,0033
9	9,9482	0,0014
10	9,9438	0,0044
11	9,9492	0,0054
12	9,9570	0,0078
13	9,9429	0,0141
14	9,9495	0,0066
15	9,9487	0,0008
16	9,9506	0,0019
17	9,9561	0,0055
18	9,9263	0,0298
19	9,9398	0,0135
20	9,9432	0,0034
21	9,9475	0,0043
22	9,9369	0,0106
23	9,9557	0,0188
24	9,9372	0,0185
25	9,9346	0,0026
26	9,9376	0,0030
27	9,9321	0,0055
28	9,9359	0,0038
29	9,9350	0,0009
30	9,9414	0,0064
Mittelw.	9,94517	0,006834

Berechnungen zu Auswertung des Versuchs

n = Anzahl der Pipettierungen

$$\bar{x} = \frac{\Sigma\, x_i}{n} \qquad = 9{,}94517 \text{ g}$$

$$\overline{R_2} = \frac{\Sigma\, R_i}{n-1} \qquad = 0{,}006834 \text{ g}$$

$$OEG_R = 3{,}268 \cdot \overline{R_2} \qquad = 0{,}02233 \text{ g}$$

$$OEG = \bar{x} + 2{,}66 \cdot \overline{R_2} = 9{,}963 \text{ g}$$

$$UEG = \bar{x} - 2{,}66 \cdot \overline{R_2} = 9{,}927 \text{ g}$$

Die Faktoren zur Berechnung der Eingriffsgrenzen errechnen sich aus Gesetzmäßigkeiten der Statistik. Sie werden im Rahmen dieser Abhandlungen als gegeben hingenommen.

Wenn der betrachtete Prozeß nicht in statistischer Kontrolle ist, werden Überlegungen für eine Verbesserung der Qualität notwendig. Dies entspricht einer **chronischen Situation** die zu ändern ist.

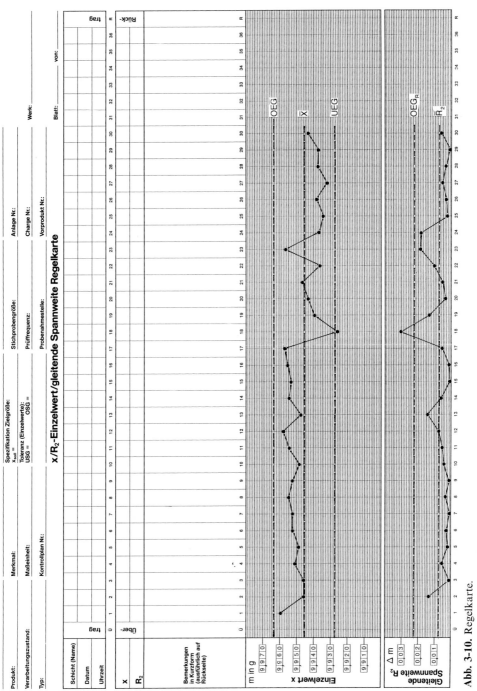

Abb. 3-10. Regelkarte.

3.4.2   Anwendung der Universellen Sequenz

Ablauf der notwendigen Universellen Sequenz:

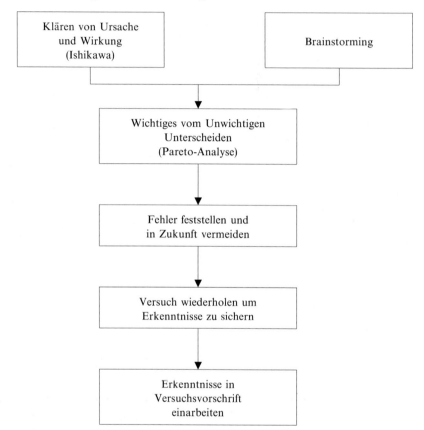

Abb. 3-11. Universelle Sequenz zur Qualitätsverbesserung.

4 Glasarbeiten

4.1 Theoretische Grundlagen

4.1.1 Themen und Lerninhalte

Glas und seine Herstellung,

Glas- und Porzellangeräte,

andere Werkstoffe im Chemielabor.

4.1.2 Aus der Geschichte der Glasherstellung

Glas ist einer der ältesten Werkstoffe der Menschen. Die frühesten Glasfunde stammen aus ägyptischen und syrischen Gräbern, die um 3400 v. Chr. angelegt wurden. Zu jener Zeit war Glas ein sehr kostbares Material.

Von den Ägyptern ging die Technik der Glasherstellung um etwa 800 v. Chr. auf die Phönizier über, die ihre Kenntnisse an Römer und Griechen weitergaben. Die Römer brachten sie im 2. Jahrhundert n. Chr. nach Deutschland, doch erst um das Jahr 1000 n. Chr. entstanden die Glashütten in den bayerischen und böhmischen Wäldern.

Als Grundstoffe zur Glasherstellung verwendete man Sand (wesentlicher Bestandteil: SiO_2), Kalk ($CaCO_3$) und Pottasche (K_2CO_3; von Asche und norddeutsch Pott für Topf abgeleitet). Zur Gewinnung von *Pottasche* wurde Holz (in Meeresnähe auch Seetang) verbrannt („verascht"), die Asche mit Wasser aufgekocht („ausgezogen") und dann das Wasser eingedampft.

Die Glasrohstoffe wurden vermischt und über Holzkohlenfeuern geschmolzen. Wegen der geringen Reinheit der Ausgangsmaterialien und der relativ niedrigen Temperaturen, die mit Holzkohle erreicht werden konnten, mußten die Rohmaterialien vorgeschmolzen werden. Die „Fritte" wurde abgeschöpft, nochmals geschmolzen und weiterverarbeitet.

Einen Aufschwung erlebte die *Glasindustrie* erst nach dem Jahr 1794, als es dem Franzosen *Leblanc* gelang, ein Verfahren zur Herstellung von *Soda* (Na_2CO_3) zu entwickeln. Dadurch konnte die nur schwer zugängliche Pottasche ersetzt werden.

Leblanc stellte zunächst aus Kochsalz (NaCl) und Schwefelsäure (H$_2$SO$_4$) Natrium-sulfat (Na$_2$SO$_4$) her [Gl. (4-1)], das mit Kohle (bzw. dem Kohlenstoff C der Kohle) und Kalk in der Schmelze zu Soda verarbeitet wurde [Gl. (4-2) u. (4-3)]:

$$2\,NaCl + H_2SO_4 \longrightarrow Na_2SO_4 + 2\,HCl \tag{4-1}$$

$$Na_2SO_4 + 2\,C \longrightarrow Na_2S + 2\,CO_2 \tag{4-2}$$

$$Na_2S + CaCO_3 \longrightarrow Na_2CO_3 + CaS \tag{4-3}$$

Da die Reaktionen in der Schmelze viel Energie verbrauchen, wurde nach einem billi-geren Verfahren gesucht, das der Engländer *Solvay* im Jahre 1860 fand. Er erhielt durch Einleiten von Kohlenstoffdioxid (CO$_2$) und Ammoniak (NH$_3$) in Wasser Ammonium-hydrogencarbonat [NH$_4$HCO$_3$; Gl. (4-4)], das in derselben Lösung mit Kochsalz zu Natriumhydrogencarbonat [NaHCO$_3$; Gl. (4-5)] umgesetzt wurde. Diese schwerlösliche Verbindung geht beim Glühen *(Calcinieren)* in Soda über [Gl. (4-6)]:

$$CO_2 + NH_3 + H_2O \longrightarrow NH_4HCO_3 \tag{4-4}$$

$$NH_4HCO_3 + NaCl \longrightarrow NaHCO_3 + NH_4Cl \tag{4-5}$$

$$2\,NaHCO_3 \longrightarrow Na_2CO_3 + H_2O + CO_2 \tag{4-6}$$

Dieses Verfahren wird auch heute noch zur Herstellung von Soda angewendet.

4.1.3   Technische Glasherstellung

Glas wird aus den Grundstoffen

> *Sand, Kalk, Pottasche* oder *Soda*

durch *Schmelzen* gewonnen. Die Grundstoffe werden zunächst getrocknet und gemahlen und dann je nach Glassorte in einem bestimmten Verhältnis gemischt (vgl. Tab. 4-1). Meist werden noch 20 – 30% Altglas zugegeben. Diese Mischung wird in Schmelzgefäße (Wannen oder feuerfeste Tiegel) gefüllt, mit denen die Schmelzöfen beschickt werden.

Die Schmelzöfen sind runde oder längliche, backofenartige Bauten aus Schamotte, in denen die Schmelzgefäße mit Gasbrennern auf 1300 – 1550 °C erhitzt werden. Schon bei 800 – 900 °C verbackt das Gemenge (Sintern), wobei Kohlenstoffdioxid frei wird. Erst bei höheren Temperaturen entsteht die dünnflüssige, klare und blasenfreie Glas-Schmelze. Nach dem Abkühlen dieser Schmelze auf etwa 1200 °C beginnt die *Formung* des Glases durch *Blasen* (mit dem Mund oder mit Preßluft), *Pressen, Walzen* oder *Ziehen*. Das noch heiße Glasgut wird in Kanalkühlöfen bei gleichmäßig abfallender Temperatur ausgekühlt, um Spannungen im Glas zu vermeiden. Die meisten Glasgeräte für die chemische Industrie werden geblasen, während Flaschen gepreßt und Fenster- und Spie-gelgläser gewalzt oder gezogen werden.

Tab. 4-1. Die wichtigsten Glassorten (mit Beispielen einiger Handelsmarken).

Glassorte	Zusammensetzung (Massenanteile) (in %)		Verarbeitungstemperatur (in °C)	Eigenschaften	Verwendung
Bleiglas	SiO_2 K_2O PbO	− 52 − 13 − 35	400 − 500	leicht schmelzbar; wärmeempfindlich; wird angegriffen von heißem Wasser, heißer Kalilauge, Kaliumpermanganat- und Salzlösungen; löslich in Flußsäure	Einschmelzen von Metallen in Glas; Verbindung verschiedenartiger Glasteile
Natronglas (Normalglas)	SiO_2 Na_2O CaO	− 73 − 15 − 13	700 − 995	leicht schmelzbar; löslich in Flußsäure; gegen Chemikalien etwas weniger empfindlich als Bleiglas	Biegeröhren; Zylinderröhren; Flachglas; Flaschen; dickwandige Gefäße
Erdalkali-Borosilikatglas (z.B. Jenaer® Geräteglas 20)	SiO_2 B_2O_3 Erdalkali	− 89 − 7 − 4	790 − 1170	schwer schmelzbar; sehr beständig gegen Wärme; wird nur von starken Laugen angegriffen; löslich in Flußsäure	Siedekolben; Bechergläser; Thermometer; Apparaturen; analytische Geräte
Borosilikatglas (Duran® 50, Pyrex®, Solidex;®)	SiO_2 B_2O_3 Alkali Al_2O_3	− 81 − 13 − 4 − 2	815 − 1260	wie Erdalkali-Borosilikatglas, doch etwas empfindlicher gegen Laugen	Standard-Glassorte im Labor für Glasgeräte aller Art; selten analytische Geräte
Alumosilikatglas (Supremax®)	SiO_2 Na_2O MgO Al_2O_3 B_2O_3	− 57 − 1 − 12 − 20,5 − 4	950 − 1235	schwer schmelzbar; wärmeunempfindlich; chemisch kaum angreifbar; löslich in Flußsäure	Verbrennungsröhren; schwerschmelzbare Geräte
Quarzgut (Vycor®)	SiO_2	− 95	950 − 2000	milchig trübe, undurchsichtig; ähnlich dem Quarzglas	Tiegel, Abdampfschalen, Tauchsieder; Gefäße
Quarzglas	SiO_2	− 100	950 − 2000	klar und durchsichtig; sehr schwer schmelzbar; chemisch nur von Flußsäure angreifbar; unempfindlich gegen Temperaturschwankungen	Tiegel; Verbrennungsröhren; schwerschmelzbare Geräte

Die erkalteten Glasgeräte werden noch mit Sand, Schmirgel- oder Feuersteinpulver geschliffen, mit Flußsäure und Alkalimetallfluoriden geätzt oder mit dem Sandstrahlgebläse bearbeitet.

Farbige Gläser erhält man durch Zusatz bestimmter *Metalloxide.* So färbt man zum Beispiel:

rot	mit Kupfer(II)-oxid (CuO)
dunkelblau	mit Cobalt(III)-oxid (Co_2O_3)
violett	mit Mangan(II)-oxid (MnO)
gelbgrün	mit Chrom(III)-oxid (Cr_2O_3)
gelb und braun	mit Eisen(III)-oxid (Fe_2O_3)
braun	mit Mangan(IV)-oxid (MnO_2)

Durch Zusatz von Zinkoxid (ZnO) entsteht Milchglas.

Einen Überblick über die wichtigsten *Glassorten,* ihre chemische Zusammensetzung und die davon abhängenden Eigenschaften gibt die voranstehende Tab. 4-1. Sie enthält auch einige Anwendungsbeispiele.

4.1.4   Glasgeräte im Laboratorium

Im chemischen Laboratorium verwendet man zum Aufbau von Apparaturen meist *Glasgeräte,* da Glas einige für die Durchführung chemischer Versuche sehr vorteilhafte Eigenschaften in sich vereinigt:

Glas ist *durchsichtig, beständig* gegen Wärme und Chemikalien, gut zu *verarbeiten* und relativ leicht *zu reinigen.*

Die *Reinigung* der benutzten Glasgeräte muß mit großer Sorgfalt erfolgen, da zurückbleibende Verunreinigungen die Durchführung nachfolgender Experimente beeinträchtigen können. Da Glas (und auch Porzellan) leicht zerbricht, versucht man zunächst, es mit *Reinigungs-* und *Lösemitteln* zu säubern. Welche Mittel man verwendet, hängt von der Art der Verunreinigung ab, die meist aus dem vorangegangenen Versuch bekannt ist. In Tab. 4-2 sind einige Reinigungsmittel und die mit ihnen entfernbaren Rückstände aufgeführt. Ist die Verunreinigung nicht bekannt, dann probiert man die Reinigungsmittel in der in Tab. 4-2 angegebenen Reihenfolge aus.

Wenn sich ein Stoff nur langsam von der Glaswand löst, unterstützt und ergänzt man die Wirkung des Reinigungsmittels durch eine mechanische Reinigung. Dazu verwendet man bevorzugt *Bürsten,* deren Form und Größe den zu reinigenden Gegenständen angepaßt ist. Sie dürfen nicht zu groß sein, da gewaltsam durch einen Flaschen- oder Kolbenhals gezwängte Bürsten zum Bruch des Gerätes führen. An den dabei entstehenden Glasscherben und -splittern kann man sich leicht verletzen.

Die *Arbeitssicherheit* gebietet − neben der Wahl der richtigen Bürste − folgende Gefahrenquellen bei der Glasreinigung zu beachten:

– konzentrierte Säuren und Laugen führen zu Haut- und Augenverletzungen;
– organische Lösemittel sind oft brennbar und dürfen deshalb nicht in der Nähe offener Flammen oder bei hocherhitzten Glasteilen verwendet werden; sie sind außerdem meistens gesundheitsschädlich oder giftig.

Tab. 4-2. Die wichtigsten Spülmittel.

Reinigungsmittel	löst oder beseitigt
kaltes Wasser	Staub, leicht anhaftende
warmes Wasser	Teile, viele Salze,
Wasser mit Zusätzen (Seifenpulver, Spülkonzentrate)	einige Oxide
Sodalösung	Fette
Ätzlaugen	
Säuren in verschiedenen Konzentrationen (Salpeter-, Salz-, Schwefelsäure)	Metalle, Metalloxide
Organische Lösemittel	Öle, Teer, Harze, Fette
heiße Natronlauge	Fette
Chromschwefelsäure	Teer, Harze, Fette
Ausglühen	Kohlenstoffrückstände

Aus diesen Gründen sollte man bei der Säuberung von Glasgeräten stets Gummihandschuhe und Schutzbrille tragen und – vor allem beim Umgang mit organischen Lösemitteln – unter einem Abzug arbeiten.

Zum *Trocknen* werden die gereinigten Glasgeräte an einem Trockengestell aufgehängt, nachdem sie mit destilliertem oder „E-Wasser" (enthärtetes Wasser) nachgespült wurden. Schneller trocknen sie, wenn sie mit der Öffnung nach unten in einen beheizbaren Trockenschrank gelegt werden. Von dieser Methode müssen allerdings geeichte Geräte wie Pipetten, Büretten oder Meßkolben ausgenommen werden, da das Erwärmen und Abkühlen unkontrollierbare Volumenänderungen zur Folge hat. Will man Geräte sehr schnell trocknen, so spült man sie zuletzt mit Alkohol oder Aceton und bläst sie mit sauberer Preßluft aus oder saugt die Lösemitteldämpfe ab (Vakuumanschluß im Labor oder Wasserstrahlpumpe). Die so gereinigten Glasgeräte werden vor Staub geschützt in Schränken oder Schubladen aufbewahrt.

4.1.5 Schliffgeräte

Die Verbindung zwischen den Glasteilen einer Apparatur wird heute soweit wie möglich durch Normschliffe hergestellt, da Gummi oder Kork und selbst Kunststoffe von vielen Gasen und Flüssigkeiten angegriffen werden. Die Schliffgeräte besitzen kegelförmig *(Kegelschliff)* oder kugelförmig *(Kugelschliff)* geschliffene Glasflächen, die als *Schliffkern* oder *Schliffhülse* gearbeitet sind (vgl. Abb. 4-1). Kern und Hülse werden eingefettet,

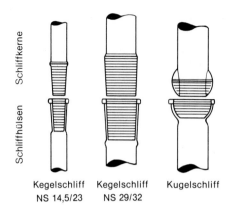

Kegelschliff Kegelschliff Kugelschliff
NS 14,5/23   NS 29/32

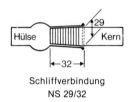

Schliffverbindung
NS 29/32

Abb. 4-1. Schliff-Formen.

ineinandergesteckt, und das Fett durch Drehen so gleichmäßig verteilt, daß der Schliff klar durchsichtig ist. Der Kugelschliff ist in gewissen Grenzen drehbar und erleichtert den Aufbau spannungsfreier Apparaturen.

Durchmesser und Länge der Kegelschliffe sind nach DIN-Vorschriften genormt. In Tab. 4-3 sind die im chemischen Laboratorium am häufigsten verwendeten Schliffgrößen und ihre Abmessungen zusammengestellt. Von den angegebenen Werten darf ein Normschliff höchstens um $\pm 0,1$ mm abweichen.

Tab. 4-3. Abmessungen von Kegelschliffen nach DIN.

DIN-Bezeichnung der Kegelschliffe	Größter Durch- messer (in mm)	Kleinster Durch- messer (in mm)	Länge (in mm)
NS 14,5/23	14,5	12,2	23
NS 19/26	19	16,4	26
NS 29/32	29	25,8	32
NS 45/40	45	41	40

4.1.6   Weitere Werkstoffe im chemischen Laboratorium

Metalle und ihre Legierungen wie Eisen, Blei, Messing, Kupfer, Aluminium, Silber, Platin u.ä. sind teilweise gegen ätzende Säuren und Laugen oder sehr reaktionsfreudige Gase beständig. Meistens jedoch müssen die aus ihnen hergestellten Geräte mit einer Schutzschicht überzogen werden, um die Zerstörung ihrer Oberfläche durch Korrosion zu verhindern. Unter *Korrosion* versteht man die von der Oberfläche ausgehende Zerstörung eines Werkstoffes. Sie wird hervorgerufen durch ungewollte chemische oder elektrochemische Vorgänge. Das ist häufig mit bemerkenswerten Verschleißerscheinungen verbunden. Die meisten Verschleiß- und Alterungsschäden an chemischen Anlagen entstehen durch Korrosion. Der Ablauf von Korrosionsprozessen durch atmosphärische Einflüsse wird stark von der Luftfeuchtigkeit bestimmt.

Man unterscheidet drei Arten der Korrosion:

die allgemeine Korrosion (Oberflächenkorrosion),
Lochfraß,
die Spannungskorrosion.

Die Erosion ist ebenso wie die Korrosion eine von der Werkstoffoberfläche ausgehende Zerstörung. Sie wird überwiegend hervorgerufen durch Festkörperteilchen, die in schnell strömenden Gasen und Flüssigkeiten enthalten sind.

Korrosionsschutz: Der beste Schutz gegen Korrosion ist das Überziehen des zu schützenden Werkstoffes mit korrosionsbeständigen Schichten. Für solche Überzüge verwendet man:

edlere Metalle (Vergolden, Verchromen, Vernickeln, Verzinnen usw.);
unedlere Metalle (z. B. Verzinken von Eisen);
Oxidschichten (durch Phosphatieren, Eloxieren);
Kunststoffe oder Lacke;
Emaille;
Schamotte.

Die Schutzschichten müssen porenfrei sein, damit die korrodierende Substanz nicht durch sie dringen und unter ihnen das zu schützende Metall angreifen kann. Aus dem selben Grund ist eine feste Haftung des Überzugs auf der Metalloberfläche erforderlich, die deshalb gründlich gereinigt werden muß, bevor das Schutzmittel aufgetragen wird. Die Reinigung erfolgt
mechanisch mit Schmirgel, Stahlbürste, Sandstrahlgebläse u. ä.;
chemisch mit Säure (H_3PO_4 mit einem Massenanteil von 20%) oder Lauge (verd. NaOH);
durch Abbeizmittel (z. B. Dichlormethan);
durch Abbrennen alter Lackschichten.

Kork, ein aus der Rinde von Korkeichen gewonnener Rohstoff, wird hauptsächlich für gestanzte Falschenkorken und gepreßte Korkringe verwendet. Er ist unbeständig gegen Halogene, heiße konzentrierte Laugen und konzentrierte Säuren.

Gummi, das früher aus dem milchartigen Saft verschiedener tropischer Bäume als Naturkautschuk gewonnen wurde, wird heute fast ausschließlich synthetisch hergestellt. Im Labor wird es für Gummischläuche und -stopfen benötigt. Diese müssen vor verschiedenen Lösemitteln geschützt werden, in denen sie quellen und dadurch unbrauchbar werden. Zu diesen Lösemitteln gehören zum Beispiel Ether, Aceton und vor allem Benzol

und andere aromatische Kohlenwasserstoffe sowie Chlorkohlenwasserstoffe wie Tri-
chlormethan (Chloroform) und Tetrachlormethan (Tetrachlorkohlenstoff). Auch mit
Wasser und Alkohol darf Gummi nicht zu lange in Berührung kommen.

Kunststoffe ersetzen heute in vielen Bereichen die oben genannten Werkstoffe. Man
stellt aus ihnen Dichtungen, Gewebe, Stopfen, Schläuche, Spatel usw. her. Zwar sind
Kunststoffe gegen Hitze empfindlich, doch werden sie von Säuren und Laugen sowie
vielen Gasen nicht angegriffen. Aus dem breiten Sortiment der Kunststoffe seien hier
nur einige Grundtypen und – beispielhaft – bekannte Handelsmarken aufgeführt:

Niederdruckpolyethylen (Hostalen®)
Hochdruckpolyethylen (Lupolen®)
Polypropylen (Hostalen PP®)
Polyvinylchlorid, Abk.: PVC (Hostalit®)
Polytetrafluorethylen, Abk.: PTFE (Teflon®, Hostaflon TF®);
Polyamide (Nylon®, Ultramid®).

4.2   Arbeitsanweisungen

4.2.1   Einführung

Im chemischen Laboratorium werden ständig einfache Geräte aus Glasstäben und Glasrohren benötigt. Um sie sicher herstellen zu können, muß der Auszubildende Kenntnisse
über die Eigenschaften und die Bearbeitung des Glases haben. Die Eigenschaften von
Glas erfordern allerdings einiges Geschick bei seiner Bearbeitung. Die dafür notwendigen
Fertigkeiten soll der Auszubildende durch mehrmaliges Wiederholen der einzelnen Ar-
beitsschritte erwerben.

4.2.2   Hinweise zur Arbeitssicherheit

1. Bei Glasarbeiten ist grundsätzlich eine Schutzbrille zu tragen, da auch bei sorgfältig-
   ster Handhabung der Glasteile ihr Zersplittern nicht ausgeschlossen werden kann.
2. Um Handverletzungen zu vermeiden, werden die Hände beim Brechen von Glasstäben und Glasrohren mit einem Tuch bedeckt.
3. Spannungen im Glas, die zur Splitterbildung führen können, verhindert man, wenn
   man die zu verarbeitenden Glasteile langsam erhitzt und erst im geschmolzenen Zustand verformt. Sie müssen sich ohne Widerstand biegen lassen.

4. Kapillaren dringen leicht in die Haut ein und brechen ab. Die zurückbleibenden dünnen Glassplitter sind nur schwer zu entfernen. Bleiben sie unter der Haut stecken, dann entzündet sich oft die betroffene Stelle.
5. Obwohl Glas ein schlechter Wärmeleiter ist, wird auch die weitere Umgebung der in der Flamme erhitzten Glasteile noch heiß, so daß man sich leicht Verbrennungen zuzieht. Deshalb ergreift man einen Glasstab beim Erhitzen möglichst an seinen äußersten Enden.
6. Beim Entzünden von Gasbrennern (vgl. Abschn. 5.1.2) muß die Gaszufuhr so reguliert werden, daß keine Stichflamme entsteht. Die Schläuche müssen so befestigt sein, daß sie sich nicht von den Anschlußstutzen lösen können.

4.2.3 Bearbeitung von Glasstäben und Glasrohren

Schneiden. Will man einen Glasstab oder ein Glasrohr zerteilen, dann ritzt man an der gewünschten Stelle mit einem Widiamesser oder einer Ampullenfeile je nach Dicke teilweise oder in vollem Umfang an. Dann wird er so in Brusthöhe gehalten, daß der dem Körper abgewandte Schnitt zwischen den Händen liegt. Die Hände werden zum Schutz vor Glassplittern mit einem Tuch abgedeckt. Bei leichtem Druck der Daumen gegen die Schnittstelle wird nun der Glasstab oder das Glasrohr auseinandergezogen und bricht dabei. Gelegentlich entstehen an der Bruchstelle Spitzen, die entfernt werden. Die scharfen Kanten der Bruchstellen müssen *umgeschmolzen* werden, da man sich an ihnen leicht verletzen kann. Dazu wird der Glasstab oder das Glasrohr zunächst in der leuchtenden Flamme des Brenners erwärmt, um ein Zerspringen durch Spannungen zu verhindern. Anschließend wird das Ende des Glasstabes in der rauschenden Flamme unter ständigem Drehen zu einer Halbkugel umgeschmolzen. Auch das Glasrohr muß ständig gedreht werden, damit das Glas nicht fließt und die Enden verjüngt oder verschließt.

Übungsaufgabe: Glasstäbe werden als Rührstäbe benötigt. Stellen Sie 3 Rührstäbe von 25 cm Länge aus 6-mm-Glasstab sowie 5 Rührstäbe derselben Länge aus 8-mm-Glasstab her.

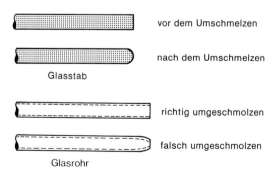

vor dem Umschmelzen

nach dem Umschmelzen

Glasstab

richtig umgeschmolzen

falsch umgeschmolzen

Glasrohr

Abb. 4-2. Umschmelzen eines Glasstabes und eines Glasrohres.

Umgeschmolzene Glasrohre dienen als Verbindungsstücke zwischen Schläuchen und in vielen Apparaturen. Schneiden Sie aus längeren Glasrohren von 6 und 8 mm Durchmesser jeweils 3 Rohre von 20 cm Länge zurecht.

Biegen. Durch das Biegen von Glasstäben und Glasrohren ist ihre vielseitige Anpassung an die räumlichen Erfordernisse beim Aufbau einer Apparatur möglich. Für diesen Arbeitsgang reicht ein Teclubrenner, der noch mit einem *Schwalbenschwanzaufsatz* versehen wird, wenn ein größerer Abschnitt des Glases erhitzt werden soll. Zu diesem Zweck kann man auch einen *Specksteinbrenner* verwenden. Man erhitzt Stab oder Rohr vorsichtig unter ständigem Drehen bis das Glas erweicht und biegt es außerhalb der Flamme in die gewünschte Form. Dabei ist besonders darauf zu achten, daß der Querschnitt des Rohres oder Stabes im Bogen erhalten bleibt. Bei Glasrohren erreicht man das, indem man ein Ende mit einem Finger verschließt und vom anderen Ende her mit dem Mund vorsichtig Luft in das Rohr bläst.

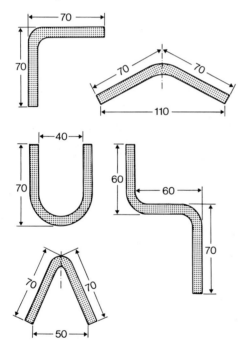

Abb. 4-3. Vorlagen für die Formung von Glasstäben und Glasrohren (Zahlenangaben in mm).

Übungsaufgabe: Die in Abb. 4-3 dargestellten Formen werden aus Glasstäben von 6 und 8 mm Durchmesser sowie aus Glasrohren von 8 mm Durchmesser gebogen.

4.2.4 Herstellung einfacher Glasgeräte

Mit den in den Übungsaufgaben zu Abschnitt 4.2.3 erworbenen Fertigkeiten lassen sich jetzt einige einfache Glasgeräte anfertigen, die im chemischen Laboratorium häufig gebraucht werden.

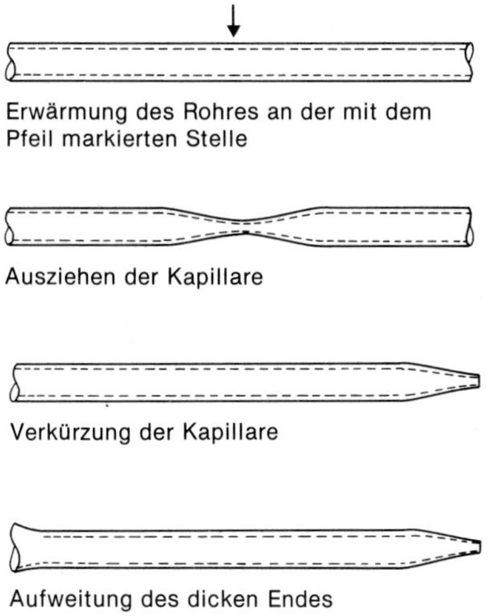

Erwärmung des Rohres an der mit dem
Pfeil markierten Stelle

Ausziehen der Kapillare

Verkürzung der Kapillare

Aufweitung des dicken Endes

Abb. 4-4. Herstellung eines Stechhebers.

Kapillare nach dem 1. Arbeitsgang

Kapillare nach dem 2. Arbeitsgang

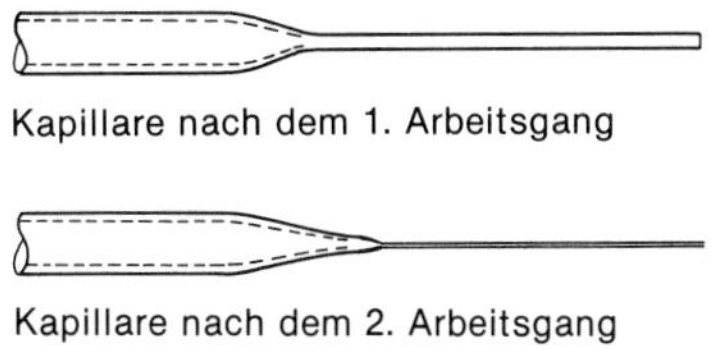

Abb. 4-5. Herstellung einer Siedekapillare.

Stechheber. Zur Probenahme von Flüssigkeiten verwendet man Glasrohre, deren eines Ende stark verjüngt ist. Man erhält diese Verjüngung, indem man ein Glasrohr mit dem Teclubrenner erweicht und es außerhalb der Flamme so auseinanderzieht, daß eine ca. 2 mm starke Kapillare entsteht (vgl. Abb. 4-4). Nach dem Abkühlen wird ein Teil der Kapillare herausgebrochen, und man erhält zwei Glasrohre mit Spitzen. Sie werden so umgeschmolzen, daß die Kapillaren nicht verstopfen. Das andere Ende der Stechheber wird leicht erwärmt und mit einer Ampullenfeile oder einem Graphitaufreiber etwas aufgeweitet.

Übungsaufgabe: Stellen Sie zehn 25 cm lange Stechheber von 8 mm Durchmesser her.

Siedekapillare. Bei Destillationen unter vermindertem Druck ersetzt man die Siedesteine oder -stäbe durch Siedekapillaren, da in diesem Fall Siedeverzüge besser verhindert werden. Zur Anfertigung einer Siedekapillare verfährt man wie bei der Herstellung eines Stechhebers. Die so erhaltene Kapillare wird allerdings wesentlich feiner gezogen (vgl. Abb. 4-5), indem man sie in der Sparflamme des Teclubrenners nochmals erhitzt und dann außerhalb der Flamme ruckartig auseinanderzieht. Nach einiger Übung gelingt es, die Siedekapillare in einem Arbeitsgang zu ziehen. Ihr dickes Ende wird umgeschmolzen.

Siedekapillaren müssen oft haarfein sein, damit der erwünschte Unterdruck eingestellt werden kann. Man prüft die Größe der Kapillarenöffnung, indem man sie in eine Flüssigkeit taucht und mit dem Mund Luft hindurchbläst. An der Größe der aufsteigenden Bläschen erkennt man, ob die gewünschte Kapillarengröße vorliegt.

Übungsaufgabe: Ziehen Sie fünf 20 cm lange Kapillaren aus Glasrohren mit 8 mm Durchmesser.

4.2.5   Durchführung von Maßnahmen zum Korrosionsschutz und zur Verschleißminderung

Durch Oberflächenbehandlung kann die Resistenz der Werkstoffe gegen aggressive Medien erhöht werden.

In dem folgenden Versuch soll das unterschiedliche Verhalten von geschützten und ungeschützten Metallen in saurem Medium verdeutlicht werden.

Geräte: 500-mL-Vierhals-Schliffkolben mit Tropftrichter, Rückflußkühler und Rührer, Rührmotor, Heizkorb.

Material: Plättchen 70 mm · 5 mm · 2 mm, aus Baustahl St 37, V2A, V4A, wobei das Plättchen aus St 37 vollständig mit Rostschutzfarbe o.ä. gestrichen ist. Alle Plättchen haben an ihrem Längsende eine ca. 3 mm-Durchbohrung.

Chemikalien: Salzsäure $w(HCl)$ = 10%, E-Wasser.

Arbeitsanweisung: Der Versuch soll in zwei Medien durchgeführt werden: a) entsalztes Wasser (E-Wasser); b) Salzsäure $w(HCl)$ = 10%.

Vor Versuchsbeginn sind die Metallproben zu säubern (evtl. entfetten), mit dem Meßschieber auszumessen und auf der Analysenwaage auszuwiegen. Danach werden die Proben mit einer Aufhängung aus Eindichtteflonband versehen.

In einer Vierhals-Rührapparatur mit Kühler, Thermometer und Stopfen werden 300 mL einer wäßrigen Salzsäure mit dem Massenanteil $w(HCl)$ = 0,1 (bzw. E-Wasser) eingefüllt. Der Rührmotor wird auf eine Drehzahl von n = 250 min^{-1} eingestellt. Anschließend wird mittels Heizkorb die Lösung auf eine Temperatur von 50 °C erwärmt und gehalten.

Hiernach erfolgt das Einbringen der Werkstoffproben in den Kolben, wobei nur die Hälfte der Probe in die Lösung eintaucht und die Teflonstreifen zwischen Schliffkern und Hülse eingeklemmt werden. Nach zweistündigem Rühren wird mit entsalztem Wasser abgespült und im Trockenschrank bei 80 °C getrocknet.

Eventuell an der Oberfläche haftende Partikel entfernt man mit einem Lappen. Von den gesäuberten Proben wird dann auf der Analysenwaage die Masse bestimmt.

Es ist nun anhand der ermittelten Werte der Abtrag der Werkstoffproben bezogen auf einen Quadratmeter zu berechnen.

Hinweis zur Arbeitssicherheit: Wegen der stark ätzenden Salzsäure müssen Schutzkleidung und Schutzbrille getragen werden. Die Versuche werden unter einem Abzug durchgeführt.

Auswertung: Zu diesem Versuch ist ein Protokoll zu führen, in dem alle wichtigen Daten und Beobachtungen erscheinen. Auch die Berechnungen sind Bestandteile des Protokolls.

Bei der Berechnung der Metalloberfläche muß der Anteil der Bohrung berücksichtigt werden.

Es ist ein Balkendiagramm zu erstellen (Abhängigkeit des Metallabtrags in g/m^2 pro Werkstoffprobe).

4.3 Wiederholungsfragen

1. Zählen Sie die Grundstoffe für die Herstellung von Glas auf!
2. Nach welchem Verfahren wird heute Soda hergestellt?
3. Welche chemischen Reaktionen finden bei der Glasherstellung im Schmelzofen statt?
4. Wie wird das erkaltete Glas nachbehandelt?
5. Nennen Sie drei Metalloxide, mit denen Glas gefärbt wird! Welche Farben erhält man mit ihnen?
6. Welche Eigenschaften von Glas begünstigen seinen Einsatz als Werkstoff im chemischen Laboratorium?
7. In welcher Reihenfolge werden Spül- und Lösemittel beim Reinigen von Glasgeräten eingesetzt, wenn die Art der Verunreinigung nicht bekannt ist?
8. Charakterisieren Sie die Werkstoffe Kork und Gummi!
9. Beschreiben Sie den Vorgang beim Durchbohren eines Gummistopfens!
10. Welche Haupttypen von Kunststoffen gibt es? Durch welche charakteristischen Eigenschaften unterscheiden sie sich?
11. Wo werden im Labor Metalle als Werkstoffe eingesetzt?
12. Was versteht man unter den Begriffen
    a) Korrosion
    b) Erosion
    c) Verschleiß?
13. Wie kann man Metalle vor Korrosion schützen?
14. Welche Vorteile haben Schliffverbindungen gegenüber Verbindungen aus Kork, Gummi oder Kunststoffen?
15. Welche Vorteile haben Kugelschliffe?
16. Was wissen Sie über die DIN-Bezeichnung von Normschliffen?
17. Wie fettet man einen Schliff richtig ein?

5 Heizen

5.1 Theoretische Grundlagen

5.1.1 Themen und Lerninhalte

Energiearten und ihre Anwendung im chemischen Laboratorium,
Heizen im chemischen Laboratorium.

Energie in Form von *Wärme* wird im chemischen Laboratorium ständig benötigt, da viele chemische Reaktionen nur bei erhöhter Temperatur ablaufen. Auch zur Reinigung oder Trennung von Verbindungen durch Destillation oder Sublimation muß Wärme zugeführt werden. Wenn Lösemittel zur Entfernung letzter Reste von Wasser mit entsprechenden Chemikalien gekocht werden, wird ebenfalls Wärme benötigt. Dabei hängt es vom jeweiligen Einsatzzweck, den beteiligten Substanzen und erwünschten Temperaturen ab, welche der verfügbaren Energiequellen Gas, Strom oder Wasserdampf gewählt wird und ob gegebenenfalls ein Übertragungsmedium (Heizbad) zwischengeschaltet wird.

5.1.2 Energiequellen im chemischen Laboratorium

Gas wird heute fast ausschließlich als *Erdgas* eingesetzt, das im Erdöl gelöst ist oder in Gasblasen in der Nähe von Erdölfeldern vorkommt. Es hat das *Leucht-* oder *Heizgas* abgelöst, das durch trockene Destillation von Steinkohle gewonnen wurde. Wegen des im Leuchtgas enthaltenen Kohlenstoffmonoxids ist bei seiner Verwendung Vorsicht geboten. Über die unterschiedliche Zusammensetzung von Erd- und Leuchtgas informiert Tab. 5-1.

Tab. 5-1. Chemische Zusammensetzung von Erd- und Leuchtgas.

Gastyp	darin enthaltene chemische Verbindungen
Leuchtgas	Methan, Kohlenstoffmonoxid, Kohlenstoffdioxid, Stickstoff, Wasserstoff
Erdgas[a]	1. Methan, Ethan, Propan, Butan
	2. Kohlenstoffdioxid, Schwefelwasserstoff[b], Helium, Stickstoff, Wasserstoff

[a] Die unter 2. genannten Gase sind nicht immer im Erdgas enthalten; ihre Anteile schwanken sehr stark.

[b] Schwefelwasserstoff wird aus dem Erdgas entfernt, bevor es in die Verbraucherleitungen gelangt.

Die im Gas gespeicherte Energie wird als Wärmeenergie freigesetzt, wenn man das Gas mit Luft mischt und verbrennt. Dazu wurden *Brenner* konstruiert, die sich in ihrer Bauweise und den mit ihnen erreichbaren Temperaturen unterscheiden (vgl. Tab. 5-2). Sie bestehen aus dem Fuß mit Gasanschluß und Regulierschraube oder Hahn, der Düse und dem Mischrohr mit regelbarer Luftzuführung (vgl. Abb. 5-1). Für normale Heizzwecke werden im Labor der *Bunsenbrenner* und der *Teclubrenner* am häufigsten verwendet. Sie unterscheiden sich in ihrer Luftzuführung und in der Form der Mischrohre (vgl. Abb. 5-1). Beim Teclubrenner wird die Luft von unten in das Mischrohr eingeführt, beim Bunsenbrenner von der Seite. Das Mischrohr ist beim Teclubrenner nach unten konisch erweitert und hat einen größeren Durchmesser. Dadurch wird eine intensivere Durchmischung der Gase und daher eine höhere Flammentemperatur als beim Bunsenbrenner erreicht.

Tab. 5-2. Im Chemielabor gebräuchliche Brennertypen und die mit ihnen erreichbaren Temperaturen.

Brennertyp	Temperaturbereich (in °)
Bunsenbrenner	800 – 1000
Teclubrenner	1000 – 1200
Heintzbrenner	bis 1300
Gebläselampe	bis 1900

Der *Heintzbrenner* ist ähnlich gebaut wie der Teclubrenner. Die mit ihm erreichbare Temperatur liegt höher als die des Teclubrenners (vgl. Tab. 5-2).

Die mit den Brennern erzeugte Flammentemperatur läßt sich durch die Luftzufuhr regulieren. Reines Gas erzeugt eine leuchtende, nichtrauschende Flamme ohne Kegel. Die Temperaturverteilung innerhalb dieser Flamme zeigt Abb. 5-2 links. Mischt man dieser Flamme Luft zu, dann geht sie in eine nichtleuchtende, rauschende Flamme mit blauem Kegel über, die wesentlich heißer ist (vgl. Abb. 5-2 rechts). Das Rauschen wird durch kleine Explosionen in der Flamme hervorgerufen.

Bei zu starker Luftzufuhr bildet sich ein explosives Gas-Luft-Gemisch. Daher ist eine reguläre Verbrennung mit Flammenbildung am Ende des Mischrohres nicht mehr möglich, sie findet jetzt direkt über der Düse statt (die Flamme *schlägt durch*). Der Brenner

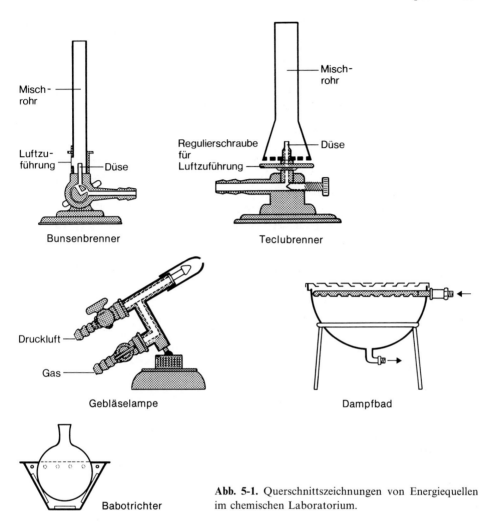

Abb. 5-1. Querschnittszeichnungen von Energiequellen im chemischen Laboratorium.

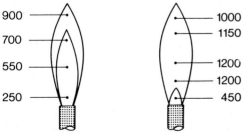

Abb. 5-2. Temperaturverteilung in der Flamme des Bunsenbrenners (in °C).

beginnt zu glühen und kann dadurch schwere Unfälle verursachen. Stellt man am besonders starken Rauschen und der fast unsichtbaren Flamme das Durchschlagen des Brenners fest, dann schaltet man die Gaszufuhr ab und läßt ihn abkühlen. Anschließend kann man ihn bei geschlossener Luftzufuhr erneut entzünden. So sollte man grundsätzlich verfahren, wenn man den Brenner in Betrieb nimmt.

Die *Gebläselampe* (vgl. Abb. 5-1) erzielt durch eine verbesserte Durchmischung der Gase und die Verwendung von Druckluft oder Sauerstoff Temperaturen bis zu 1900 °C.

Elektrischer Strom. Heizgeräte, die im Labor mit elektrischem Strom betrieben werden, sind in erster Linie Heizplatten, *Trockenschränke* und speziell für Glaskolben konstruierte elektrische *Heizkörbe.* Der Vorteil der elektrischen Heizung liegt in der leichten Regulierbarkeit der Wärmezufuhr durch Kontaktthermometer und Relais. Bei Verwendung der Heizkörbe bleiben die Glaskolben von außen sauber.

Wasserdampf wird im Labor eingesetzt, um *Dampfbäder* zu heizen oder *Wasserdampfdestillationen* durchzuführen. Die Verwendung von Dampfbädern (vgl. Abb. 5-1) empfiehlt sich besonders zum Abdampfen leicht brennbarer Flüssigkeiten, da diese sich hierbei (im Gegensatz zum Gebrauch von Brennern oder elektrischen Heizgeräten!) nicht entzünden können. Der für diese Zwecke benutzte Dampf ist *Niederdruckdampf* mit einer Temperatur von etwa 150 °C und einem Druck von 3 bar. Daneben dienen noch *Hochdruckdampf* (220 − 260 °C und 15 bar) und *Höchstdruckdampf* (500 °C und 180 bar) als Energieträger.

5.1.3   Direkte und indirekte Heizung

Bei der *direkten Heizung* kommt der zu erwärmende Stoff mit der Wärmequelle unmittelbar in Berührung. Das Einleiten von Dampf, elektrische Tauchheizer und die Brennerflamme sind Beispiele hierfür. Meist werden die Gefäße ungleichmäßig erhitzt, so daß Spannungen in ihnen auftreten, die bei Glas- und Porzellangefäßen zu deren Bruch führen können.

Dagegen benutzt die *indirekte Heizung* Wärmeüberträger, die die Wärmeenergie von der Heizquelle gleichmäßig auf das zu erhitzende Gerät übertragen. Im Allgemeinen handelt es sich um *Bäder*, die je nach erwünschter Temperatur und verwendetem Gefäßmaterial ausgewählt werden. Tab. 5-3 gibt einen Überblick über die häufigsten Badtypen und die mit ihnen erreichbaren Temperaturen. Bei ihrer Anwendung ist allgemein darauf zu achten, daß sie nur langsam angeheizt und nur mit Ölbadzangen abgenommen werden, wenn sie heiß sind.

Tab. 5-3. Wichtige Heizbäder.

Badtyp	Übertragungsmedium	erreichbare Temperatur (in °C)
Luftbad	Drahtnetz	bis 1500
	Babotrichter	bis 1500
Flüssigkeitsbad	Wasser	bis 100
	Salzlösung	bis 110
	Öl	bis 250
	Paraffinöl	bis 250
	Metallegierungen	80 – 500
Feststoffbad	Sand	bis 2000
	Graphit	bis 2000

Die *Luftbäder* bewirken eine sehr schlechte Verteilung der Wärme. Selbst der *Babotrichter* (vgl. Abb. 5-1) gewährleistet nicht, daß die den Kolben umströmende Luft gleichmäßig erhitzt wird. Andererseits können mit Luftbädern sehr hohe Temperaturen erreicht werden (vgl. Tab. 5-3).

Das *Wasserbad* ist mit einem Niveauregler ausgestattet, der den Wasserzulauf so reguliert, daß der Wasserstand im Bad stets gleich hoch ist. Als Dampfbad läßt es sich benutzen, wenn man den zu beheizenden Kolben in den Dampfraum darüber hängt. Man benutzt Wasserbäder vor allem, um entzündliche Flüssigkeiten zu erwärmen. Einfache Ausführungen eines Wasserbades sind mit Wasser gefüllte Töpfe oder Glasschalen, die erhitzt werden. In diesen Fällen ist darauf zu achten, daß die entzündlichen Dämpfe (z.B. Ether) nicht mit der Heizquelle in Berührung kommt.

Ölbäder verschmutzen die zu erwärmenden Gefäße und werden mit der Zeit durch Verunreinigungen und Verharzungen selbst unbrauchbar. Dies zeigt sich an ihrer immer dunkler werdenden Färbung. Kommt Wasser in ein Ölbad, dann schäumt es beim Erhitzen.

Metallbäder sind vor dem Gebrauch fest. Sie müssen an einer Stelle aufgeschmolzen werden, damit kein Druck in der Schmelze entsteht. Wird das Bad nicht mehr gebraucht, so müssen alle eingetauchten Gegenstände (Kolben, Thermometer usw.) herausgenommen werden, bevor die Schmelze erstarrt. Andernfalls werden sie von dem erstarrenden Metall eingeschlossen und können nicht aus dem Bad herausgenommen werden.

Sandbäder erlauben zwar die Verwendung sehr hoher Temperaturen, doch sind sie schlechte Wärmeleiter. Dies hat eine ungleichmäßige Erwärmung der Reaktionsgefäße zur Folge, und Glas- oder Porzellangeräte zerspringen leicht.

Graphitbäder dagegen sind ausgezeichnete Wärmeleiter, aber ihre Umgebung verstaubt bei der geringsten Luftbewegung.

5.2   Arbeitsanweisungen

5.2.1   Bestimmung der Heizleistung eines Teclubrenners

Geräte: Teclubrenner mit Schlauch, Dreifuß, Drahtnetz, Thermometer, 500-mL-Rund-kolben (oder Birnenkolben), Backenklammer, Stativklammer, 2 Muffen, 500-mL-Meß-zylinder, Siedesteine.

Arbeitsanweisung: An einer Stativstange wird ein 500-mL-Rundkolben mit einer Bak-kenklammer unmittelbar über einem auf einem Dreifuß liegenden Drahtnetz befestigt. Im Rundkolben werden 400 mL destilliertes Wasser vorgelegt. Ein Thermometer wird mit einer Stativklammer so an der Stange befestigt, daß sich sein Quecksilbervorratsgefäß in der Mitte des Wasservolumens befindet. Nach Zugabe einiger Siedesteine wird der Kolben mit der stärksten Flamme des Teclubrenners beheizt. Bis der Siedepunkt des Wassers erreicht ist, wird seine Temperatur in Abständen von einer Minute abgelesen und in das Protokollheft eingetragen.

Auswertung: Die Protokolldaten werden auf Millimeterpapier in ein Temperatur-Zeit-Diagramm eingetragen. Man kann so die Heizleistung verschiedener Brenner mitein-ander vergleichen. Sie ist um so höher, je steiler die Kurve ist, d.h. je schneller eine bestimmte Wassertemperatur erreicht wurde.
    In einem Modellversuch wird dem Brenner eine Gasuhr vorgeschaltet, die das Volu-men des verbrauchten Gases mißt. Bei Kenntnis der Versuchszeit und des Heizwertes des Gases kann der Wirkungsgrad des Brenners errechnet werden (vgl. Kap. 10.1).

5.2.2   Bestimmung der Heizleistung eines elektrischen Heizkorbes

Geräte: Elektrischer Heizkorb mit Regler, 500-mL-Zweihals-Schliffrundkolben, Schliff-thermometer, Rückflußkühler mit Schliff, Wasserschläuche, 500-mL-Meßzylinder, Sie-desteine.

Chemikalie: Ethanol (leicht entzündlich!)

Arbeitsanweisung: In einer Apparatur, bestehend aus 500-mL-Rundkolben und Rück-flußkühler, werden 300 mL Ethanol vorgelegt, in die ein Thermometer bis zum Mittel-punkt des Flüssigkeitsvolumens ragt. Nach Zugabe der Siedesteine und Einschalten der Wasserkühlung wird der Kolben mit dem elektrischen Heizkorb beheizt. Bis zum Er-reichen des Siedepunktes wird die Temperatur des Ethanols in Abständen von einer

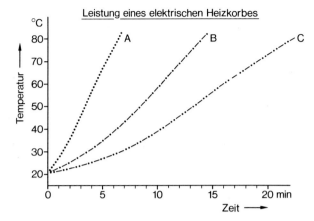

Abb. 5-3. Temperatur-Zeit-Diagramm zur Bestimmung der Heizleistung einer Pilzheizhaube. Die Werte der drei Kurven wurden bei Schalterstellung 3 (200 W) ermittelt. (*A* Reglerstellung 10, *B* Reglerstellung 7, *C* Reglerstellung 4).

Minute in das Versuchsprotokoll eingetragen. Die Heizleistung wird bei konstanter Schalterstellung 3 jeweils für die Regelstellungen 4, 7 und 10 ermittelt.

Hinweise zur Arbeitssicherheit: Ethanol ist leicht entzündlich. Deshalb muß die Apparatur an den Schliffen dicht sein; der Rückflußkühler verhindert, daß Ethanoldämpfe entweichen.

Auswertung: Die Meßdaten aller drei Versuche werden auf Millimeterpapier in dasselbe Temperatur-Zeit-Diagramm eingetragen. Man sieht, in Abb. 5-3, an den unterschiedlichen Steigungen der Kurven die unterschiedliche Heizleistung der Regelstufen.

5.2.3   Zielheizen mit dem elektrischen Heizkorb

Geräte: Elektrischer Heizkorb mit Regler, 500-mL-Zweihals-Schliffrundkolben, Schliffthermometer, Rückflußkühler mit Schliff, Wasserschläuche, 500-mL-Meßzylinder, Siedesteine.

Chemikalie: Ethanol (leicht entzündlich!)

Arbeitsanweisung: Der Versuch wird wie in Abschn. 5.2.2 vorbereitet. Die Temperatur des Ethanols wird dann durch entsprechende Reglereinstellungen nach folgendem Plan erhöht:

5 Minuten lang um 3 °C je Minute,
5 Minuten lang Konstanthalten der Temperatur,
5 Minuten lang um 4 °C je Minute,

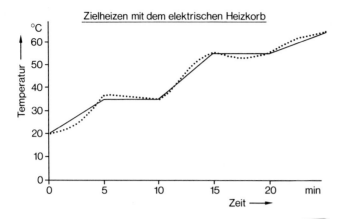

Abb. 5-4. Temperatur-Zeit-Diagramm für das Zielheizen mit dem elektrischen Heizkorb. (····· praktische Kurve, ——— theoretische Kurve).

5 Minuten lang Konstanthalten der Temperatur, danach bis zum Siedepunkt um 2 °C je Minute.

Während des Heizens wird die tatsächliche Temperatur der Flüssigkeit in Abständen von einer Minute abgelesen und ins Versuchsprotokoll eingetragen.

Hinweise zur Arbeitssicherheit: (vgl. Abschn. 5.2.2).

Auswertung: Auf Millimeterpapier werden sowohl die sich aus dem Heizplan ergebende theoretische Aufheizkurve als auch die experimentell ermittelte in ein Temperatur-Zeit-Diagramm eingetragen (vgl. Abb. 5-4). Die Abweichung der tatsächlichen von der idealen Kurve gibt an, inwieweit es gelungen ist, den Heizplan einzuhalten.

5.3   Wiederholungsfragen

1. Warum muß bei vielen chemischen Reaktionen geheizt werden?
2. Welche Energiearten verwendet man im Chemielabor?
3. Erklären Sie den Unterschied zwischen direkter und indirekter Beheizung!
4. Erklären Sie die Funktion der Gasbrenner im Labor!
5. Was ist beim Heizen mit Gasbrennern zu berücksichtigen?
6. Nennen Sie die Vor- und Nachteile der Beheizung mit Gas, Wasserdampf und elektrischem Strom!
7. Welche elektrischen Heizmethoden sind Ihnen bekannt?
8. Wie müssen leicht entflammbare Substanzen beheizt werden?
9. Welche Flüssigkeiten können für Heizbäder verwendet werden?
10. Welche Feststoff-Heizbäder kennen Sie?
11. Welche Maßnahmen sind beim Gebrauch von Metallbädern zu beachten?

6 Kühlen

6.1 Themen und Lerninhalte

Kühlen im Labor

Im Labor verwendet man als Kühlmittel Luft, Wasser, Kältelaugen, Eis, Trockeneis und flüssigen Stickstoff.

Will man Reaktionslösungen abkühlen, das Entweichen tiefsiedender Verbindungen aus Reaktionsgefäßen verhindern oder gasförmige Reaktionsprodukte auffangen, so muß man tiefe Temperaturen erzeugen. Bis etwa $-100\,°C$ dienen dazu verschiedene Kältemischungen, wie sie in Tab. 6-1 mit den jeweils erreichbaren tiefsten Temperaturen aufgeführt sind. Häufig verwendet man auch Methanol, das in Kühlmaschinen bis auf $-80\,°C$ abgekühlt werden kann. Für Temperaturen unterhalb $-100\,°C$ dient in erster Linie flüssiger Stickstoff, seltener flüssige Luft.

Tab. 6-1. Kältemischungen und die mit ihnen erreichbaren Temperaturen.

Kältemischung	erreichbare Temperatur (in °C)
3 Teile Eis + 1 Teil Kochsalz	-20
1 Teil Eis + 1 Teil Kaliumnitrat	-30
Trockeneis/Methanol	-80
Trockeneis/Ethanol	-80
TrockeneisAceton	-87
Trockeneis/Ether	-95

Die wichtigsten Geräte, in denen Kältemittel verwendet werden, sind Kühler, Kältefallen und Kühlmäntel. Einige der im Labor üblichen Kühlertypen zeigt Abb. 6-1. Mit ihnen werden bis zu $40\,°C$ heiße Dämpfe mit Kältelauge gekühlt. Zwischen 40 und $120\,°C$ verwendet man Wasser und zwischen 120 und $150\,°C$ kühlt man mit Luft.

Zur Verflüssigung leichtflüchtiger Reaktionsprodukte werden Kältefallen (vgl. Abb. 6-2) benötigt. Bei Vakuumdestillationen zum Beispiel werden sie vor die Pumpe geschaltet, um diese vor Verunreinigungen zu schützen.

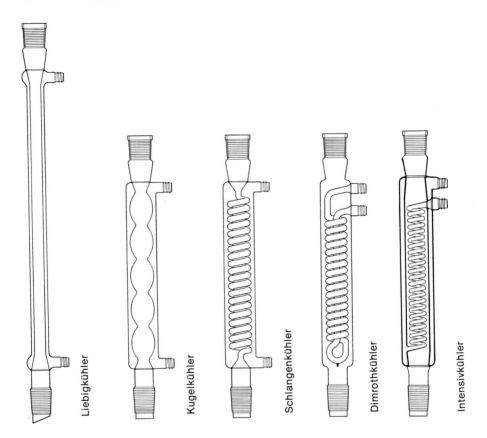

Abb. 6-1. Längsschnittzeichnungen durch Laborkühler.

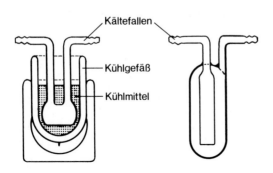

Abb. 6-2. Längsschnittzeichnungen durch Kältefallen.

6.2 Arbeitsanweisungen

6.2.1 Kältemischungen mit Wasser

Zur Auflösung von Salzkristallen in Wasser wird Wärme verbraucht, die dem Lösemittel entzogen wird und deshalb seine Temperatur erniedrigt. Bei einigen Salzen ist der Wärmeverbrauch so groß, daß beachtliche Temperatursenkungen des Wassers erzielt werden.

Geräte: 400-mL-Becherglas, 800-mL-Becherglas, Alkoholthermometer, Rührstäbe, Korkstopfen, 100-mL-Meßzylinder, Präzisionswaage, Wägepapier, Messerspatel, Kartenblätter.

Chemikalien: Natriumchlorid (NaCl), Kaliumnitrat (KNO_3), Ammoniumchlorid (NH_4Cl), destilliertes Wasser.

Arbeitsanweisung: Um einen zu starken Temperaturausgleich zwischen der Kältemischung und der Außentemperatur zu verhindern, wird ein 400-ml-Becherglas in ein 800-ml-Becherglas gestellt und durch Korkscheiben von dessen Boden und Wand ferngehalten. Im inneren Becherglas wird die benötigte Wassermenge von Raumtemperatur vorgelegt und das Salz eingerührt. Mit einem Alkoholthermometer wird die erreichte Temperatur bestimmt. Meist muß man einige Minuten warten, bis sich die tiefste Temperatur eingestellt hat. In dieser Versuchsreihe sollen in jeweils 100 g Wasser folgende Salzmassen gelöst werden: 30 g NH_4Cl (Mischung I), 25 g NaCl (Mischung II) und 30 g KNO_3 (Mischung III). Die Temperaturen und Massenverhältnisse werden in das Versuchsprotokoll eingetragen.

Hinweise zur Arbeitssicherheit: Die Chemikalien werden grundsätzlich nicht mit den Händen berührt. Zur Entnahme aus den Vorratsgefäßen und Einbringen in die Kältemischung verwendet man Messerspatel oder Kartenblätter.

Auswertung: Wie in Tab. 6-2 werden die Mischungen mit ihren Massenverhältnissen und Temperaturen festgehalten.

Tab. 6-2. Kältemischungen aus Wasser und verschiedenen Salzen — Massenverhältnisse und erzielte Temperaturen.

	m (Wasser)	m (Salz)	Temp. (in °C)
Mischung I	100 g	30 g NH_4Cl	+2
Mischung II	100 g	25 g NaCl	+17
Mischung III	100 g	30 g KNO_3	+7

6.2.2   Kältemischungen mit Eis

Durch die Verwendung von Eis anstelle von Wasser wird eine deutlichere Abkühlung erreicht. Durch die Vermischung des Eises mit Salz entsteht eine wäßrige Salzlösung mit niedrigerem Erstarrungspunkt ϑ_s. Da bei Zugabe des Salzes das Eis sofort schmilzt und dadurch zusätzliche Energie für den Phasenübergang verbraucht (s. 10.1.4), wird die Kühlwirkung der Mischung noch verstärkt.

Geräte: Wie in Abschn. 6.2.1.

Chemikalien: Ammoniumchlorid (NH_4Cl), Natriumnitrat ($NaNO_3$), Natriumchlorid ($NaCl$), kristallines Calciumchlorid ($CaCl_2 \cdot 6\ H_2O$), Eis.

Arbeitsanweisung: Mit Ausnahme der Verwendung von Eis anstelle von Wasser verfährt man wie in Abschn. 6.2.1. Es werden folgende Kältemischungen hergestellt:

   I   80 g Eis + 20 g NH_4Cl
   II   60 g Eis + 30 g $NaNO_3$
   III   100 g Eis + 35 g $NaCl$
   IV   50 g Eis + 75 g $CaCl_2 \cdot 6\ H_2O$

Die Temperaturen werden mit einem Tieftemperaturthermometer bestimmt.

Hinweise zur Arbeitssicherheit: vgl. Abschn. 6.2.1.

Auswertung: Massenverhältnisse und Temperaturen der Kältemischungen werden entsprechend Tab. 6-3 aufgezeichnet.

Tab. 6-3. Kältemischungen aus Eis und verschiedenen Salzen — Massenverhältnisse und erzielte Temperaturen.

	m (Eis)	m (Salz)	Temp. (in °C)
Mischung I	80 g	20 g NH_4Cl	-15
Mischung II	60 g	30 g $NaNO_3$	-17
Mischung III	100 g	35 g $NaCl$	-20
Mischung IV	50 g	75 g $CaCl_2 \cdot 6\ H_2O$	-30

6.2.3   Kältemischungen mit Trockeneis

Um noch kältere Kühlmischungen zu erhalten, wie sie z. B. bei Vakuumdestillationen benötigt werden, verwendet man das als *Trockeneis* bezeichnete feste Kohlenstoffdioxid (CO_2). Es geht bei $-78,5\,°C$ vom festen unmittelbar in den gasförmigen Zustand über

(Sublimation). Die dazu benötigte Energie entzieht es organischen Lösemitteln, wenn es mit ihnen gemischt wird und kühlt sie dadurch ab.

Geräte: 400-mL-Becherglas, 800-mL-Becherglas, Alkoholthermometer, Korkscheiben, 100-mL-Meßzylinder, Tiegelzange.

Chemikalien: Ethanol, Aceton, Trockeneis.

Arbeitsanweisung: In einem entsprechend Abschn. 6.2.1 isolierten 400-mL-Becherglas legt man 100 mL Ethanol oder Aceton vor. Dabei gibt man unter ständigem Rühren mit einem kräftigen Glasstab vorher zerkleinertes Trockeneis langsam zu. Anfangs wallt das Lösemittel bei jeder Zugabe von Trockeneis auf, weil gasförmiges CO_2 entweicht. Von Zeit zu Zeit mißt man mit einem Tieftemperaturthermometer die schon erreichte Temperatur. Wenn sie nicht mehr sinkt, ist die Kältemischung hergestellt.

Hinweise zur Arbeitssicherheit: Ethanol- und Acetondämpfe sind leicht entzündlich und gesundheitsschädigend. Kältemischungen mit diesen Lösemitteln werden daher unter dem Abzug und nicht in der Nähe einer offenen Flamme hergestellt. Das Trockeneis darf die Haut nicht berühren, da es wegen seiner tiefen Temperatur zu Verletzungen ähnlich Brandblasen führt. Größere Stücke handhabt man mit der Tiegelzange, kleinere mit einem Hornlöffel.

Auswertung: Die Mischungsverhältnisse und Temperaturen werden entsprechend dem folgenden Schema festgehalten:

Mischung I: 100 mL Ethanol und Trockeneis ergeben $-76\,°C$.
Mischung II: 100 mL Aceton und Trockeneis ergeben $-78\,°C$.

6.3 Wiederholungsfragen

1. Zählen Sie die im Chemielabor verwendeten Kühlmittel auf!
2. Welche Salze für Kältemischungen kennen Sie?
   Welche Temperaturen erreicht man mit ihnen?
3. Nennen Sie Lösemittel für Kältemischungen mit Trockeneis und die mit ihnen erreichbaren tiefsten Temperaturen.
4. Erklären Sie die Kühlwirkung von
   a) Salzen in Eiswasser
   b) Trockeneis in organischen Lösemitteln!
5. Wozu verwendet man im Labor Kühler? Wie werden Sie angewendet?
6. Bei welchen Dampftemperaturen setzt man Luft, Wasser und Kältelaugen als Kühlmittel in Kühlern ein?
7. Wodurch unterscheiden sich die im Labor verwendeten Kühler?

7 Massenmessung

7.1 Theoretische Grundlagen

7.1.1 Themen und Lerninhalte

Die Masse als Basisgröße
Massenmessung im chemischen Laboratorium

Chemische Verbindungen reagieren immer in bestimmten Stoffmengen-Verhältnissen miteinander. Um die benötigten Stoffmengen zu bestimmen, nimmt man eine Massenmessung oder eine Gewichtskraftsmessung vor. Bei Gasen und Flüssigkeiten wird die Stoffmenge der verwendeten Chemikalien oft auch durch eine Volumenmessung bestimmt. Sie wird in Kap. 8 ausführlich behandelt. Masse und Volumen eines Körpers stehen in einem festen Verhältnis zueinander, das man als *Dichte* bezeichnet. Die Bestimmung dieser Größe behandelt Kap. 9.

7.1.2 Die Basisgröße Masse

Für jede beliebige Portion eines Stoffes kann man eine *Masse* angeben. Die Masse ist im SI-Einheitensystem[*], das in der Bundesrepublik Deutschland durch Gesetz verbindlich ist, eine *Basisgröße* mit dem Größensymbol m und der *Basiseinheit*[**] Kilogramm (Einheitenzeichen kg).

Der tausendste Teil eines Kilogramms ist ein Gramm (Einheitenzeichen g); der tausendste Teil eines Gramms ist ein Milligramm (Einheitenzeichen mg). Ein bekanntes Vielfaches des Kilogramms ist die *Tonne* (abgekürzt mit t), die 1000 kg umfaßt.

Liegt eine abgemessene Portion eines Stoffes vor — und das ist ja bei der Durchführung chemischer Versuche stets der Fall —, dann spricht man nach DIN 32625 von einer *Stoffportion*. Die Quantität dieser Stoffportion kann als Masse, aber auch als Volumen oder Stoffmenge angegeben werden.

---

[*] SI: Système international d'unités (Internationales Einheitensystem).
[**] Vgl. Gesetzblatt Nr. 55 vom 5. Juli 1969, § 3.

Die Masse ist eine Körpereigenschaft. Um die Massen verschiedener Körper vergleichen zu können, muß die Masse eines bestimmten Körpers als die Masse „1 Kilogramm" festgelegt werden. Dieser Körper wird als internationaler Kilogrammprototyp bezeichnet und ist ein Platin-Iridium-Zylinder von 39 mm Durchmesser und 39 mm Höhe; er wird seit 1872 in Paris aufbewahrt.

Im geschäftlichen Verkehr wird die Masse einer Ware oft auch als ihr *Gewicht* bezeichnet. Dieser Begriff wurde früher auch gebraucht, um die Massenanziehungskraft auf einen Körper auszudrücken, z.B. die Erdanziehungskraft. Um das Gewicht eines Körpers von dem physikalischen Kraftbegriff zu unterscheiden, spricht man heute von seiner *Gewichtskraft* (Größensymbol F_G). Sie ist das Produkt aus der Masse des Körpers und der Fallbeschleunigung g:

$$F_G = m \cdot g \,. \tag{7.1}$$

Die Einheit der Gewichtskraft ist ebenso wie die der Kraft allgemein das Newton (Einheitenzeichen N).

Nun ist die Fallbeschleunigung nicht an allen Orten der Erde gleich, weil die Erde keine Kugel ist. Die Pole liegen näher am Erdmittelpunkt, der Äquator weiter entfernt. Daher ist die Erdanziehung an den Polen größer als am Äquator, folglich auch die Fallbeschleunigung und mit ihr die Gewichtskraft. In Abb. 7-1 ist dieser Unterschied für einen Körper der Masse 1 kg dargestellt. Während seine Masse (ebenso wie seine Stoffmenge oder sein Volumen) überall auf der Erdoberfläche dieselbe bleibt, unterscheidet sich seine Gewichtskraft:

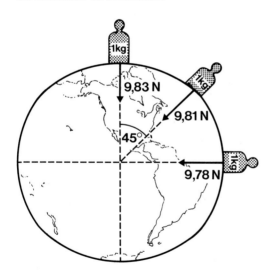

Abb. 7-1. Schematische Darstellung der Ortsunabhängigkeit der Masse eines Körpers auf der Erdoberfläche und der Ortsabhängigkeit der Gewichtskraft desselben Körpers (Masse = 1 kg).

Am Pol: $F_G = 1 \, \text{kg} \cdot 9{,}83 \, \text{m/s}^2 = 9{,}83 \, \dfrac{\text{kg m}}{\text{s}^2} = 9{,}83 \, \text{N}$

Am 45. Breitengrad: $F_G = 1 \, \text{kg} \cdot 9{,}81 \, \text{m/s}^2 = 9{,}81 \, \dfrac{\text{kg m}}{\text{s}^2} = 9{,}81 \, \text{N}$

Am Äquator: $$F_G = 1\,\text{kg} \cdot 9{,}78\,\text{m/s}^2 = 9{,}78\,\frac{\text{kg m}}{\text{s}^2} = 9{,}78\,\text{N}$$

Aus diesem Ergebnis ist die Definition der Einheit Newton leicht abzuleiten: 1 N ist die Kraft oder Gewichtskraft, die der Masse 1 kg die Beschleunigung 1 m/s² verleiht. Es gilt:

$$1\,\text{N} = 1\,\frac{\text{kg m}}{\text{s}^2} \ .$$

Den Unterschied zwischen der Masse eines Körpers und seiner Gewichtskraft führen die Raumfahrtunternehmen sehr plastisch vor Augen. Dieselbe Masse eines Astronauten besitzt im Weltall, wo die Erdanziehungskraft auf ihn nur sehr gering ist, auch nur noch eine geringe Gewichtskraft: er schwebt im Raumschiff. Die auf dem Mond gelandeten Astronauten besitzen dort wieder eine Gewichtskraft, da die Anziehungskraft des Mondes auf sie wirkt. Wegen der geringen Masse des Mondes, verglichen mit der Masse der Erde, ist auch seine Anziehungskraft und damit die Gewichtskraft der Astronauten geringer als auf der Erde: sie sind „leichter".

7.1.3 Massenmessung im chemischen Laboratorium

Die Bestimmung der Masse von Chemikalien wird als Massenvergleich mit einer Waage durchgeführt. Man verwendet dazu *Hebelwaagen,* die nach dem Hebelgesetz arbeiten:

Kraft · Kraftarm = Last · Lastarm

Bei *gleicharmigen Hebeln* sind die Hebelarme gleich lang. Daher sind die auf beiden Seiten aufgelegten Lasten im Gleichgewichtszustand gleich groß. Die meisten im Laboratorium verwendeten *Präzisionswaagen* (vgl. Abb. 7-2) gehören zu diesem Typ.

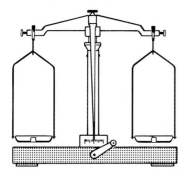

Abb. 7-2. Präzisionswaage älterer Bauart.

Mit *zweiseitig-ungleicharmigen Hebeln* sind z.B. die *Dezimalwaage* und die *Centimalwaage* ausgestattet. Sie haben Lastarm-Kraftarm-Verhältnisse von 1:10 bzw. 1:100.

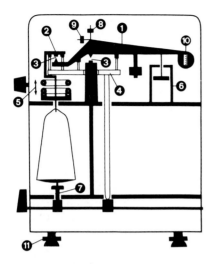

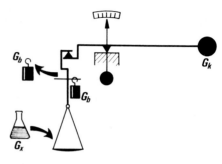

Das Substitutionsprinzip

Aufbau einer
mechanischen Analysenwaage

1 Waagebalken
2 Gehänge
3 Schneidenlager
4 Arretiersystem
5 Gewichtsschaltmechanismus
6 Luftdämpfung
7 Schalenbremse
8 Empfindlichkeitsschraube
9 Nullpunktschraube
10 Strichplatte
11 Nivellierschrauben

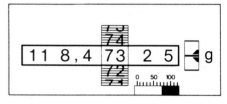

Ablesefenster

Abb. 7-3. Mechanische Analysenwaage (Firma Mettler, Gießen).

Nur selten sind Waagen mit *einseitigen Hebeln* anzutreffen.

Neue Entwicklungen im Waagenbau führten zur Abkehr vom Hebelprinzip. Die vom Wägegut ausgeübte Kraft wird durch elektrische, magnetische oder elektro-optische Methoden in Signale umgesetzt, die auf elektronischem Wege ausgewertet und als Massenangabe angezeigt werden (elektronische Waagen).

Die im chemischen Laboratorium verwendeten Waagen unterscheiden sich hinsichtlich der Begrenzung der Masse, die mit ihnen abgewogen werden kann *(Belastbarkeit)* und der *Genauigkeit* der Wägung.

Die Analysenwaage. Mit der Analysenwaage lassen sich Massen bis auf 1/10 Milligramm genau abwiegen. Diese Empfindlichkeit macht einen sorgfältigen Schutz der Waage vor Verstaubung, Luftzug, Korrosion und plötzlichen Schwankungen der Außentemperatur notwendig, der durch die Unterbringung der Waage in einem Gehäuse gewährleistet ist (vgl. Abb. 7-3).

Die Analysenwaage ist eine automatische Balkenwaage, die nach dem *Substitutionsprinzip* arbeitet. Abb. 7-3 veranschaulicht es: auf beiden Balken sind dieselben Massen angebracht, so daß der Waagebalken sich im Gleichgewicht befindet. Die Masse der einen Seite setzt sich aus unterschiedlichen Teilmassen zusammen und hat eine Vorrichtung für die Aufnahme der zu messenden Probe. Man legt die Probe auf und entfernt zugleich soviele Teilmassen bis die Waage wieder im Gleichgewicht ist. Die Masse der abgenommenen Wägestücke entspricht der Masse der Probe.

Die Genauigkeit der Wägung mit der Analysenwaage hängt in erster Linie von ihrer *Justierung* ab. Dazu dienen die Fußrändelschrauben (vgl. Abb. 7-3), die solange gedreht werden, bis sich die Luftblase der Niveauanzeige genau in der Mitte befindet.

Eine Nullpunktverschiebung, die zur Verfälschung des Wägeergebnisses führt, wird durch starke Erschütterungen hervorgerufen. Daher steht die Waage auf kleinen Gummipuffern auf speziellen Wägetischen. Das Öffnen und Schließen der Gehäusefenster muß behutsam erfolgen. Auch Schweiß und Schmutz verschieben den Nullpunkt, so daß man die Teile der Waage stets mit der Pinzette, nie mit der Hand, anfaßt. Ebenso handhabt man alle Wägegefäße mit der Pinzette. Während der Wägung müssen die Fenster geschlossen bleiben, da schon ein leichter Luftzug wie ein Auftrieb wirkt, so daß eine geringere Masse angezeigt wird als tatsächlich aufgelegt wurde.

Eine wichtige Einrichtung der Analysenwaage ist die *Arretierung*. Dabei wird der Waagebalken mit dem Gehänge von der Auflage abgehoben (vgl. Abb. 7-3). Dies entlastet Balken und Auflage. Das Auflegen und Abnehmen der Lasten wird immer bei arretierter Waage durchgeführt.

7.2 Arbeitsanweisungen

7.2.1 Hinweise zur Arbeitssicherheit

Ätzende oder giftige Flüssigkeiten dürfen nicht mit dem Mund angesaugt werden. Um Stechheber oder Pipetten zu füllen, muß eine Pipettierhilfe verwendet werden.

7.2.2 Wägeübungen

Abwiegen von Feststoffen

Geräte: Präzisionswaage, Analysenwaage, Wägepapier, Wägegläschen, 400-mL-Becherglas, Messerspatel.

Arbeitsanweisung: Die vorgegebene Portion eines Feststoffes wird mit Wägepapier auf einer Präzisionswaage und im Wägegläschen (dessen Leermasse ermittelt wurde) auf der Analysenwaage abgewogen.

Auswertung: Jeder Meßwert wird — getrennt nach Analysenwaage und Präzisionswaage — im Protokollheft tabellarisch festgehalten und die Massen der Substanzen als Differenz zwischen Gesamtmasse und Leermasse errechnet. Die größere Genauigkeit der Analysenwaage wird deutlich.

Massenbestimmung von Kunststoffkörpern

Geräte: Präzisionswaage, Analysenwaage.

Arbeitsanweisung: Auf beiden Waagen werden fünf Kunststoffkörper mit unterschiedlicher Masse ausgewogen.

Auswertung: Die ermittelten Werte werden entsprechend der nachfolgenden Tabelle eingetragen:

Kunststoffkörper Nr.	Präzisionswaage m in g	Analysenwaage m in g
1	16,21	16,1193
2	10,58	10,5604
3	8,94	8,9153
4	94,62	94,5426
5	94,20	94,1166
6	96,08	96,0329

Abwiegen von Flüssigkeiten

Geräte: Präzisionswaage, Analysenwaage, Wägegläschen mit Deckel, Stechheber oder Pipette, Peleusball.

Arbeitsanweisung: In einem tarierten Wägegläschen mit Deckel werden vier verschiedene, vorgegebene Wasserportionen abgewogen, die mit einem Stechheber oder einer Pipette in das Wägegläschen eingetropft werden. An seinem Schliff soll keine Flüssigkeit verbleiben.

7.3 Wiederholungsfragen

1. Was versteht man unter Masse und Gewichtskraft und wodurch unterscheiden sie sich?
2. Wie ist das Kilogramm definiert?
3. Welches Gesetz liegt der Arbeitsweise einer Balkenwaage zugrunde?
4. Was versteht man unter:
   a) Genauigkeit
   b) Belastbarkeit einer Waage?
5. Beschreiben Sie das Substitutionsprinzip, nach dem eine automatische Analysenwaage arbeitet!
6. Worauf ist beim Aufstellen einer Waage zu achten?
7. Beschreiben Sie die Durchführung einer Wägung auf der Analysenwaage!
8. Nennen Sie die wichtigsten Ursachen für Wägefehler!
9. Was ist beim Abwiegen von festen und flüssigen Stoffen zu beachten?

8 Volumenmessung

8.1 Theoretische Grundlagen

8.1.1 Themen und Lerninhalte

Volumenmessung ruhender Flüssigkeiten

Die für eine chemische Reaktion benötigte Stoffportion einer Verbindung kann — vorzugsweise bei Flüssigkeiten und Gasen — auch in ihrem *Volumen* ausgedrückt werden. Man versteht darunter die Größe des Raumes, den ein Körper einnimmt. Der Raum, den ein Körper einnimmt, ist bei Gasen stark von der Temperatur und dem einwirkenden Druck abhängig. Bei Flüssigkeiten hat nur die Temperatur einen nennenswerten Einfluß auf das Volumen. Es kann also dieselbe Masse (vgl. Kap. 7) sehr unterschiedliche Volumina besitzen. Ändert sich das Volumen einer Masse, so ändert sich zugleich ihre *Dichte* (vgl. Kap. 9).

Das Volumen ist eine aus der Basisgröße Länge *abgeleitete Größe*, deren Einheit das *Kubikmeter* (Einheitenzeichen m^3) oder das *Liter* (Einheitenzeichen L) ist. Beide Einheiten können ineinander umgerechnet werden:

$$1\ m^3 = 1000\ L$$

$$1\ L\ = 0{,}001\ m^3.$$

Die Umrechnung für die in der Laboratoriumspraxis häufigeren Größen *Milliliter* (Einheitenzeichen mL) und *Kubikzentimeter* (Einheitenzeichen cm^3) lautet:

$$1\ L\ = 1000\ mL = 1000\ cm^3$$

$$1\ m^3 = 1\,000\,000\ cm^3$$

$$1\ mL = 1\ cm^3.$$

Als abgeleitete Einheiten sind das Kubikmeter und das Liter durch die Definition der Basiseinheit Meter selbst definiert[*]. Dadurch ist die frühere Definition des Liters — das Volumen von 1 kg chemisch reinem Wasser bei $+4\,^\circ C$ und 1013 mbar — hinfällig.

---

[*] Vgl. Gesetzblatt Nr. 55 vom 5. Juli 1969, § 3.

8.1.2   Geräte zur Volumenmessung ruhender Flüssigkeiten

8.1.2.1   Kennzeichnung der Geräte

Die Temperaturabhängigkeit des Volumens eines Körpers macht auf den Geräten zur Volumenmessung die Angabe notwendig, bei welcher Temperatur sie das angegebene Volumen beinhalten. Dies ist in der Regel $+20\,°C$. Nur wenn die eingefüllte Flüssigkeit diese Temperatur hat, hat sie auch das angezeigte Volumen.

Meßgeräte für maßanalytische Arbeiten (Meßkolben, Pipette, Büretten) müssen noch einen Hinweis tragen, ob das Volumen der Flüssigkeit durch Auffüllen bis zum Eichstrich (*Einguß*, Kurzzeichen: In) oder durch Auslaufen aus dem gefüllten Gefäß (*Ausguß, Auslauf*, Kurzzeichen: Ex) bestimmt wird (vgl. die Beispiele in Abb. 8-2).

8.1.2.2   Allgemeine Arbeitshinweise

1. Die Wände der Meßgeräte müssen fettfrei sein, damit die Flüssigkeiten ohne Tropfenbildung ablaufen können. Zur Reinigung eignet sich Chromschwefelsäure[*] oder die ungefährlichere warme RBS®-Lösung mit einem Massenanteil von 5%. Es muß gründlich mit E-Wasser (entmineralisiertes Wasser, Deionat) nachgespült werden.
2. Geeichte Geräte dürfen nicht im Trockenschrank getrocknet werden, da durch die Ausdehnung und das anschließende Zusammenziehen des Glases die Erhaltung des ursprünglichen Volumens nicht gewährleistet ist.
3. Beim Ablesen der Skalen ist darauf zu achten, daß sich die Augen in Höhe des Flüssigkeitsspiegels befinden. Andernfalls kommt es zu Ablesefehlern *(Parallaxefehler)*. Für sehr genaue Ablesungen benutzt man eine Lupe.

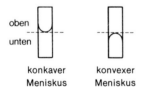

oben
unten

konkaver   konvexer
Meniskus   Meniskus

Abb. 8-1. Meniskusbildung der Flüssigkeitsoberfläche in Glasgefäßen mit Kennzeichnung der Ablesestellen.

4. Flüssigkeiten in Glasgefäßen bilden ihre Oberfläche als *Meniskus* aus (vgl. Abb. 8-1), d.h. daß hier der Flüssigkeitsspiegel an der Gefäßwand höher oder tiefer liegt als in der Mitte der Oberfläche. Bei Flüssigkeiten, die das Glas benetzen (z.B. Wasser) ist die Oberfläche in der Mitte nach unten gebogen *(konkaver Meniskus)*, bei nicht benetzenden Flüssigkeiten (z.B. Quecksilber) nach oben *(konvexer Meniskus)*. Liegt ein konvexer Meniskus vor, dann wird an seiner Erhebung in der Mitte abgelesen.

---

[*] Chromschwefelsäure ist eine Lösung von Kaliumdichromat ($K_2Cr_2O_7$) in konzentrierter Schwefelsäure (Massenanteil H_2SO_4 von 96%). Bewährt hat sich ein Verhältnis von 20 g Dichromat zu 80 g Säure. Da Chromschwefelsäure stark ätzend wirkt, arbeitet man stets mit Gummihandschuhen und Schutzbrille unter einem Abzug.

Bei einem konkaven Meniskus wird in der Regel an der tiefsten Stelle in der Mitte abgelesen. Nur bei undurchsichtigen Flüssigkeiten liest man an der höchsten Stelle am Rand ab.

Spezielle Arbeitshinweise finden sich bei den einzelnen Meßgeräten.

8.1.2.3 Meßgeräte-Typen

Tropfgeräte. Mit Tropfflaschen, Tropfröhren oder Tropftrichtern ist nur eine grobe Volumenmessung durch Abzählen der auslaufenden Tropfen möglich.

Meßzylinder. Diese zylindrischen Gefäße mit Volumina von 5 mL bis 2 L (vgl. Abb. 8-2), auf deren Außenwand eine Skala eingeätzt ist, lassen nur eine ungenaue Volumenbestimmung zu, weil durch ihre große Grundfläche die Zugabe von einem Tropfen einer Flüssigkeit eine so geringe Erhöhung des Flüssigkeitsspiegels zur Folge hat, daß sie mit dem Auge kaum wahrzunehmen ist.

Meßkolben. Die Meßkolben (vgl. Abb. 8-2), mit denen Volumina von 5 mL bis 5 L bestimmt werden können, lassen wegen ihres engen Halses eine recht genaue Volumenmessung zu. Sie werden hauptsächlich in der Maßanalyse verwendet.

Arbeitshinweis: Der Meßkolben muß langsam aufgefüllt werden, damit die Luft entweichen kann. Luftblasen werden durch leichtes Klopfen an die Glaswand ausgetrieben. Erst nach Entfernung aller Blasen wird bis zur Eichmarke aufgefüllt.

Pipetten. Wenn aus einem Vorratsgefäß eine bestimmte Menge einer Flüssigkeit entnommen werden soll, dann bedient man sich in der Maßanalyse vorzugsweise einer Pipette. Mit *Meßpipetten* (vgl. Abb. 8-2), deren gesamtes Volumen durch eine Skala in Milliliter unterteilt ist, kann die entnommene Flüssigkeitsmenge in Teilschritten wieder abgegeben werden, während bei *Vollpipetten* (vgl. Abb. 8-2) das gesamte entnommene Volumen in einem Arbeitsgang verwendet werden muß.

Arbeitshinweise: Die Skalierung der Meßpipetten ist so gewählt, daß der Nullpunkt an ihrem oberen Ende liegt. Dadurch kann die entnommene Flüssigkeitsmenge unmittelbar abgelesen werden.

Um die Pipetten vollständig zu entleeren, wird ihre Spitze noch etwa 15 bis 30 Sekunden nach der Abgabe der Flüssigkeit gegen die Gefäßwand gehalten. Die Pipette sollte dabei senkrecht gehalten werden. Der dann in der Spitze verbleibende Flüssigkeitsrest darf nicht mehr entfernt werden, da er bei der Eichung auf Auslauf schon berücksichtigt wurde.

Hinweis zur Arbeitssicherheit: Flüssigkeiten dürfen nur mit einer Pipettierhilfe, z. B. dem Peleusball (vgl. Abb. 8-2), angesaugt werden. Das Ansaugen mit dem Mund ist verboten! Die gängigen Pipettierhilfen gestatten auch ein exaktes Entleeren der Pipetten.

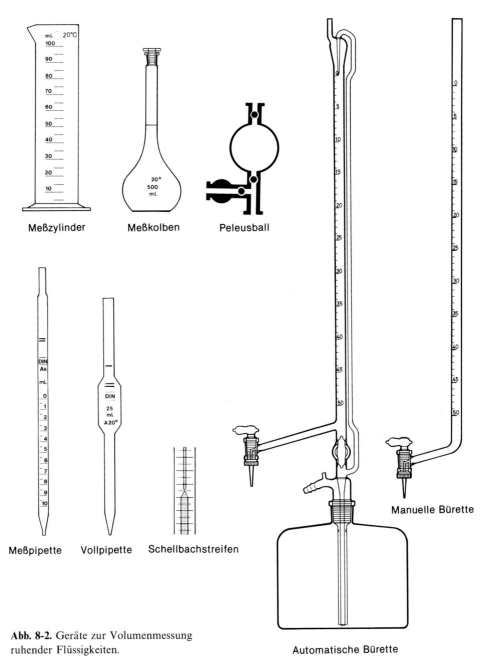

Abb. 8-2. Geräte zur Volumenmessung ruhender Flüssigkeiten.

Büretten. Der Auslauf der Büretten besitzt einen Hahn (vgl. Abb. 8-2), so daß auch über einen längeren Zeitraum hinweg tropfenweise Flüssigkeit entnommen werden kann. Die Geräte, die meist Volumina zwischen 1 mL und 200 mL haben, sind auf Auslauf geeicht und besitzen eine Skala, deren Nullpunkt am *oberen* Ende liegt.

Arbeitshinweise: Büretten werden durch einen Trichter langsam bis über den Nullpunkt aufgefüllt, damit die Luft entweichen kann. Luftblasen werden durch leichtes Klopfen ausgetrieben. Nach Entfernung des Trichters wird der Flüssigkeitsspiegel auf den Nullpunkt eingestellt. Als Hilfe zum Ablesen der Skala läuft an der inneren Rückwand der Bürette ein Farbstreifen *(Schellbachstreifen)*, der wegen der Brechung des Lichts an der Flüssigkeitsoberfläche oberhalb des Flüssigkeitsspiegels schmaler ist, als er in der Flüssigkeit erscheint. An dieser Verengung wird abgelesen. Bei automatischen Büretten geschieht der Auffüllvorgang pneumatisch mittels Gummiball und die Nullpunkteinstellung selbständig durch Absaugen der überstehenden Flüssigkeit mittels einer Kapillare.

8.1.3   Indikatoren, pH-Wert Messung

Bei maßanalytischen Bestimmungen von Säuren und Basen reagieren von Säuren abgespaltete H_3O^+-Ionen mit OH^--Ionen der Base zu Wasser (Neutralisationsreaktion).

$$H_3O^+ + OH^- \longleftrightarrow 2\,H_2O$$

Liegen in einer Lösung gleichviel H_3O^+-Ionen und OH^--Ionen vor, spricht man von einer neutralen Lösung. Sind H_3O^+-Ionen im Überschuß vorhanden, reagiert die Lösung sauer, beim OH^--Ionen-Überschuß basisch (vgl. Abb. 8-3).

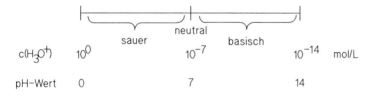

Abb. 8-3. pH-Wert-Skala.

Die Stoffmengenkonzentration der Ionen kann man in mol/L angeben. Da die Werte jedoch im Bereich des Neutralpunktes sehr klein sind wurde von *Sörensen* der negative dekadische Logarithmus der Stoffmengenkonzentration der H_3O^+-Ionen als pH-Wert definiert.

$$pH = -lg\,c\,(H_3O^+)$$

Zur Messung des pH-Wertes kann man Indikatorlösungen, Indikatorpapier oder eine elektrische Meßanordnung verwenden.

Indikatoren sind Stoffe, die bei einer bestimmten Konzentration von H_3O^+-Ionen, also bei einem bestimmten pH-Wert, durch eine chemische Reaktion ihre Farbe ändern. Die Farbumschlagsbereiche einiger wichtiger Indikatoren sind in Tab. 8-1 aufgeführt.

Tab. 8.1. Indikatoren und ihre Umschlagsbereiche.

Indikator	Farbumschlag	bei pH-Wert
Methylorange	rot — gelborange	3,1 — 4,4
Methylrot	rot — gelb	4,4 — 6,2
Lackmus	rot — blau	5,0 — 8,0
Tashiro	rotviolett — grün	5,2 — 7,0
Phenolphthalein	farblos — rot	8,2 — 9,8

Bei Messungen mit Indikatorlösungen kann man also aufgrund der Farbe des Indikators erkennen, ob der pH-Wert größer oder kleiner als der am Umschlagsbereich des Indikators ist.

Durch die Verwendung verschiedener Indikatoren in mehreren Proben einer Lösung läßt sich so die H_3O^+-Ionenkonzentration bestimmen.

Einfacher für den Anwender ist es wenn mehrere verschiedene Indikatoren in Streifen oder Zonen eines Papierstreifens aufgebracht sind. Man erhält so durch Eintauchen des Indikatorpapier-Streifens und Auswertung der verschiedenen Farben eine relativ genaue pH-Wert-Messung.

Die exaktere Methode pH-Werte zu messen ist die Verwendung einer elektrischen Meßanordnung. Dabei wird eine Glaselektrode (Einstabmeßkette) in die zu messende Lösung eingetaucht. Durch die Anwesenheit von H_3O^+-Ionen bildet sich an der Glasmembrane der Elektrode ein Potential, das mit einem Voltmeter mit extrem hohem Innenwiderstand gemessen und als pH-Wert angezeigt werden kann. (Bei einfachen Meßinstrumenten bricht durch den Stromfluß durch das Meßgerät bei der Messung die geringe Spannung an der Membrane der Glaselektrode zusammen.)

Weitere Ausführungen zur Theorie des pH-Wertes und zur Messung des pH-Wertes finden Sie in den Bänden 2b und 4 der Reihe „Die Praxis der Labor- und Produktionsberufe".

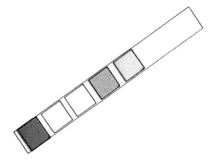

Abb. 8-4. Indikatorpapiere.

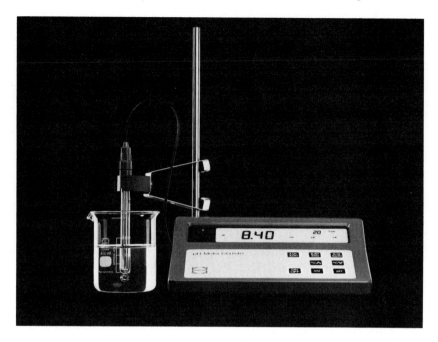

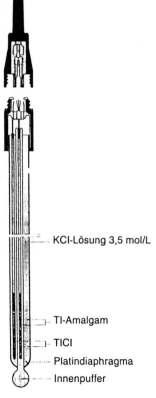

KCl-Lösung 3,5 mol/L

Tl-Amalgam

TlCl

Platindiaphragma

Innenpuffer

Abb. 8-5. pH-Meter mit Elektrode.

8.2   Arbeitsanweisungen

8.2.1   Einige von der Masse, dem Volumen und der Stoffmenge abgeleitete Größen

Die zur Übung der Volumenmessung von Flüssigkeiten durchgeführten Titrationen sind chemische Reaktionen in wäßriger Lösung. Die Mengenangaben der beteiligten Reaktionspartner sind daher meist Konzentrationsangaben. In der Bezeichnung der Konzentrationsangaben haben sich durch die DIN 32 625 tiefgreifende Änderungen gegenüber den früher üblichen und auch heute im chemischen Laboratorium noch oft gebrauchten Bezeichnungen ergeben. Sie werden, soweit sie bei den Versuchen eine Rolle spielen, im folgenden gegenübergestellt. Bei der Beschreibung und Auswertung der Experimente wird ausschließlich die nach DIN 32 625 gebotene Formulierung verwendet.

Massenanteil. Bei Lösungen wird als Massenanteil (Größensymbol w) eines Stoffes X der Quotient aus seiner Masse m (X) und der Masse m der Lösung bezeichnet:

$$w(\text{X}) = \frac{m\,(\text{X})}{m\,(\text{Lösung})}\,.$$

Die üblichen Einheiten sind g/g oder g/100 g $\;\hat{=}\;$ %.

   Liegen z. B. 100 g Schwefelsäure-Lösung mit einem Massenanteil von 96 g H_2SO_4 vor, so schreibt man:

$$w(H_2SO_4) = 0{,}96$$

oder $w(H_2SO_4) = 96\%$.

Man spricht: Der Massenanteil an H_2SO_4 beträgt 0,96 oder der Massenanteil an H_2SO_4 beträgt 96 Prozent.

   Mit dem Begriff **Massenanteil** wird die früher übliche Bezeichnung **Gewichtsprozent** abgelöst.

Equivalentstoffmenge. Die Equivalentstoffmenge (Größensymbol n (eq), wobei eq Platzhalter für das jeweilige Equivalent ist) ist der Bruchteil $1/z^*$ eines Mols einer chemischen Verbindung X. Bei Neutralisationsreaktionen ist die *Equivalentzahl* z^* der Verbindung

X durch die Anzahl der abgegebenen bzw. aufgenommenen Protonen gegeben. Man schreibt

$$n(\tfrac{1}{2}\,H_2SO_4) = 0,1\ mol$$

$$n(\tfrac{1}{1}\,NaOH) = 0,1\ mol$$

und spricht:

Die Equivalentstoffmenge der Schwefelsäure-Portion beträgt, wenn $\tfrac{1}{2}\,H_2SO_4$ zugrunde gelegt wird, 0,1 mol.
Die Equivalentstoffmenge der Natriumhydroxid-Portion beträgt, wenn $\tfrac{1}{1}\,NaOH$ zugrunde gelegt wird, 0,1 mol.

Zwischen der Equivalentstoffmenge und der Stoffmenge gilt demnach die Beziehung:

$$n(eq)(X) = n\left(\frac{1}{z^*(X)}\,X\right).$$

Der Begriff **Equivalentstoffmenge** löst die Bezeichnung **Equivalent** ab.

Die Equivalentkonzentration. Die Equivalentkonzentration (Größensymbol $c(eq)$, wobei eq Platzhalter für das betreffende Equivalent ist) eines gelösten Stoffes X ist der Quotient aus seiner Equivalentstoffmenge $n(1/z^*\,X)$ und dem Volumen V der Lösung.

$$c(eq) = \frac{n\left(\dfrac{1}{z^*(X)}\,X\right)}{V}.$$

Man schreibt:

$$c(\tfrac{1}{2}\,H_2SO_4) = 0,1\ mol/L$$

$$c(\tfrac{1}{1}\,NaOH) = 0,1\ mol/L$$

und spricht:

Die Equivalentkonzentration der Schwefelsäure-Lösung beträgt, wenn $\tfrac{1}{2}\,H_2SO_4$ zugrunde gelegt wird, 0,1 mol/L.
Die Equivalentkonzentration der Natronlauge beträgt, wenn $\tfrac{1}{1}\,NaOH$ zugrunde gelegt wird, 0,1 mol/L.

Analog zur Equivalentstoffmenge gilt für die Equivalentkonzentration:

$$c(eq)(X) = c\left(\frac{1}{z^*(X)}\,X\right).$$

Mit dem Begriff **Equivalentkonzentration** wird die Bezeichnung **Normalität** abgelöst.

Die Formulierung der obigen Aussagen als

0,1 N H$_2$SO$_4$

0,1 N NaOH

ist nicht mehr zugelassen. Zugleich wird die alte Bezeichnung **Normallösung** durch den Begriff **Maßlösung** ersetzt.

Bei der Einstellung von Maßlösungen wird die von der tatsächlichen Equivalentkonzentration c(eq) abweichende *angestrebte Equivalentkonzentration* mit einer Tilde ($\sim$) versehen. Man schreibt also: $\tilde{c}$(eq).

Man schreibt:

$$\tilde{c}(\tfrac{1}{2} \text{ H}_2\text{SO}_4) = 0,1 \text{ mol/L}$$

und spricht:

Die angestrebte Equivalentkonzentration der Schwefelsäure-Lösung beträgt, wenn $\tfrac{1}{2}$ H$_2$SO$_4$ zugrunde gelegt wird, 0,1 mol/L.

Titer. Der Titer (Größensymbol t) ist der Quotient aus der tatsächlichen vorliegenden Equivalentkonzentration c(eq)(X) einer Maßlösung (IST-Wert) und der angestrebten Equivalentkonzentration $\tilde{c}$(eq)(X) derselben Lösung (SOLL-Wert):

$$t = \frac{c(\text{eq})(\text{X})}{\tilde{c}(\text{eq})(\text{X})} \, .$$

Man schreibt:

$$\tilde{c}(\tfrac{1}{2} \text{ H}_2\text{SO}_4) = 0,1 \text{ mol/L}; \quad t = 1,020$$

und spricht:

Der Titer der Schwefelsäure-Lösung mit der angestrebten Equivalentkonzentration $\tilde{c}(\tfrac{1}{2}$ H$_2$SO$_4) = 0,1$ mol/L beträgt 1,020.

Die Formulierung dieser Aussage als „0,1 N H$_2$SO$_4$, (F = 1,020)" ist nicht mehr zugelassen.

8.2.2   Hinweise zur Arbeitssicherheit

In den nachfolgenden Versuchen wird mit Basen, Laugen und Säuren gearbeitet. Sie dürfen mit der Haut nicht in Berührung kommen. Besonders die Augen sind durch eine Schutzbrille zu schützen. Wann immer möglich, arbeitet man mit Gummihandschuhen unter einem Abzug. Falls Säure- oder Laugenspritzer auf die Haut gelangen, werden sie mit neutralisierenden Lösungen (z. B. aus den Augenwaschflaschen) behandelt. Man spült mit viel fließendem Wasser nach. Bei Augenverletzung ist in jedem Fall ein Arzt aufzusuchen.

8.2.3 Reinigung der Volumenmeßgeräte

Geräte: 1-L-Erlenmeyerkolben, kleiner Trichter, Bürette, 500-mL-Meßkolben, 25-mL-Vollpipette, 5-mL-Meßpipette, Peleusball.

Chemikalien: RBS®-Konzentrat oder Chromschwefelsäure.

Arbeitsanweisung: In einem 50-mL-Erlenmeyerkolben werden 1 mL oder 2,5 mL RBS®-Konzentrat mit destilliertem Wasser auf 50 mL Lösung aufgefüllt. Die oben aufgeführten Geräte füllt man mit dieser Lösung und läßt sie über Nacht stehen. Anschließend werden die Geräte entleert (die RBS®-Lösung kann mehrfach verwendet werden), gut mit destilliertem Wasser und Ethanol ausgespült und getrocknet. Bei besonders hartnäckigen Verunreinigungen verwendet man Chromschwefelsäure als fettlösendes Mittel.

8.2.4 Herstellung einer NaOH-Maßlösung

Geräte: 500-mL-Meßkolben, Wägegläschen, mittl. Trichter, Präzisionswaage, Stechheber.

Chemikalien: Reines Natriumhydroxid (NaOH; *Ätznatron*).

Arbeitsanweisung: Es soll eine Maßlösung mit der angestrebten Equivalentkonzentration $\tilde{c}(\frac{1}{1} NaOH) = 0,1$ mol/L hergestellt werden. Dazu werden 2,2 g ($n = 0,055$ mol) reines Natriumhydroxid auf der Präzisionswaage in einem Wägegläschen abgewogen, über einen Trichter mit destilliertem Wasser in einen 500-mL-Meßkolben (oder Wislicenuskolben) quantitativ übergespült und mit Wasser gelöst. Nach dem Abkühlen der Lösung wird mit Wasser bis zur Marke des Kolbens aufgefüllt und die entstandene Lösung gut durchgeschüttelt.

8.2.5 Bestimmung des Titers einer NaOH-Maßlösung

Geräte: 25-mL-Vollpipette, 300-mL-Erlenmeyerkolben, Spritzflasche, Bürette, kleiner Trichter.

Chemikalien: Tashiro-Lösung, Salzsäure mit $c(\frac{1}{1} HCl) = 0,1$ mol/L.

Arbeitsanweisung: Die Titerangabe einer Maßlösung mit der angestrebten Equivalent-konzentration $\tilde{c}(\frac{1}{1}$ NaOH$)$ = 0,1 mol/L soll bestimmt werden. Dazu werden 25 mL der in Abschn. 8.2.4 hergestellten Natronlauge mit $\tilde{c}(\frac{1}{1}$ NaOH$)$ = 0,1 mol/L mit einer Voll-pipette abgemessen, in einem 300-mL-Erlenmeyerkolben vorgelegt, mit 3 − 5 Tropfen Tashiro versetzt und mit Salzsäure mit $c(\frac{1}{1}$ HCl$)$ = 0,1 mol/L aus einer Bürette titriert. Man titriert dreimal.

Auswertung: Den Titer der Maßlösung ermittelt man entsprechend dem folgenden Re-chenbeispiel:

Vorgelegte Natronlauge mit $\tilde{c}(\frac{1}{1}$ NaOH$)$ = 0,1 mol/L:

$$V(\text{NaOH}) = 25 \text{ mL}.$$

Verbrauch an Salzsäure mit $c(\frac{1}{1}$ HCl$)$ = 0,1 mol/L:

1. Titration:	25,1 mL
2. Titration:	25,1 mL
3. Titration:	25,0 mL
Mittelwert: $V(\text{HCl})$ =	25,07 mL

Das Produkt aus dem Volumen an Säure und deren Titer entspricht dem Produkt aus dem Volumen an Lauge und deren Titer.

$V(\text{NaOH})$ = Vorgelegtes Volumen an NaOH $\tilde{c}(\frac{1}{1}$ NaOH$)$ = 0,1 mol/L

$t(\text{NaOH})$ = Titer *(Korrekturfaktor)* dieser Lauge

$V(\text{HCl})$ = Verbrauch an Salzsäure $c(\frac{1}{1}$ HCl$)$ = 0,1 mol/L

$t(\text{HCl})$ = Titer der Säure

$$V(\text{NaOH}) \cdot t(\text{NaOH}) = V(\text{HCl}) \cdot t(\text{HCl})$$

$$t(\text{NaOH}) = \frac{V(\text{HCl}) \cdot t(\text{HCl})}{V(\text{NaOH})}$$

$$t(\text{NaOH}) = \frac{25,07 \text{ mL} \cdot 1,000}{25 \text{ mL}}$$

$$t(\text{NaOH}) = \underline{1,003}$$

Der Titer der Natronlauge mit der angestrebten Equivalentkonzentration $\tilde{c}(\frac{1}{1}$ NaOH$)$ = 0,1 mol/L beträgt 1,003.

8.2.6   Ansetzen einer zu bestimmenden Schwefelsäure-Lösung

Geräte: 1-mL-Vollpipette, 250-mL-Meßkolben, 25-mL-Vollpipette, 300-mL-Erlenmeyerkolben, Spritzflasche.

Chemikalie: Schwefelsäure-Lösung von unbekannter Massenkonzentration an Schwefelsäure (H_2SO_4).

Arbeitsanweisung: 1 mL Schwefelsäure-Lösung mit unbekannter Massenkonzentration, deren H_2SO_4-Gehalt pro Liter ermittelt werden soll, wird mit einer Vollpipette abgemessen, mit Wasser im Meßkolben auf 250 mL verdünnt und gut durchgeschüttelt.

8.2.7   Titration einer Schwefelsäure-Lösung

Geräte: 300-mL-Erlenmeyerkolben, Bürette, 25-mL-Vollpipette.

Chemikalien: Natronlauge aus Abschn. 8.2.5, Tashiro-Lösung, Phenolphthalein-Lösung, Methylrot-Lösung.

Arbeitsanweisung: Die Bestimmung des Schwefelsäuregehaltes soll mit Natronlauge mit $\tilde{c}(\frac{1}{1}\ NaOH) = 0{,}1$ mol/L, $t = 1{,}003$ (vgl. Abschn. 8.2.5), durchgeführt werden. Dazu werden 25 mL der in Abschn. 8.2.6 hergestellten Schwefelsäure-Lösung im 300-mL-Erlenmeyerkolben vorgelegt und gegen die Indikatoren Tashiro, Phenolphthalein und Methylrot (je 3—5 Tropfen) jeweils dreimal mit Natronlauge mit $\tilde{c}(\frac{1}{1}\ NaOH) = 0{,}1$ mol/L titriert.

Auswertung: An einem Rechenbeispiel für die Titration mit Tashiro wird das Schema der Gehaltsbestimmung der Schwefelsäure-Lösung vorgestellt:

Verbrauch an Natronlauge mit $\tilde{c}(\frac{1}{1}\ NaOH) = 0{,}1$ mol/L und $t = 1{,}003$:

1. Titration:	27,6 mL
2. Titration:	27,7 mL
3. Titration:	27,65 mL
Mittelwert:	27,65 mL

In den folgenden Beziehungen bedeuten:

$z*$ $=$ Equivalentzahl

$n(\frac{1}{z*}\,\text{Säure})$ $=$ Equivalentstoffmenge der gesuchten Säure

$n(\frac{1}{z*}\,\text{Lauge})$ $=$ Equivalentstoffmenge der verwendeten Lauge

$m(\text{Säure})$ $=$ Masse der gesuchten Säure

$M(\frac{1}{z*}\,\text{Säure})$ $=$ Equivalente molare Masse der gesuchten Säure

$c(\frac{1}{z*}\,\text{Lauge})$ $=$ Stoffmengenkonzentration der eingesetzten Laugenlsg. in der Bürette

$V(\text{Lauge})$ $=$ Verbrauch an Lauge aus der Bürette

$t(\text{Lauge})$ $=$ 1,003

$f(V)$ $=$ Verdünnungsfaktor

Ausgangssituation:

$$n(\tfrac{1}{z*}\,\text{Säure}) = \frac{m(\text{Säure})}{M(\tfrac{1}{z*}\,\text{Säure})}$$

$$c(\tfrac{1}{z*}\,\text{Lauge}) = \frac{n(\tfrac{1}{z*}\,\text{Lauge})}{V(\text{Lauge}) \cdot t(\text{Lauge})}$$

Diese Gleichung wird nach n umgestellt:

$$n(\tfrac{1}{z*}\,\text{Lauge}) = c(\tfrac{1}{z*}\,\text{Lauge}) \cdot V(\text{Lauge}) \cdot t(\text{Lauge})$$

Im Equivalenzpunkt (Neutralpunkt) sind die Stoffmengen der Säure und Lauge, die miteinander reagiert haben, gleich. Die oben stehenden Gleichungen können über die Stoffmengen gleichgesetzt werden:

$$n(\tfrac{1}{z*}\,\text{Säure}) = n(\tfrac{1}{z*}\,\text{Lauge})$$

$$\frac{m(\text{Säure})}{M(\tfrac{1}{z*}\,\text{Säure})} = c(\tfrac{1}{z*}\,\text{Lauge}) \cdot V(\text{Lauge}) \cdot t(\text{Lauge})$$

Die Gleichung wird nach der gesuchten Größe $m(\text{Säure})$ umgestellt:

$$m(\text{Säure}) = c(\tfrac{1}{z*}\,\text{Lauge}) \cdot V(\text{Lauge}) \cdot t(\text{Lauge}) \cdot M(\tfrac{1}{z*}\,\text{Säure})$$

Da nur $\frac{1}{10}$ der Einsatzmenge zur Titration gekommen ist (25 mL von 250 mL), muß bei der berechneten Masse an Säure noch mit dem *Verdünnungsfaktor* $f(V)$ multipliziert werden, um auf die gesamte Menge der Säure zu kommen:

$$m(\text{Säure}) = c(\tfrac{1}{z^*}\,\text{Lauge}) \cdot V(\text{Lauge}) \cdot t(\text{Lauge}) \cdot M(\tfrac{1}{z^*}\,\text{Säure}) \cdot f(V)$$

$$m(\text{H}_2\text{SO}_4) = c(\tfrac{1}{1}\,\text{NaOH}) \cdot V(\tfrac{1}{1}\,\text{NaOH}) \cdot t(\text{Lauge}) \cdot M(\tfrac{1}{2}\,\text{H}_2\text{SO}_4) \cdot f(V)$$

$$m(\text{H}_2\text{SO}_4) = 0,1\ \text{mol/L} \cdot 0,02765\ \text{L} \cdot 1,003 \cdot 49\ \text{g/mol} \cdot 10$$

$$\underline{m(\text{H}_2\text{SO}_4) = 1,359\ \text{g}}$$

Das Ergebnis wird entsprechend der Tab. 8-2 dargestellt.

8.2.8 Herstellung einer HCl-Maßlösung

Geräte: 500-mL-Meßkolben, Wägegläschen, mittl. Trichter, Präzisionswaage, Stechheber.

Chemikalien: Salzsäure mit $w(\text{HCl}) = 0,36$.

Arbeitsanweisung: Es soll eine Maßlösung mit der angestrebten Equivalentkonzentration $\tilde{c}(\tfrac{1}{1}\,\text{HCl}) = 0,1$ mol/L hergestellt werden. Dazu werden 5,5 g einer Salzsäure mit $w(\text{HCl}) = 0,36$ auf der Präzisionswaage in einem Wägegläschen abgewogen, über einen Trichter mit destilliertem Wasser in einen 500-ml-Meßkolben (oder Wislicenuskolben) quantitativ übergespült und mit Wasser gelöst. Nach dem Abkühlen der Lösung wird mit Wasser bis zur Eichmarke des Kolbens aufgefüllt und die entstandene Lösung gut durchgeschüttelt.

8.2.9 Bestimmung des Titers einer HCl-Maßlösung

Geräte: 25-mL-Vollpipette, 300-mL-Erlenmeyerkolben, Spritzflasche, Bürette, kleiner Trichter.

Chemikalien: Tashiro-Lösung, Natronlauge mit $c(\tfrac{1}{1}\,\text{NaOH}) = 0,1$ mol/L.

Arbeitsanweisung: Die Titerangabe einer Maßlösung mit der angestrebten Equivalentkonzentration $\tilde{c}(\tfrac{1}{1}\,\text{HCl}) = 0,1$ mol/L soll bestimmt werden. Dazu werden 25 mL der in Abschn. 8.2.8 hergestellten Salzsäure mit $\tilde{c}(\tfrac{1}{1}\,\text{HCl}) = 0,1$ mol/L mit einer Vollpipette abgemessen, in einem 300-mL-Erlenmeyerkolben vorgelegt, mit $3-5$ Tropfen Tashiro versetzt und mit Natronlauge mit $c(\tfrac{1}{1}\,\text{NaOH}) = 0,1$ mol/L aus einer Bürette titriert. Man titriert dreimal.

Tab. 8-2. Bestimmung der Massenkonzentration einer Schwefelsäure-Lösung durch Titration gegen verschiedene Indikatoren.

Indikator	Vorlage an Schwefelsäure-Lösung $V(H_2SO_4)$ (in mL)	Verbrauch an Natronlauge mit $\bar{c}(\frac{1}{1}\,NaOH) = 0{,}1$ mol/L; $t = 1{,}003$ $V(NaOH)$ (in mL)	Verbrauch an Natronlauge mit $c(\frac{1}{1}\,NaOH) = 0{,}1$ mol/L; $V(NaOH)$ (in mL)	Massekonzentration an H_2SO_4 (in g/L)
Tashiro	1/250/25 $V = 0{,}1$ mL	27,6 27,7 27,65 $V(NaOH) = 27{,}65$ mL	27,7	1357
Phenolphthalein	1/250/25 $V = 0{,}1$ mL	27,8 27,9 27,85 $V(NaOH) = 27{,}85$ mL	27,9	1367
Methylrot	1/250/25 $V = 0{,}1$ mL	27,5 27,5 27,50 $V(NaOH) = 27{,}5$ mL	27,6	1352

Auswertung: Den Titer der Maßlösung ermittelt man entsprechend dem folgenden Rechenbeispiel:

Vorgelegte Salzsäure mit $\tilde{c}(\frac{1}{1}\,HCl) = 0{,}1$ mol/L: $V(HCl) = 25$ mL .

Verbrauch an Natronlauge mit $c(\frac{1}{1}\,NaOH) = 0{,}1$ mol/L:

1. Titration:	25,0 mL
2. Titration:	25,0 mL
3. Titration:	25,0 mL

Mittelwert: $V(NaOH) = 25{,}0$ mL

Das Produkt aus dem Volumen an Säure und deren Titer entspricht dem Produkt aus dem Volumen an Lauge und deren Titer.

$V(NaOH)$ = Vorgelegtes Volumen an NaOH, $c(\frac{1}{1}\,NaOH) = 0{,}1$ mol/L
$t(NaOH)$ = Titer (Korrekturfaktor) dieser Lauge
$V(HCl)$ = Verbrauch an Salzsäure $\tilde{c}(\frac{1}{1}\,HCl) = 0{,}1$ mol/L
$t(HCl)$ = Titer der Säure

$$V(NaOH) \cdot t(NaOH) = V(HCl) \cdot t(HCl)$$

$$t(HCl) = \frac{V(NaOH) \cdot t(NaOH)}{V(HCl)}$$

$$t(HCl) = \frac{25{,}0\ mL \cdot 1{,}000}{25{,}0\ mL}$$

$$t(HCl) = 1{,}000$$

Der Titer der Salzsäure mit der angestrebten Equivalentkonzentration $\tilde{c}(\frac{1}{1}\,HCl) = 0{,}1$ mol/L beträgt 1,000.

8.2.10 Ansetzen einer zu bestimmenden Kalilauge

Geräte: 10-mL-Vollpipette, 250-mL-Meßkolben, 25-mL-Vollpipette, 300-mL-Erlenmeyerkolben, Spritzflasche.

Chemikalie: Kalilauge von unbekannter Massenkonzentration an Kaliumhydroxid (KOH).

Arbeitsanweisung: 10 mL der Kalilauge, deren Massenkonzentration pro Liter ermittelt werden soll, werden mit einer Vollpipette abgemessen, mit Wasser im Meßkolben auf 250 mL verdünnt und gut durchgeschüttelt.

8.2.11 Titration einer Kalilauge

Geräte: 300-mL-Erlenmeyerkolben, Bürette, 25-mL-Vollpipette.

Chemikalien: Kalilauge aus Abschn. 8.2.10, Tashiro-Lösung, Phenolphthalein-Lösung, Methylrot-Lösung.

Arbeitsanweisung: Die Bestimmung der KOH-Konzentration soll mit der in Abschn. 8.2.9 erhaltenen Salzsäure mit $\tilde{c}(\frac{1}{1} HCl) = 0,1$ mol/L durchgeführt werden. Dazu werden 25 mL der in Abschnitt 8.2.10 hergestellten Kalilauge im 300-mL-Erlenmeyerkolben vorgelegt und gegen die Indikatoren Tashiro, Phenolphthalein und Methylrot (je $3-5$ Tropfen) jeweils dreimal mit Salzsäure der Konzentration $\tilde{c}(\frac{1}{1} HCl) = 0,1$ mol/L; $t = 1,000$ titriert.

Auswertung: An einem Rechenbeispiel für die Titration mit Tashiro wird das Schema der Gehaltsbestimmung der Kalilauge vorgestellt:

Vorgelegtes Volumen V(KOH): 10 mL, verdünnt auf 250 mL; davon 25 mL entnommen, ergibt eine Vorlage von 1 mL der ursprünglichen Lauge mit unbekannter KOH-Konzentration.

Verbrauch an Salzsäure mit $\tilde{c}(\frac{1}{1} HCl) = 0,1$ mol/L und $t = 1,000$:

1. Titration:	27,6 mL
2. Titration:	27,7 mL
3. Titration:	27,65 mL
Mittelwert:	27,65 mL

Jetzt kann mit der in 8.2.7 abgeleiteten Formel zur Bestimmung der Masse einer Säure oder Lauge die enthaltene Menge an KOH in g ermittelt werden.

$$m(\text{Lauge}) = V(\text{Maßlsg.}) \cdot t(\text{Maßlsg.}) \cdot c(\tfrac{1}{z*} \text{Säure.}) \cdot M(\tfrac{1}{z*} \text{Lauge}) \cdot f(V)$$

$$m(\text{KOH}) = V(\tfrac{1}{1} HCl) \cdot t(HCl) \cdot c(\tfrac{1}{1} HCl) \cdot M(\tfrac{1}{1} \text{KOH}) \cdot f(V)$$

$$m(\text{KOH}) = 0,02765 \text{ L} \cdot 1,00 \cdot 0,1 \text{ mol/L} \cdot 56 \text{ g/mol} \cdot 10^3$$

$$\underline{m(\text{KOH}) = 154,8 \text{ g}}$$

Die Lauge enthielt 154,8 g KOH in dem vorgelegten Volumen.

Die Ergebnisse der Titration gegen die drei Indikatoren werden in eine der Tab. 8-3 entsprechende Form gebracht.

Tab. 8-3. Bestimmung des Kaliumhydroxid-Gehalts einer Kalilauge durch Titration gegen drei Indikatoren.

Indikator	Vorlage an Kalilauge V(KOH) (in mL)	Verbrauch an Salzsäure mit $\bar{c}(\frac{1}{1}\,\text{HCl}) = 0{,}1$ mol/L; $t = 1{,}000$ V(HCl) (in mL)	Verbrauch an Salzsäure mit $c(\frac{1}{1}\,\text{HCl}) = 0{,}1$ mol/L; V(HCl) (in mL)	Massen-Konzentration an Kalilauge β(KOH) (in g/L)
Tashiro	10/250/25	27,6 27,7 27,65 V(HCl) = 27,65 mL	27,65	154,8
	$V = 1$ mL			
Phenolphthalein	10/250/25	27,8 27,9 27,85 V(HCl) = 27,85 mL	27,85	156,0
	$V = 1$ mL			
Methylrot	10/250/25	27,5 27,5 27,50 V(HCl) = 27,5 mL	27,5	154,0
	$V = 1$ mL			

8.3   Wiederholungsfragen

1. Was versteht man unter dem Volumen?
2. Welche Maßeinheiten für das Volumen gibt es?
3. Warum sind die Volumenmeßgeräte auf eine bestimmte Temperatur geeicht?
4. Was bedeuten die auf den Meßgeräten befindlichen Angaben „In" (E) und „Ex" (A)?
5. Wie werden die Meßgeräte gereinigt?
6. Welche Fehler können bei Volumenmessungen auftreten und wie kann man sie verhindern?
7. Wozu dient der Schellbachstreifen bei Büretten?
8. Wie werden gefärbte Flüssigkeiten an der Bürettenskala abgelesen?
9. Welche Flüssigkeitsmenisken gibt es?

9 Dichtemessung

9.1 Theoretische Grundlagen

9.1.1 Themen und Lerninhalte

Definition der Dichte

Bestimmung der Dichte

In den Abschnitten 7.1.1 und 8.1.1 wurde schon darauf hingewiesen, daß man den Quotienten aus der Masse eines Körpers und seinem Volumen als *Dichte* bezeichnet:

$$\text{Dichte} = \frac{\text{Masse}}{\text{Volumen}} \, .$$

Das Kurzzeichen für die Dichte ist der griechische Buchstabe „rho" (ϱ), ihre Einheit ist kg/m³:

$$\varrho \quad = \frac{m}{V} \tag{9-1}$$

$$[\varrho] = \frac{[m]}{[V]} = \frac{\text{kg}}{\text{m}^3} \, . \tag{9-2}$$

Die Dichte ist, wie die Ausgangsgröße Masse, eine ortsunabhängige Größe (vgl. Abschn. 7.1.1). Da die Dichte eine auf das Volumen bezogene Größe ist, ist sie wie dieses temperaturabhängig. Dieselbe Masse nimmt bei Temperaturänderungen also ein unterschiedliches Volumen ein. Bei Dichteangaben muß daher stets auch die Temperatur angegeben werden, bei der die Dichte gemessen wurde. In der Regel beziehen sich Tabellenwerte auf $+20\,°\text{C}$.

Die früher übliche Bildung eines Quotienten aus Gewichtskraft und Volumen, die *Wichte* oder das *spezifische Gewicht*

$$\text{Wichte} = \frac{\text{Gewichtskraft}}{\text{Volumen}} \tag{9-3}$$

fällt im SI fort.

Die Beziehung von Masse, Volumen und Dichte eines Körpers, wie sie durch Gl. (9-1) ausgedrückt wird, ermöglicht es, jede dieser Größen zu berechnen, wenn die beiden anderen bekannt sind. Dazu stellt man Gl. (9-1) so um, daß sich die Gl. (9-4) und (9-5) ergeben:

$$[m] = [\varrho] \cdot [V] = \text{kg} \tag{9-4}$$

$$[V] = \left[\frac{m}{\varrho}\right] = m^3 . \tag{9-5}$$

Eine einfache Merkhilfe für die Berechnung dieser drei Größen ist das in Abb. 9-1 dargestellte Dreieck. Wenn man die zu errechnende Größe abdeckt, erhält man die Gleichung zu ihrer Berechnung. Der Verdeutlichung dieses Zusammenhangs dienen die folgenden Rechenbeispiele.

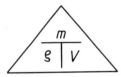

Abb. 9-1. Merkhilfe zur Berechnung einer der drei zusammen-hängenden Größen ϱ, m und V.

Beispiel 1: Eine Glasröhre, $l = 22$ cm, mit einem inneren Durchmesser $d = 5$ mm, ist mit Quecksilber, $\varrho_{Hg} = 13\,600$ kg/m^3 gefüllt. Welche Masse hat das Quecksilber?

$$m \quad = \varrho \cdot V; \quad \varrho_{Hg} = 13\,600\,\frac{\text{kg}}{\text{m}^3}; \quad l = 22\,\text{cm}; \quad d = 5\,\text{mm}$$

$$V_{Hg} = r^2 \cdot \pi \cdot h = (0{,}25\,\text{cm})^2 \cdot 3{,}14 \cdot 22\,\text{cm}$$

$$V_{Hg} = 4{,}32\,\text{cm}^3 = 4{,}32 \cdot 10^{-6}\,\text{m}^3$$

$$m_{Hg} = 13\,600\,\frac{\text{kg}}{\text{m}^3} \cdot 4{,}32 \cdot 10^{-6}\,\text{m}^3$$

$$\quad\;\; = 5{,}88 \cdot 10^{-2}\,\text{kg}$$

$$\quad\;\; = \underline{58{,}8\,\text{g}} .$$

Beispiel 2: Welches Volumen haben 50 kg Öl mit einer Dichte, $\varrho = 870$ kg/m³?

$$V = \frac{m}{\varrho}; \quad m_{\ddot{O}l} = 50 \text{ kg}; \quad \varrho_{\ddot{O}l} = 870 \text{ kg/m}^3$$

$$V = \frac{50 \text{ kg} \cdot \text{m}^3}{870 \text{ kg}}$$

$$= 0{,}057 \text{ m}^3$$

$$= \underline{57 \text{ dm}^3}.$$

9.1.2 Dichtemessung

9.1.2.1 *Der Auftrieb*

Die meisten der im folgenden vorgestellten Methoden zur Dichtemessung machen sich die Gesetze des Auftriebs zunutze, die auch als *Archimedisches Prinzip**) bekannt sind.

Taucht man einen Körper in eine Flüssigkeit (s. Abb. 9-2), dann übt die Flüssigkeit von allen Seiten einen hydrostatischen Druck auf ihn aus. Die seitlichen Drücke (p_s) wirken jeweils im gleichen Abstand von der Flüssigkeitsoberfläche, sind daher gleich groß und heben sich gegenseitig auf. Der an der unteren Fläche nach oben gerichtete Druck (p_u) ist größer als der an der oberen Fläche nach unten gerichtete (p_0), weil die Eintauchtiefe der unteren Fläche (h_u) größer als die der oberen Fläche (h_0) ist. Es bleibt also als Differenz eine nach oben gerichtete Kraft, der *Auftrieb* (F_A). Da der Auftrieb der Gewichtskraft ($F_{K,L}$) des Körpers entgegenwirkt, vermindert er scheinbar die Gewichtskraft des Körpers in der Flüssigkeit. Der scheinbare Gewichtskraftverlust eines Körpers in einer Flüssigkeit ist gleich seinem Auftrieb.

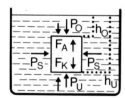

Abb. 9-2. Physikalische Grundlagen des Auftriebs.

Wir fassen das Archimedische Prinzip in drei Merksätzen zusammen.

1. Satz vom Auftrieb

> Auf jeden Körper wirkt beim Eintauchen in eine Flüssigkeit eine senkrecht nach oben gerichtete Kraft, die als Auftrieb bezeichnet wird.

---

*) Dieses Prinzip ist nach dem griech. Naturforscher Archimedes (287–212 v. Chr.) benannt, der mit Hilfe des Auftriebs echte von gefälschten Goldbarren unterschied.

Die Gewichtskraft eines Körpers in einer Flüssigkeit ($F_{K,Fl}$) ist gleich seiner um den Auftrieb (F_A) verringerten Gewichtskraft in Luft ($F_{K,L}$):

$$F_{K,Fl} = F_{K,L} - F_A \, . \tag{9-6}$$

Rechenbeispiel: Für einen Stein wurden gemessen: $F_{K,L} = 0{,}5$ N, $F_{K,Fl} = 0{,}33$ N. Wie groß ist der Auftrieb F_A?

$$F_{K,Fl} = F_{K,L} - F_A$$

$$F_A \quad = F_{K,L} - F_{K,Fl}$$

$$\quad\quad = 0{,}5 \text{ N} - 0{,}33 \text{ N}$$

$$\quad\quad = \underline{0{,}17 \text{ N}} \, .$$

2. Satz vom Auftrieb

> Die Größe des Auftriebs ist gleich der Gewichtskraft der verdrängten Flüssigkeit.

Dieser in Gl. (9-7) formulierte Zusammenhang

$$F_A = F_{Fl} \tag{9-7}$$

läßt sich mit Gl. (9-1) auflösen in Gl. (9-8)

$$F_A = m_{Fl} \cdot g \, , \tag{9-8}$$

und mit Gl. (9-4) in Gl. (9-9):

$$F_A = \varrho_{Fl} \cdot V_{Fl} \cdot g \, . \tag{9-9}$$

Man kann also den Auftrieb eines Körpers dadurch berechnen, daß man das durch ihn verdrängte Volumen einer Flüssigkeit bekannter Dichte bestimmt.

Rechenbeispiel: Ein Holzbalken, $\varrho_K = 700$ kg/m³, mit einem quadratischen Querschnitt, Seitenlänge $a = 20$ cm und einer Länge $l = 2$ m, wird ganz in Wasser eingetaucht. Wie groß ist der Auftrieb? Wie groß ist die Tragkraft des Balkens?

$$F_A = \varrho_{Fl} \cdot g \cdot V_{Fl}$$

$$\quad = 1000 \, \frac{\text{kg}}{\text{m}^3} \cdot 10 \, \frac{\text{m}}{\text{s}^2} \cdot 0{,}2 \cdot 0{,}2 \cdot 2 \text{ m}^3$$

$$\quad = \underline{800 \text{ N}} \, .$$

Mit der *Tragkraft* (F_t) eines Balkens bezeichnet man die Gewichtskraft, mit der er zusätzlich zu seiner eigenen Gewichtskraft belastet werden kann, bevor er sinkt. Man erhält sie, indem man vom Auftrieb die Gewichtskraft des Balkens abzieht:

$$F_K = \varrho_K \cdot V_K \cdot g$$

$$= 700 \, \frac{kg}{m^3} \cdot 0{,}08 \, m^3 \cdot 10 \, \frac{m}{s^2}$$

$$= 560 \, \frac{kg \cdot m}{s^2}$$

$$= \underline{560 \, N}$$

$$F_t = F_A - F_K$$

$$= 800 \, N - 560 \, N$$

$$= \underline{240 \, N} \, .$$

3. Satz vom Auftrieb

> In einer Flüssigkeit verliert ein Körper scheinbar soviel an Gewichtskraft wie das von ihm verdrängte Flüssigkeitsvolumen besitzt.

Wandelt man Gl. (9-6) um in Gl. (9-10)

$$F_A = F_{K,L} - F_{K,Fl} \tag{9-10}$$

und ersetzt F_A durch den in Gl. (9-9) ausgedrückten Wert, dann erhält man Gl. (9-11):

$$F_{K,L} - F_{K,Fl} = \varrho_{Fl} \cdot V_{Fl} \cdot g \, . \tag{9-11}$$

Dies ist die formelmäßige Darstellung des 3. Satzes vom Auftrieb.

Rechenbeispiel: Ein Körper verdrängt, in Wasser eingetaucht, 100 cm³ Wasser. In Luft beträgt seine Gewichtskraft $F_{K,L} = 8 \, N$. Wie groß ist die Gewichtskraft, $F_{K,Fl}$, in Wasser?

$$F_{K,L} - F_{K,Fl} = \varrho_{Fl} \cdot V_{Fl} \cdot g$$

$$F_{K,L} = F_{K,Fl} + \varrho_{Fl} \cdot V_{Fl} \cdot g$$

$$F_{K,Fl} = F_{K,L} - \varrho_{Fl} \cdot V_{Fl} \cdot g$$

$$= 8 \, N - \left(1000 \, \frac{kg}{m^3} \cdot 0{,}0001 \, m^3 \cdot 10 \, \frac{m}{s^2} \right)$$

$$= 8 \, N - \left(\frac{10^3 \, kg \cdot 10^{-4} \, m^3 \cdot 10 \, m}{m^3 \cdot s^2} \right)$$

$$= 8 \, N - 1 \, N$$

$$= \underline{7 \, N} \, .$$

(Erläuterung: $1 \, N = 1 \, kg \, m/s^2$)

9.1.2.2   Dichtemessung von Feststoffen

Wägung und Volumenbestimmung

Der einfachste Weg zur Dichtebestimmung fester Stoffe ist die genaue Ermittlung von Masse und Volumen. Das Volumen regelmäßiger Körper, wie das eines Würfels oder Zylinders, ist rechnerisch einfach zu bestimmen. Bei unregelmäßigen Körpern erhält man das Volumen durch Verdrängung einer Flüssigkeit. Aus den Größen m und V wird dann die Dichte nach Gl. (9-2) berechnet.

Hydrostatische Waage

Mit der in Abb. 9-3 wiedergegebenen hydrostatischen Waage wird zunächst die Masse des zu untersuchenden Körpers bestimmt, der dann vollständig in Wasser getaucht wird. Die angezeigte Gewichtskraftminderung entspricht der Gewichtskraft des verdrängten Wassers.

Die Dichte wasserlöslicher Verbindungen kann man mit der hydrostatischen Waage in Wasser nicht bestimmen. Wenn ein Stoff eine geringere Dichte hat als Wasser, dann muß man ein geeignetes Lösemittel suchen.

Schwebemethode

Hat ein Stoff dieselbe Dichte wie die Flüssigkeit, in der er sich befindet, dann schwebt er in ihr. Bei dieser Methode ändert man die Dichte der Lösung so lange, bis der zu messende Stoff schwebt. Ein Beispiel hierfür ist Colophonium, das auf der Oberfläche einer gesättigten Kochsalzlösung schwimmt. Man fügt Wasser hinzu, bis das Colophonium schwebt. Die Dichte der Kochsalzlösung mißt man mit einem Aräometer (vgl. Abschn. 9.1.2.3). Pulverförmige, wasserunlösliche Stoffe lassen sich mit der Schwebemethode gut messen.

Pyknometer

Ein Pyknometer (s. Abb. 9-3) ist eine kleine Glasflasche, durch deren eingeschliffenen Stopfen eine Kapillare führt. Zur Dichtebestimmung von Feststoffen sind vier Wägungen notwendig.

A   leeres Pyknometer

B   mit Wasser gefülltes Pyknometer

C   fester Körper im leeren Pyknometer

D   fester Körper im mit Wasser gefüllten Pyknometer.

Aus den Wägungen erhält man die Dichte des Stoffes nach Gl. (9-15):

$$\varrho_K = \frac{C - A}{(B - A) - (D - C)} \cdot \varrho_{H_2O} . \tag{9-15}$$

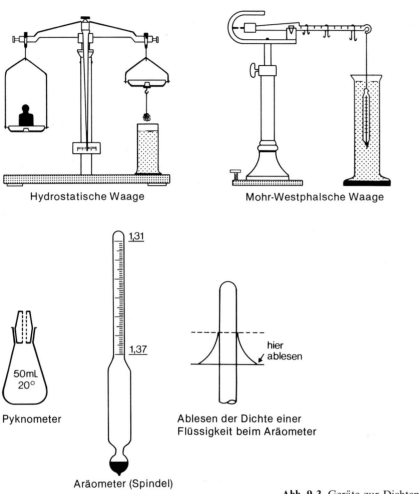

Hydrostatische Waage

Mohr-Westphalsche Waage

50mL
20°

Pyknometer

1,31

1,37

Aräometer (Spindel)

hier
ablesen

Ablesen der Dichte einer
Flüssigkeit beim Aräometer

Abb. 9-3. Geräte zur Dichtemessung.

9.1.2.3   Dichtemessung von Flüssigkeiten

Pyknometer

Man füllt die Flüssigkeit in ein Pyknometer, das zuvor leer gewogen wurde. Aus der Differenz dieser Wägung zur Wägung mit Flüssigkeit erhält man die Masse der Flüssigkeit. Ihr Volumen ist durch das des Pyknometers gegeben.

Mohrsche Waage

Bei der Mohrschen Waage (s. Abb. 9-3) wird die Dichte der Flüssigkeit unmittelbar abgelesen. Nach Einstellung der Waage auf den Nullpunkt taucht man den Senkkörper in die Flüssigkeit. Dieser Senkkörper ist geeicht. Durch den Auftrieb wird die Waage aus dem Gleichgewicht gebracht. Man stellt durch Auflegen von Reitern wieder auf den Nullpunkt ein. Die Massen der Reiter A, A′, B, C und D verhalten sich wie 1:1:0,1:0,01:0,001. Sie werden auf einer Dezimalskala bis zur Herstellung des Gleichgewichts verschoben. Dann liest man die Dichte wie folgt ab:

Reiter A sitzt auf Punkt 10 der Skala

Reiter B sitzt auf Punkt 3 der Skala

Reiter C sitzt auf Punkt 1 der Skala

Reiter D sitzt auf Punkt 9 der Skala

$\varrho = 1,0319 \text{ kg/m}^3$.

Aräometer (Spindel)

Die auf bestimmte Temperaturen (meist 15 °C oder 20 °C) geeichten Aräometer (s. Abb. 9-3) tragen Skalen, auf denen aus der Eintauchtiefe in der Flüssigkeit direkt deren Dichte abgelesen werden kann. Für eine genaue Dichtebestimmung muß die Flüssigkeit auf die Eichtemperatur eingestellt sein, das Aräometer frei schweben und die Ablesemarke sich in Augenhöhe befinden. Man liest an der Schnittfläche des Flüssigkeitsspiegels mit dem Aräometer ab (vgl. Abb. 9-3).

Spezialaräometer für Zucker, Salz oder alkoholische Lösungen zeigen direkt den Massenanteil der gelösten Stoffe an.

9.2   Arbeitsanweisungen

9.2.1   Dichtebestimmung von Feststoffen

9.2.1.1   *Dichtebestimmung durch Messen und Wiegen*

Geräte: Meßschieber, Präzisionswaage- bzw. Analysenwaage.

Arbeitsanweisung: Mit der Waage bestimmt man die Masse von Zylindern aus Aluminium, Blei, Eisen, Kunststoff, Kupfer und Messing. Mit dem Meßschieber vermißt man sie und errechnet ihr Volumen.

Rechenbeispiel: Für einen zylindrischen Kunststoffkörper wurden ermittelt:

$$m_K = 168,47 \text{ g}$$

$$d_K = 4 \text{ cm}$$

$$h_K = 5 \text{ cm} .$$

Daraus berechnet man mit $d_K = 2r_K$:

$$V_K = r_K^2 \cdot \pi \cdot h_K$$

$$= (2 \text{ cm})^2 \cdot 3,14 \cdot 5 \text{ cm}$$

$$= 62,8 \text{ cm}^3$$

$$\varrho = \frac{m}{V}$$

$$= \frac{168,47 \text{ g}}{62,8 \text{ cm}^3}$$

$$= 2,683 \text{ g/cm}^3 .$$

Auswertung: Die für die verschiedenen Stoffe gemessenen und berechneten Werte werden entsprechend Tab. 9-1 festgehalten.

9.2.1.2 Dichtebestimmung mit dem Überlaufgefäß

Geräte: Überlaufgefäß (Meßzylinder), Analysenwaage, 50-mL-Meßzylinder, 100-mL-Meßzylinder.

Arbeitsanweisung: Die vorliegenden Körper aus Aluminium, Blei, Eisen, Kunststoff, Kupfer und Messing werden gewogen. Zur Ermittlung des Volumens muß das Überlaufgefäß bis zum Überlauf gefüllt werden. Dies erreicht man am besten dadurch, daß man das Gefäß mit Wasser so weit füllt, daß die überflüssige Menge durch das seitlich angesetzte Überlaufrohr abläuft. Dann läßt man den an einem dünnen Faden aufgehängten Körper, dessen Volumen bestimmt werden soll, vollständig in die Flüssigkeit eintauchen. Das verdrängte Wasser läuft ab, wird im Meßzylinder aufgefangen und abgemessen. Das Volumen des verdrängten Wassers entspricht dem Volumen des Körpers.

Bei Verwendung eines Meßzylinders wird das Volumen des Körpers durch Ablesen des Flüssigkeitsstandes vor und nach dem Eintauchen des Körpers ermittelt.

Rechenbeispiel: Für einen Aluminiumkörper mißt man folgende Werte:

$$m \quad = 67,42 \text{ g}$$

$$V_{H_2O} = 25,10 \text{ cm}^3$$

$$\varrho \quad = \frac{67,42 \text{ g}}{25,10 \text{ cm}^3}$$

$$= \underline{2,686 \text{ g/cm}^3} .$$

Auswertung: Die für die verschiedenen Stoffe gemessenen und berechneten Werte werden entsprechend Tab. 9-1 festgehalten.

Tab. 9-1. Schema der Auswertung der Versuche von den Abschnitten 9.2.1.1 und 9.2.1.2.

Art des Stoffes	m (in g)	V (in cm^3)	ϱ (in g/cm^3)
Aluminium	136,28	50,32	2,708
Blei	185,27	16,40	11,297
Eisen	381,61	48,45	7,877
Kunststoff	135,64	56,05	2,420
Kupfer	467,20	51,27	9,113
Messing	254,07	30,81	8,247

9.2.1.3   *Dichtebestimmung mit der Hydrostatischen Waage*

Geräte: Hydrostatische Waage mit Gewichtssatz, Standzylinder (oder 800-mL-Becherglas).

Arbeitsanweisung: Der Körper, dessen Dichte ermittelt werden soll, wird an der verkürzten Waagschale der hydrostatischen Waage an einem dünnen Faden aufgehängt und gewogen (m). Nun wird die Höhe der Waagschalen so verstellt, daß der Körper in den unter der verkürzten Waagschale stehenden, mit Wasser gefüllten Standzylinder völlig eintaucht. Die Masse des Körpers im Wasser (m') wird durch entsprechendes Auflegen von Massesteinen ermittelt. Das Volumen des Körpers (V) entspricht der Differenz zwischen der Masse des Körpers (m) und seiner Masse in Wasser (m'):

$$V = \frac{(m - m')}{\varrho_{H_2O}} .$$

Nach dieser Methode wird die Dichte von Körpern aus Aluminium, Blei, Eisen, Kunststoff, Kupfer und Messing ermittelt.

Rechenbeispiel: Für einen Eisenkörper mißt man folgende Werte:

$$m = 32{,}48 \text{ g}$$

$$m' = 28{,}38 \text{ g}$$

$$\varrho = \frac{m}{V}$$

$$= \frac{m}{(m - m')/\varrho_{H_2O}}$$

$$= \frac{m}{(m - m')} \cdot \varrho_{H_2O}$$

$$= \frac{32{,}48 \text{ g}}{32{,}48 \text{ g} - 28{,}38 \text{ g}} \cdot 1 \text{ g/cm}^3$$

$$= \frac{32{,}48 \text{ g}}{4{,}1 \text{ g}} \cdot 1 \text{ g/cm}^3$$

$$\varrho = \underline{7{,}927 \text{ g/cm}^3} \; .$$

Auswertung: Die für die verschiedenen Stoffe gemessenen und berechneten Werte werden entsprechend Tab. 9-2 festgehalten.

Tab. 9-2. Schema der Auswertung des Versuchs aus Abschn. 9.2.1.3.

Art des Stoffes	m (in g)	m' (in g)	V (in cm^3)	ϱ (in g/cm^3)
Aluminium	59,38	37,38	22,00	2,699
Blei	106,21	96,92	9,27	11,450
Eisen	32,48	28,38	4,10	7,927
Kunststoff	44,75	26,67	18,08	2,479
Kupfer	183,40	163,05	20,35	9,020
Messing	116,08	102,28	13,80	8,415

9.2.1.4 Dichtebestimmung mit dem Pyknometer

Geräte: Analysenwaage, Pyknometer.

Arbeitsanweisung: Die Bestimmung der Dichte mit dem Pyknometer erfolgt nur durch Wägungen, mit deren Hilfe folgende Massen ermittelt werden:

- *A* Masse des Pyknometers,
- *B* Masse des mit Wasser gefüllten Pyknometers,
- *C* Masse des mit Substanz gefüllten Pyknometers,
- *D* Masse des mit Substanz und Wasser gefüllten Pyknometers.

Vor der ersten Wägung und vor dem Einfüllen der Substanzen muß das Pyknometer trocken sein. Nach dieser Methode wird die Dichte von fünf verschiedenen Kunststoffgranulaten bestimmt.

Rechenbeispiel: Für ein Kunststoffgranulat wurden folgende Werte ermittelt:

$$A = 13{,}9692 \text{ g}$$
$$B = 63{,}8792 \text{ g}$$
$$C = 35{,}6230 \text{ g}$$
$$D = 70{,}3262 \text{ g}.$$

Aus diesen Meßwerten wird die Dichte des Granulats nach Gl. (9-12) berechnet:

$$\varrho = \frac{C - A}{(B - A) - (D - C)} \cdot \varrho_{H_2O}$$

$$= \frac{35{,}6230 \text{ g} - 13{,}9692 \text{ g}}{(63{,}8792 \text{ g} - 13{,}9692 \text{ g}) - (70{,}3262 \text{ g} - 35{,}6230 \text{ g})} \cdot 1 \text{ g/cm}^3$$

$$= \frac{21{,}6538 \text{ g}}{49{,}9100 \text{ g} - 34{,}7032 \text{ g}} \cdot 1 \text{ g/cm}^3$$

$$= \frac{21{,}6538 \text{ g}}{15{,}2068} \cdot 1 \text{ g/cm}^3$$

$$= \underline{1{,}424 \text{ g/cm}^3}.$$

Auswertung: Die für die verschiedenen Granulate gemessenen und berechneten Werte werden entsprechend Tab. 9-3 festgehalten.

Tab. 9-3. Schema der Auswertung des Versuchs aus Abschn. 9.2.1.4.

Granulat Nr.	m $= C - A$ (in g)	$V = \dfrac{(B - A) - (D - C)}{\varrho_{H_2O}}$ (in mL)	ϱ (in g/cm^3)
1	21,6538	15,2068	1,424
2			
3			
4			
5			

9.2.1.5   Dichtebestimmung mit der Schwebemethode

Geräte: 600-mL-Becherglas, Rührstab, Spindelsatz (Aräometersatz), 500-mL-Meßzylinder.

Chemikalie: Natriumchlorid (NaCl).

Arbeitsanweisung: In einem 600-mL-Becherglas werden 400 mL destilliertes Wasser vorgelegt und durch Auflösen von Natriumchlorid gesättigt. Der Körper, dessen Dichte bestimmt werden soll, wird auf die Flüssigkeit gelegt und schwimmt darauf. Durch Zugabe von Wasser kann nun die Dichte der Natriumchloridlösung soweit verringert werden, bis sie mit der Dichte des Körpers übereinstimmt. Dieser Zustand ist erreicht, wenn der Körper in der Lösung schwebt. Man kann ihn dann mit einem Rührstab an jede beliebige Stelle in der Lösung bringen, ohne daß er sich nach oben oder unten bewegt. 500 mL der so erhaltenen Natriumchloridlösung füllt man in einen 500-mL-Meßzylinder und bestimmt mit einem Aräometer (vgl. Abschn. 9.2.2.4) ihre Dichte, die mit der des schwebenden Feststoffes übereinstimmt. Nach dieser Methode bestimmt man die Dichte von zwei verschiedenen Kunststoffgranulaten.

Auswertung: Die für die Granulate ermittelten Werte werden entsprechend Tab. 9-4 eingetragen.

Tab. 9-4. Schema der Auswertung des Versuchs aus Abschn. 9.2.1.5.

Granulat Nr.	ϱ (in g/cm^3)	Theoretischer Wert ϱ (in g/cm^3)
3	1,087	1,089
12	1,186	1,180

9.2.2   Dichtebestimmung von Flüssigkeiten

9.2.2.1   Hinweise zur Arbeitssicherheit

Die in den folgenden Versuchen verwendeten Alkohole Methanol, Ethanol und Propanol-1 sind leicht brennbare Flüssigkeiten. Es darf deshalb nicht in der Nähe einer offenen Flamme gearbeitet werden. Da die Dämpfe dieser Stoffe in größerer Konzentration gesundheitsschädlich sind, sollte man die Versuche im Abzug durchführen.

9.2.2.2   Dichtebestimmung durch Messen und Wiegen

Geräte: 50-mL-Meßzylinder, Analysenwaage.

Chemikalien: Methanol, Ethanol, Propanol-1.

Arbeitsanweisung: Ein leerer 50-mL-Meßzylinder wird auf der Präzisionswaage ausgewogen und anschließend mit der Flüssigkeit, deren Dichte bestimmt werden soll, etwa zur Hälfte gefüllt. Das Volumen der Flüssigkeit kann direkt am Meßzylinder abgelesen werden, die Masse der Flüssigkeit ergibt sich als Differenz der Brutto- und Nettomasse des Meßzylinders.

Nach dieser Methode wird die Dichte von Wasser, Methanol, Ethanol und Propanol-1 bestimmt. Die Temperatur der auf ihre Dichte untersuchten Flüssigkeiten muß 20 °C betragen.

Rechenbeispiel: Bei der Bestimmung der Dichte von Methanol wurden folgende Werte ermittelt:

Masse des mit Methanol gefüllten Meßzylinders $m_1 = 58,79$ g
Masse des leeren Meßzylinders $m_2 = 32,61$ g
Volumen des Methanols $V = 33,0$ cm^3

$$\varrho = \frac{m}{V} = \frac{m_1 - m_2}{V}$$

$$= \frac{58,79 - 32,61}{33,0}$$

$$= \frac{26,18 \text{ g}}{33 \text{ cm}^3}$$

$$= 0,7933 \text{ g/cm}^3 .$$

Auswertung: Die für die verschiedenen Flüssigkeiten gemessenen und berechneten Werte werden entsprechend Tab. 9-5 festgehalten.

Tab. 9-5. Schema der Auswertung des Versuchs aus Abschn. 9.2.2.2.

Flüssigkeit	m (in g)	V (in cm^3)	ϱ (in g/cm^3)
Wasser	24,96	25,0	0,998
Methanol	26,18	33,0	0,793
Ethanol	19,05	24,1	0,790
Propanol-1	19,10	23,8	0,803

9.2.2.3   Dichtebestimmung mit der Mohrschen Waage

Geräte: Mohrsche Waage, Standzylinder (ca. 100 mL) oder 400-mL-Becherglas.

Chemikalien: Methanol, Ethanol, Propanol-1.

Arbeitsanweisung: Die Mohrsche Waage wird aufgebaut und nach dem Aufhängen des Schwimmkörpers der Nullpunkt eingestellt. In die zu untersuchende Flüssigkeit von 20 °C taucht man den Senkkörper vollständig ein. Er darf Wand und Boden des Standzylinders nicht berühren. Der Auftrieb des Körpers wird durch das Auflegen der Reitergewichte auf den Waagebalken ausgeglichen und die Dichte der Flüssigkeit abgelesen.

In dieser Weise werden die Dichten von Wasser, Methanol, Ethanol und Propanol-1 gemessen.

Auswertung: Die Meßergebnisse werden entsprechend Tab. 9-6 festgehalten.

Tab. 9-6. Schema der Auswertung des Versuchs aus Abschn. 9.2.2.3.

Flüssigkeit	ϱ (in g/cm^3)
Wasser	0,999
Methanol	0,7918
Ethanol	0,7899
Propanol-1	0,8027

9.2.2.4 Dichtebestimmung mit dem Aräometer (Spindel)

Geräte: 250-mL-Meß- oder Standzylinder, Spindelsatz mit Suchspindel.

Chemikalien: Ethanol, Methanol, Propanol-1.

Arbeitsanweisung: Die zu bestimmende Flüssigkeit wird in den Meß- oder Standzylinder eingefüllt. Mit der Suchspindel wird die ungefähre Dichte der Flüssigkeit ermittelt. Aus dem Spindelsatz kann dann die entsprechende Spindel mit einem genaueren Meßbereich ausgesucht werden. Beim Eintauchen der Spindel in die Flüssigkeit ist zu beachten, daß die Spindel nicht mit der Wandung des Gefäßes in Berührung kommen darf. Man mißt die Dichten von Wasser, Methanol, Ethanol und Propanol-1 bei 20 °C.

Auswertung: Die Meßergebnisse werden entsprechend Tab. 9-7 festgehalten.

Tab. 9-7. Schema der Auswertung des Versuchs aus Abschn. 9.2.2.4.

Flüssigkeit	ϱ (in g/cm^3)
Wasser	0,999
Methanol	0,792
Ethanol	0,790
Propanol-1	0,803

9.2.2.5 *Dichtebestimmung mit dem Pyknometer*

Geräte: Pyknometer, Analysenwaage, 100-mL-Becherglas.

Chemikalien: Ethanol, Methanol, Propanol-1.

Arbeitsanweisung: Ein trockenes Pyknometer wird auf einer Analysenwaage leer gewogen und anschließend mit der zu bestimmenden Flüssigkeit aus einem 100-mL-Becherglas gefüllt. Die äußere Wandung des Pyknometers muß danach gegebenenfalls trockenge-rieben werden. Dann kann man das gefüllte Pyknometer erneut wiegen. Die Masse der Flüssigkeit im Pyknometer ergibt sich als Differenz der Brutto- und Tarawägung. Das Volumen der Flüssigkeit entspricht dem angegebenen Volumen des Pyknometers. Man bestimmt die Dichte von Wasser, Methanol, Ethanol und Propanol-1 bei 20 °C.

Rechenbeispiel: Bei der Bestimmung der Dichte von Methanol wurden folgende Werte ermittelt:

Masse des mit Methanol gefüllten Pyknometers $m_1 = 68,4818$ g
Masse des leeren Pyknometers $m_2 = 28,7588$ g
Volumen des Methanols $V = 50$ cm³

$$\varrho = \frac{m}{V} = \frac{m_1 - m_2}{V}$$

$$= \frac{68,4818 - 28,7588}{50}$$

$$= \frac{39,7230 \text{ g}}{50 \text{ cm}^3}$$

$$= 0,7945 \text{ g/cm}^3 .$$

Auswertung: Die gemessenen und berechneten Werte werden entsprechend Tab. 9-8 festgehalten.

Tab. 9-8. Schema der Auswertung des Versuchs aus Abschn. 9.2.2.5.

Flüssigkeit	m (in g)	V (in cm³)	ϱ (in g/cm³)
Wasser	49,8652	50	0,9973
Methanol	39,5654	50	0,7913
Ethanol	39,4552	50	0,7891
Propanol-1	42,2006	50	0,8040

9.2.2.6 Bestimmung von „Schütt- und Rüttdichte" kristalliner Stoffe

Schüttdichte ($\varrho_{\text{Schütt}}$) und *Rüttdichte* ($\varrho_{\text{Rütt}}$) sind beim Abfüllen und Verpacken von kristallinen Stoffen von Bedeutung. Man erhält sie [Gl. (9-15) und Gl. (9-16)], indem man die Masse des Stoffes durch das *Schüttvolumen* ($V_{\text{Schütt}}$) bzw. das *Rüttvolumen* ($V_{\text{Rütt}}$) dividiert:

$$\varrho_{\text{Schütt}} = \frac{m}{V_{\text{Schütt}}} \qquad (9\text{-}15)$$

$$\varrho_{\text{Rütt}} = \frac{m}{V_{\text{Rütt}}}. \qquad (9\text{-}16)$$

Geräte: 100-mL-Meßzylinder, automatische Präzisionswaage, Lappen.

Chemikalien: Natriumchlorid, Kunststoffgranulate verschiedener Korngrößen.

Arbeitsanweisung: Die Substanz, deren „Schütt- und Rüttdichte" bestimmt werden soll, wird in einem tarierten Meßzylinder lose aufgeschüttet und gewogen. Das Volumen der aufgeschütteten Substanz ($V_{\text{Schütt}}$) kann am Meßzylinder abgelesen werden. Anschließend wird der Meßzylinder zwanzigmal auf den mit einem Lappen geschützten Handteller aufgestoßen, wodurch sich das Volumen des aufgeschütteten Stoffes verringert ($V_{\text{Rütt}}$).

Rechenbeispiel: Für ein Kunststoffgranulat wurden folgende Werte ermittelt:

$$m = 25{,}62 \text{ g}$$

$$V_{\text{Schütt}} = 32{,}5 \text{ cm}^3$$

$$V_{\text{Rütt}} = 29{,}4 \text{ cm}^3$$

$$\varrho_{\text{Schütt}} = \frac{25{,}62 \text{ g}}{32{,}5 \text{ cm}^3} = \underline{0{,}789 \text{ g/cm}^3}$$

$$\varrho_{\text{Rütt}} = \frac{25{,}62 \text{ g}}{29{,}4 \text{ cm}^3} = \underline{0{,}871 \text{ g/cm}^3}.$$

Auswertung: Die gemessenen und berechneten Werte werden entsprechend Tab. 9-9 festgehalten.

Tab. 9-9. Schema der Auswertung des Versuchs aus Abschn. 9.2.2.6.

Feststoff	m (in g)	$V_{\text{Schütt}}$ (in cm³)	$V_{\text{Rütt}}$ (in cm³)	$\varrho_{\text{Schütt}}$ (in g/cm³)	$\varrho_{\text{Rütt}}$ (in g/cm³)
Polyethylen	25,62	32,5	29,4	0,789	0,873

9.3   Wiederholungsfragen

1. Wie ist die Dichte eines Stoffes definiert?
2. Welche Einheit hat die Dichte?
3. Nach welchen Methoden kann man die Dichte von Feststoffen bestimmen?
4. Was versteht man unter dem Auftrieb eines Körpers in einer Flüssigkeit (Archimedisches Prinzip)?
5. Nach welchen Methoden kann man die Dichte von Flüssigkeiten bestimmen?
6. Was ist bei der Dichtebestimmung mit einer Spindel zu beachten?
7. Bei der Dichtebestimmung mit der Mohr-Westphalschen Waage hängt das größte Reitergewicht beim Senkkörper und das drittgrößte in der 3. Kerbe. Welchen Wert für die Dichte lesen Sie ab?
8. Wie kann man die Dichte eines Pulvers bestimmen?
9. In welchem Verhältnis müssen bei der Dichtebestimmung von Feststoffen mit dem Pyknometer die Dichten von Flüssigkeit und zu bestimmendem Stoff zueinander stehen?
10. Beschreiben Sie die Schwebemethode nach ihrem physikalischen Arbeitsprinzip.
11. Welcher Zusammenhang besteht zwischen der Konzentration und der Dichte einer Lösung?
12. Wie nutzt man diesen Zusammenhang bei der Konzentrationsbestimmung von Lösungen?

10 Thermische Konstanten

10.1 Theoretische Grundlagen

10.1.1 Themen und Lerninhalte

Wärme und Temperatur

— Temperaturskalen
— Bestimmung von
  Schmelzpunkt,
  Siedepunkt,
  Erstarrungspunkt

Wärmemengen und ihre Messung

— Wärmekapazität
— Schmelzwärme
— Lösungswärme
— Neutralisationswärme

10.1.2 Wärme und Temperatur

Die *Wärme* eines Körpers ist die Bewegungsenergie seiner Atome oder Moleküle. Je schneller sie sich bewegen, desto wärmer ist der Körper. Das Ausmaß, in dem ein Körper erwärmt ist, seinen Wärmezustand, bezeichnet man als seine *Temperatur**). Sie ist eine Basisgröße im SI-Einheitensystem und wird wegen der Art ihrer Festlegung *thermodynamische Temperatur* oder *Kelvin-Temperatur genannt*. Ihre Einheit ist das *Kelvin* (Einheitenzeichen K). Ein Kelvin ist der 273,16te Teil der thermodynamischen Tempera-

---

*) Diese Bezeichnung ist aus der Wärmelehre (*Kalorik*, von lat. *calor* für Wärme; *Thermodynamik*, von griech. *thermos* für warm, heiß und griech. *dynamis* für Kraft) abgeleitet.

turskala, die durch den *absoluten Nullpunkt**) und den *Tripelpunkt***) des Wassers fest-gelegt ist.

Neben der Kelvin-Skala, die vor allem im wissenschaftlichen Bereich verwendet wird, ist die *Celsius-Skala****) vom Gesetz zur Temperaturmessung zugelassen. Ihre Bezugs-punkte sind der Schmelzpunkt des Wassers (0 °C) und sein Siedepunkt bei 1,013 bar (100 °C). Die Temperaturintervalle der Kelvin- und Celsius-Skala sind gleich groß:

$$1 \text{ K} = 1\,°\text{C} \,. \tag{10-1}$$

Daher ergibt sich eine einfache Formel für die Umrechnung von Celsius-Temperaturen (ϑ) in Kelvin-Temperaturen (T), wenn man den Schmelzpunkt des Wassers ($T_0 = 273,15$ K) als Bezugspunkt nimmt:

$$\vartheta = T - T_0 \tag{10-2}$$

$$T = \vartheta + T_0 \,. \tag{10-3}$$

Der absolute Nullpunkt ($T = 0$ K) in Celsius-Graden ist somit $\vartheta = -273,15\,°\text{C}$, der Siedepunkt des Wassers ($\vartheta = 100\,°\text{C}$) in Kelvin-Graden beträgt $T = 373,15$ K.

In den angelsächsischen Ländern wird oft noch die *Fahrenheit-Skala****) verwendet. Ihr Nullpunkt ist die tiefste bei ihrer Einführung 1724 bekannte Temperatur ($-17,78\,°\text{C}$). Sie besitzt keine Dezimalteilung, so daß der Schmelzpunkt des Wassers bei $+32\,°\text{F}$, sein Siedepunkt bei $+212\,°\text{F}$ liegt.

Kaum noch verwendet wird die *Réaumur-Skala* (frz., sprich: reomür), deren Nullpunkt die Temperatur des schmelzenden Wassers ist (0 °R). Der Temperaturunterschied zum Siedepunkt des Wassers ist in 80 Einheiten eingeteilt, so daß der Siedepunkt des Wassers 80 °R beträgt.

Abb. 10-1 gibt noch einmal einen Überblick über die den verschiedenen Skalen ent-sprechenden Temperaturausdrücke von Schmelz- und Siedepunkt des Wassers.

10.1.3 Temperatur-Meßgeräte

Temperaturmeßgeräte machen sich in verschiedener Weise eine mit der Temperaturän-derung verbundene Änderung von Stoffeigenschaften zunutze.

---

*) Am absoluten Nullpunkt bewegen sich die Atome und Moleküle eines Körpers nicht.

**) Der Tripelpunkt (von lat. *triplex* für dreifach) bezeichnet die Temperatur, bei der Wasser, Eis und Wasserdampf im Gleichgewicht stehen. Er liegt nach der Definition bei 273,16 K und damit etwas höher als der Schmelzpunkt des Wassers mit 273,15 K.

***) Die Temperaturskalen sind nach den Persönlichkeiten benannt, die sie in die Wissenschaft einführten: dem Engländer Lord *Kelvin* (1824–1907), dem Schweden *Celsius* (1701–1744), dem Deutschen *Fahrenheit* (1686–1736) und dem Franzosen *Réaumur* (1683–1757).

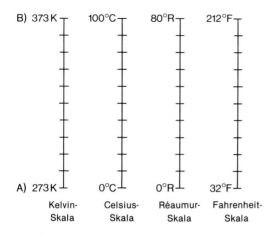

B) 373 K — 100 °C — 80 °R — 212 °F —

A) 273 K — 0 °C — 0 °R — 32 °F —

Kelvin-Skala Celsius-Skala Réaumur-Skala Fahrenheit-Skala

Abb. 10-1. Die Temperaturskalen: Schmelzpunkt (A) und Siedepunkt (B) des Wassers auf den verschiedenen Skalen.

Flüssigkeitsthermometer*). Das Volumen einer Flüssigkeit hängt von ihrer Temperatur ab (vgl. Kap. 8); beim Erwärmen vergrößert sich das Volumen, beim Abkühlen verkleinert es sich. Füllt man eine Flüssigkeit deshalb in ein Glasrohr und erwärmt sie, dann dehnt sie sich aus, d.h. sie steigt im Rohr nach oben. Die Temperaturänderung und das Ausmaß der Ausdehnung stehen in einem festen Verhältnis zueinander, so daß man eine Skala anbringen kann, von der man für jeden Flüssigkeitsstand die zugehörige Temperatur ablesen kann. Damit die Flüssigkeit nicht verdampft, müssen die Glasrohre verschlossen sein. Einige Ausführungen von Flüssigkeitsthermometern zeigt Abb. 10-2.

Hinweis zur Arbeitssicherheit: Die für die Flüssigkeitsthermometer angegebenen Arbeitsbereiche dürfen nicht überschritten werden, da bei Überhitzung ein Überdruck die Glasrohre zersprengt.

Das *Quecksilberthermometer* kann im Bereich von − 39 °C (Erstarrungspunkt des Quecksilbers, vgl. Abschn. 10.1.4) bis + 350 °C verwendet werden. Füllt man den Raum über der Quecksilberoberfläche mit Stickstoff, dann läßt sich der Temperaturbereich auf + 600 °C ausdehnen. Eine weitere Steigerung auf + 750 °C erreicht man, wenn man das Glasrohr durch ein Quarzrohr ersetzt.

Alkoholthermometer sind meist mit Ethanol gefüllt und für Temperaturen zwischen − 100 °C und + 70 °C zu benutzen.

Tieftemperaturthermometer werden für Messungen zwischen − 190 °C und + 20 °C verwendet. Sie sind mit den Kohlenwasserstoffen Pentan oder Petrolether gefüllt.

Bei *Flüssigkeitsdruckthermometern* (vgl. Abb. 10-3) ist eine Flüssigkeit (Quecksilber oder Öl) in einer Röhre eingeschlossen, die sich beim Erwärmen ausdehnt und durch ihren Druck ein Hebelsystem und einen Zeiger bewegt.

---

*) *Thermometer:* von lat. *thermos* für warm, heiß und griech. *metron* für Maß abgeleitet.

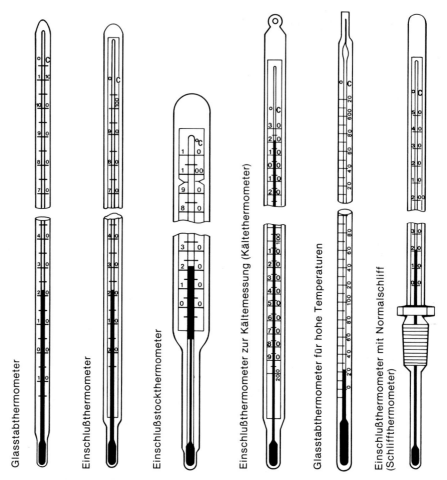

Abb. 10-2. Thermometer.

Bimetallthermometer. Hier nutzt man die durch Temperaturänderungen bewirkte Längenänderung von Metallstreifen aus. Legt man Streifen zweier verschiedener Metalle aufeinander, verbindet sie z.B. durch Nieten und erwärmt sie, dann dehnen sie sich in unterschiedlichem Maße aus. Die Folge ist, daß sich der Bimetallstab krümmt. Mit einer Bimetallspirale, an deren freiem Ende ein Zeiger befestigt ist, kann man auf diese Weise sehr geringe Temperaturunterschiede messen. Bimetallthermometer (vgl. Abb. 10-3) verwendet man bis $+500\,°C$.

Thermoelement (thermoelektrisches Pyrometer*). An der Berührungsstelle von Drähten unterschiedlicher Metalle entsteht eine Spannung. Man verlötet zwei Metalldrähte, erhitzt die Lötstelle und mißt die Spannung an den kalten Drahtenden. Sie ist ein Maß

---

*) *Pyrometer:* von griech. *pyros* für Feuer und *metron* für Maß abgeleitet.

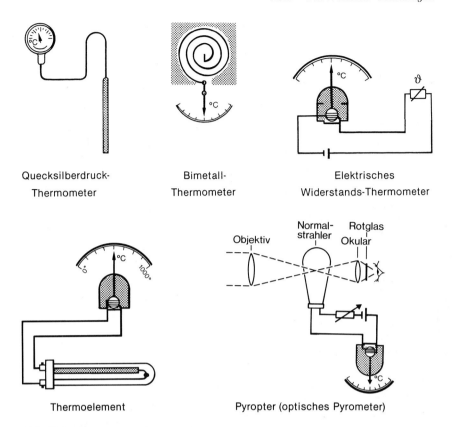

Quecksilberdruck-   Bimetall-   Elektrisches
Thermometer   Thermometer   Widerstands-Thermometer

Thermoelement   Pyropter (optisches Pyrometer)

Abb. 10-3. Temperaturmeßgeräte.

für die Temperaturdifferenz zwischen Lötstelle und den kühleren Drahtenden und wird
in den Thermoelementen (vgl. Abb. 10-3) direkt in Celsius-Graden geeicht. Tab. 10-1
gibt eine Übersicht über wichtige Thermoelemente.

Tab. 10-1. Wichtige Thermoelemente und der mit ihnen meßbare Temperaturbereich.

Thermoelement	Temperaturbereich (in °C)	
	von	bis
Kupfer-Konstantan	−250	+400
Eisen-Konstantan		+800
Nickel-Chromnickel		+1100
Platin-Platinrhodium		+1600

Elektrisches Widerstandsthermometer. Der Stromfluß in Metallen ist temperaturabhängig. Je wärmer ein Metall ist, desto weniger Strom fließt (sein *elektrischer Widerstand*
steigt). Eicht man den Stromfluß direkt in Celsius-Graden, dann erhält man ein elektri-

sches Widerstandsthermometer (vgl. Abb. 10-3), das bei Temperaturmessungen zwischen
$-250\,°C$ und $+1500\,°C$ eingesetzt werden kann.

Pyropter (optisches Pyrometer). Das von einem glühenden Körper ausgestrahlte Licht
ist ein Maß für seine Temperatur. Die Farbe (Wellenlänge) des ausgestrahlten Lichts ist
auch bei unterschiedlichen Stoffen gleich. Man erhitzt einen Draht elektrisch (vgl. Abb.
10-3), bis er dieselbe Glühfarbe erreicht hat wie der Körper, dessen Temperatur zu messen
ist. Gemessen wird dabei der Stromfluß, der zur Erzielung der jeweiligen Glühfarbe nötig
ist. Er wird auf einer in Celsius-Graden geeichten Skala abgelesen.

10.1.4 Schmelzpunkt, Siedepunkt, Erstarrungspunkt

Beim Erwärmen oder Abkühlen eines Stoffes sind Schmelzpunkt, Siedepunkt und Erstarrungspunkt für ihn charakteristische Temperaturen, bei denen sich sein Aggregatzustand ändert (Stoffkonstanten). Am *Schmelz-* oder *Flüssigkeitspunkt* (Kurzzeichen: Fp)
geht ein Stoff vom festen in den flüssigen Zustand über. Der umgekehrte Vorgang beim
Abkühlen, der Übergang vom flüssigen in den festen Zustand, ist durch den *Erstarrungspunkt* (Kurzzeichen: Ep) charakterisiert. Die Temperatur, bei der eine Flüssigkeit
gasförmig wird, ist ihr *Koch-* oder *Siedepunkt* (Kurzzeichen: Kp). Diese Temperaturen
sind druckabhängig. Der Druck, bei dem sie gemessen wurden, muß daher stets angegeben werden. Bei Schmelz- und Erstarrungspunkten läßt man die Druckangabe meist
weg, da die entstehende Ungenauigkeit gering ist. Die Angabe von Schmelz-, Siede- und
Erstarrungspunkten erfolgt als Temperaturangabe mit den bereits bekannten Größen-
symbolen ϑ und T. Ein Index[*] bezeichnet dann den betreffenden Punkt (m für Schmelzpunkt, b für Siedepunkt und s für Erstarrungspunkt). Für die Schmelztemperatur von
Eisessig schreibt man damit: ϑ_m (Eisessig) $= 16,6\,°C$ oder T_m (Eisessig) $= 289,8$ K.

Erhitzt man einen festen Stoff, dann bleibt seine Temperatur am Schmelz- und Siedepunkt lange Zeit konstant, da die zugeführte Wärme gebraucht wird, um die Atome
oder Moleküle aus dem Gitter zu lösen bzw. in die Gasphase zu bringen. Bis dieser
Vorgang abgeschlossen ist, steht keine Wärme für eine Temperaturerhöhung zur Verfügung. Beim Abkühlen wird am Erstarrungspunkt die beim Schmelzen zugeführte
Wärme wieder frei, wenn sich die Atome oder Moleküle zum Kristallgitter ordnen. Daher
bleibt auch in diesem Fall die Temperatur längere Zeit konstant.

Als charakteristische Größen eines Stoffes sind alle drei Temperaturen eine Hilfe bei
seiner Identifizierung. Sie sind darüber hinaus ein Maß für seine Reinheit. Verunreinigungen erniedrigen den Schmelz- und Erstarrungspunkt. Der Siedepunkt wird erniedrigt,
wenn die Verunreinigung einen höheren Dampfdruck hat als die untersuchte Flüssigkeit.
Er wird erhöht, wenn der Dampfdruck der Verunreinigung niedriger ist.

---

[*] Die verwendeten Indices kommen aus dem englischen; es bedeuten: m melting (Schmelzen),
b boiling (Sieden), s solidification (Erstarren).

Mischschmelzpunkt. Die Depression des Schmelzpunktes durch Verunreinigungen er-möglicht die Identifizierung von Substanzen mit Hilfe des Mischschmelzpunktes $\vartheta_{m,G}$.

Stellt man eine Mischung aus gleichen Teilen Acetylsalicylsäure $\vartheta_m = 135\,°C$ und Phenacetin $\vartheta_m = 135\,°C$ her, so resultiert ein Schmelzbereich von 97 bis 100 °C.

Dieses Ergebnis zeigt, daß trotz gleicher Schmelzpunkte der Reinsubstanzen das Ge-misch einen deutlich niedrigeren Schmelzbereich aufweist, denn der vorangegangene Mischvorgang entspricht einer gegenseitigen Verunreinigung.

Eine Schmelzpunktdepression tritt nur beim Mischen chemisch gleicher Substanzen *nicht* auf (kein Verunreinigungseffekt) und erlaubt deshalb die Identität einer im Labor synthetisierten Substanz durch Mischen mit entsprechenden vorgegebenen Reinsubstan-zen zu klären.

Bestimmung des Schmelzpunktes. Zur Messung von Schmelzpunkten gibt es verschiedene Schmelzpunktapparate, von denen die wichtigsten in den Abb. 10-4 bis 10-6 dargestellt sind. Sie sind entsprechend dem gewünschten Genauigkeitsgrad der Messung und dem notwendigen Temperaturbereich konstruiert.

Der *einfache Schmelzpunktapparat* und der *Schmelzpunktapparat nach Thiele* (vgl. Abb. 10-4) werden zu 3/5 mit einer Heizflüssigkeit — Paraffinöl oder Siliconöl — gefüllt. Ein Einschlußthermometer, dessen Skala eine 1°C-Einteilung hat, wird mit dem Quecksil-bervorratsgefäß in das Zentrum der Flüssigkeit gebracht. Es wird mit einem Kork-stopfen, in den *Entlüftungsschlitze* geschnitten sind, befestigt. Die zu messende Substanz wird etwa 3 mm hoch in ein *Schmelzpunktröhrchen,* eine 7,5 cm lange Glaskapillare mit einem Durchmesser von 1 mm, eingefüllt. Das Röhrchen wird so in die Flüssigkeit eingetaucht, daß sich die Substanz unmittelbar neben der Quecksilberkugel befindet. Man heizt dann zunächst sehr schnell auf, um den ungefähren Schmelzpunkt ($\pm 10\,°C$) zu ermitteln. Man läßt anschließend abkühlen bis ca. 30 °C unter den grob ermittelten Schmelzpunkt und bringt eine neue Probe in das Gerät. Nun erwärmt man um 1 °C je

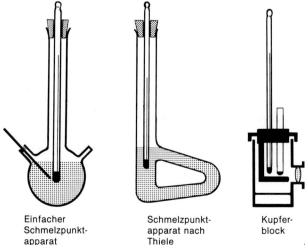

Einfacher
Schmelzpunkt-
apparat

Schmelzpunkt-
apparat nach
Thiele

Kupfer-
block

Abb. 10-4. Schmelzpunktapparate.

Minute, um den exakten Schmelzpunkt zu erhalten. Den Schmelzvorgang beobachtet man möglichst mit einer Lupe. Viele Substanzen *sintern*, bevor sie schmelzen. Der Schmelzpunkt ist erreicht, wenn eine meniskusbildende Flüssigkeit entstanden ist, in der noch Kristalle schwimmen. Sie müssen ohne weitere Temperaturerhöhung schmelzen. Zur Überprüfung des gefundenen Schmelzpunktes läßt man wieder bis zur Verfestigung der Flüssigkeit abkühlen und wiederholt die Messung mit einer neuen Substanzprobe.

Der *Kupferblock* (vgl. Abb. 10-4) ist für Temperaturen zwischen 50 °C und 700 °C gedacht. Die Heizflüssigkeiten der zuvor besprochenen Geräte sind bei Temperaturen oberhalb von 300 °C nicht verwendbar.

Die *Koflerbank* (vgl. Abb. 10-5) ist für schnelle Schmelzpunktbestimmungen geeignet. Sie ist allerdings nicht sehr genau. Sie eignet sich sehr gut für die grobe Bestimmung des Schmelzpunktes einer Substanz. Die genaue Bestimmung des Schmelzpunktes erfolgt dann mit einem der anderen Geräte.

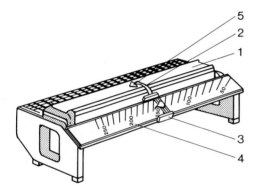

Abb. 10-5. Koflerbank. 1 Heizfläche, 2 Zeiger, 3 Läufer, 4 Skala, 5 Substanz.

Der *Schmelzpunktapparat nach Tottoli* (vgl. Abb. 10-6) erlaubt dagegen sehr exakte Messungen des Schmelzpunktes.

Bestimmung des Siedepunktes. Die einfachste Methode, den Siedepunkt einer Flüssigkeit zu messen, ist, sie in einem Reagenzglas zu erhitzen, bis das Thermometer keine Temperaturzunahme mehr anzeigt. Die so erhaltenen Siedepunkte sind allerdings ungenau, und für brennbare, giftige oder ätzende Flüssigkeiten ist die Methode nicht geeignet. Daher wählt man meist eine Destillationsapparatur[*] (vgl. Kap. 17), in der man etwa 50 mL der Flüssigkeit so durch Erwärmen verdampft, daß in einer Sekunde ein Tropfen Flüssigkeit den Kühler verläßt. Überhitzen verfälscht das Meßergebnis. Während der Destillation liest man in Abständen von einer Minute die Temperatur der übergehenden Flüssigkeit ab und trägt sie in ein Temperatur-Zeit-Diagramm entsprechend Abb. 10-7 ein. Bei einer reinen Flüssigkeit zeigt das Diagramm eine Kurve der Form I, die den

---

[*] Der Siedepunkt kleiner Flüssigkeitsmengen werden nach der Methode von Siwolobow oder Emich bestimmt.

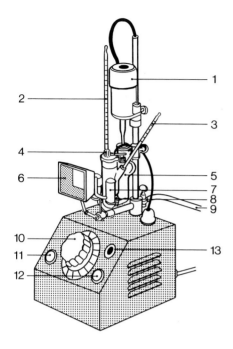

Abb. 10-6. Schmelzpunktapparat nach Tottoli.
1 Rührwerk mit Propellerrührer, 2 Thermometer,
3 Kontrollthermometer (Anschütz), 4 Schmelzpunktröhrchen, 5 Badflüssigkeit (Silikonöl), 6 Lupe,
7 Beleuchtung, 8 Heizung, 9 Kühlschlauch, 10 Heizungsregler, 11 Netzschalter, 12 Heizungsschalter,
13 Kontrollampe.

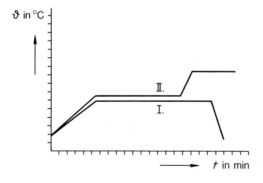

Abb. 10-7. Siedekurven für eine reine Flüssigkeit (I) und ein Gemisch zweier Flüssigkeiten (II).

konstanten Siedepunkt und das Abfallen der Temperatur nach Ende der Destillation
anzeigt. Liegt ein Gemisch zweier Flüssigkeiten vor, dann erhält man eine Kurve der
Form II, die zunächst den Siedepunkt der tiefer siedenden Flüssigkeit anzeigt, dann den
der höher siedenden. Anhand der Siedekurve kann man daher oft auch bestimmen, wie
viele Komponenten ein Flüssigkeitsgemisch hat.

Bestimmung des Erstarrungspunktes. Man füllt ein Reagenzglas (Eprivette) mit der zu
untersuchenden Flüssigkeit und bringt es in eine Apparatur, wie sie in Abb. 10-8 dargestellt ist. Je nach Lage des Erstarrungspunktes kühlt man unter Rühren mit Luft oder
einer Kältemischung. Die Temperatur wird in Abständen von einer Minute abgelesen
und in ein Temperatur-Zeit-Diagramm entsprechend Abb. 10-9 eingetragen. Beim Er-

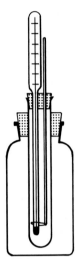

Abb. 10-8. Apparatur zur Bestimmung des Erstarrungspunktes.

reichen des Erstarrungspunktes bleibt die Temperatur konstant, bis die Substanz völlig in den festen Zustand übergegangen ist. Wenn zu Beginn der Kristallisation eine Temperaturerhöhung stattfindet, wie es in Abb. 10-9 zu sehen ist, dann spricht man von einer *unterkühlten Schmelze*.

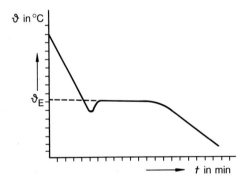

Abb. 10-9. Erstarrungskurve einer unterkühlten Schmelze.

10.1.5 Wärmemengen und ihre Messung

Die *Wärmemenge* (Größensymbol Q) ist im SI-Einheitensystem eine abgeleitete Größe, deren Einheit das *Joule*[*] (Einheitszeichen J) ist. Diese Einheit gilt auch für die Arbeit (Größensymbol W) und die Energie (Größensymbol W oder E), da die Wärme die Bewegungsenergie der Atome oder Moleküle eines Körpers ist (vgl. Abschn. 10.1.2); sie

---

[*] Benannt nach dem engl. Physiker James Prescott *Joule* (1818–1889).

kann aber auch als die Arbeit aufgefaßt werden, die verrichtet werden muß, um z.B. beim Schmelzvorgang die Atome oder Moleküle aus ihren Gitterplätzen zu lösen. Das Joule ist wie folgt definiert:

> 1 Joule ist gleich der Arbeit, die verrichtet wird, wenn der Angriffspunkt der Kraft 1 N in Richtung der Kraft um 1 m verschoben wird:
>
> $$1\,J = 1\,Nm = \frac{1\,kg\,m^2}{s^2} \tag{10-4}$$

In älteren Lehrbüchern und in der Umgangssprache wurde die noch bis zum 31. 12. 1977 erlaubte Einheit *Kalorie* (Kurzzeichen: cal) oder *Kilokalorie* (Kurzzeichen: kcal) verwendet. Unter 1 kcal verstand man die Wärmemenge, die notwendig war, um 1 kg Wasser von 14,5 °C auf 15,5 °C zu erwärmen. Die Umrechnung der Kilokalorie in die Einheiten der Arbeit erfolgte mit Hilfe des *mechanischen Wärmeäquivalentes*

$$1\,kcal = 426,93\,kpm\,. \tag{10-5}$$

Es wurde von Robert Mayer bestimmt, der aus seinen Experimenten den Schluß zog, daß bei der Wärmezufuhr Arbeit verrichtet wird. Mit Gl. (10-5) lassen sich die Faktoren für die Umrechnung von kcal-Angaben in Joule und umgekehrt ermitteln:

$$1\,kcal = 426,93\,kpm$$

$$= 426,93 \cdot 9,80665\,\frac{kg \cdot m^2}{s^2}$$

$$= 4186,75\,\frac{kg \cdot m^2}{s^2}$$

$$= 4186,75\,Nm$$

$$= 4186,75\,J$$

$$1\,J = \frac{1}{4186,75}\,kcal \tag{10-6}$$

$$= 0,0002388\,kcal$$

$$= 2,4 \cdot 10^{-4}\,kcal\,. \tag{10-7}$$

Aus alten Angaben in kcal erhält man also die Joule-Werte, indem man mit 4186,75 multipliziert. Für cal-Werte ist der Umrechnungsfaktor entsprechend 4,1868.

Das Kalorimeter. Das Kalorimeter ist ein meist mit Wasser gefüllter Behälter, der nach außen wie eine Thermosflasche isoliert ist. Dadurch erreicht man, daß die Wärme eines in das Wasser getauchten heißen Körpers fast vollständig an das Wasser abgegeben wird und nur im geringen Maße zur Erwärmung des Gefäßes verbraucht wird. Da ein solcher Wärmeverlust aber nie ganz zu vermeiden ist — besonders bei einfacheren Ka-

lorimetern, welche im Laboratorium häufig aus zwei ineinander gestellten, durch Korkringe voneinander isolierten Bechergläsern hergestellt werden − muß er ermittelt werden. Dazu dient die Wärmekapazität des Kalorimeters, die derjenigen Wärmemenge
entspricht, die notwendig ist, das Kalorimeter um 1 °C zu erwärmen.

Zur Ermittlung der Wärmekapazität eines Kalorimeters füllt man es mit Wasser[*]
und bringt Thermometer und Rührer ein. Dann wird ein Metallkörper, dessen spezifische
Wärmekapazität bekannt ist (s. u.), in kochendem Wasser erhitzt und anschließend vollständig in das Kalorimeter eingetaucht. Nach der *Richmannschen Regel* ist die vom
warmen Körper abgegebene Wärmemenge gleich der vom kalten Körper aufgenommenen Wärmemenge. Der kalte Körper ist hierbei das Kalorimeter samt Inhalt.

$$
\begin{bmatrix} \text{vom Metall-} \\ \text{körper} \\ \text{abgegebene} \\ \text{Wärmemenge} \end{bmatrix} = \begin{bmatrix} \text{vom Wasser und Kalorimeter} \\ \text{aufgenommene Wärme-} \\ \text{menge} \end{bmatrix}
$$

$$
m_k \cdot (\vartheta_2 - \vartheta_m) \cdot c_k = (m_w \cdot c_w + C) \cdot (\vartheta_m - \vartheta_1) \,. \tag{10-8}
$$

Löst man Gl. (7-8) nach C auf, so erhält man:

$$
C = \frac{m_k \cdot c_k \cdot (\vartheta_2 - \vartheta_m)}{(\vartheta_m - \vartheta_1)} - m_w \cdot c_w \,. \tag{10-9}
$$

In den Gln. (10-8) und (10-9) bedeutet:

m_k Masse des Metallkörpers in kg
c_k spezifische Wärmekapazität des Metallkörpers in kJ/kg · K
c_w spezifische Wärmekapazität des Wassers in kJ/kg · K
m_w Masse des Wassers in kg
ϑ_1 Anfangstemperatur des Wassers in °C
ϑ_2 Temperatur des Metallkörpers in °C
ϑ_m Mischtemperatur in °C
C Wärmekapazität des Kalorimeters in kJ/K

Bestimmung der spezifischen Wärmekapazität von Metallen. Die *spezifische Wärmekapazität* (Größensymbol c) eines Stoffes ist die Wärmemenge, die man benötigt, um 1 kg
dieses Stoffes um 1 °C zu erwärmen. Ihre Einheit ist $\dfrac{\text{kJ}}{\text{kg} \cdot \text{K}}$. Das Prinzip der Messung
ist schon bei der Ableitung des Wasserwertes behandelt worden: Das heiße Metall wird
in das Wasser des Kalorimeters getaucht und die Mischtemperatur gemessen. Man
errechnet die spezifische Wärmekapazität, indem man Gl. (10-8) nach c_k auflöst:

$$
c_k = \frac{(m_w \cdot c_w + C) \cdot (\vartheta_m - \vartheta_1)}{(\vartheta_2 - \vartheta_m) \cdot m_k} \,. \tag{10-10}
$$

---

[*] Die Füllhöhe muß in allen folgenden Versuchen konstant bleiben, da nur dann stets dieselbe
Menge Glas erwärmt wird und der Wärmeverlust in allen Experimenten derselbe ist.

In Tab. 10-2 sind die spezifischen Wärmekapazitäten einiger Stoffe zusammengestellt.

Tab. 10-2. Spezifische Wärmekapazitäten einiger Stoffe.

Stoff	Spezifische Wärmekapazität (in kJ/kg · K)
Wasser	4,19
Ethanol	2,47
Benzol	1,72
Aluminium	0,88
Glas	0,79
Stahl	0,50
Blei	0,13

Bestimmung der spezifischen Schmelzwärme von Eis. Die *spezifische Schmelzwärme* eines Stoffes ist die Wärmemenge, die notwendig ist, um 1 kg dieses Stoffes bei der Schmelztemperatur vom festen in den flüssigen Aggregatzustand zu überführen. Ihre Einheit ist kJ/kg. Die *spezifische Erstarrungswärme* eines Stoffes ist so groß wie die Schmelzwärme (vgl. Abschn. 10.1.4).

Man ermittelt die spezifische Schmelzwärme des Eises, indem man zum Wasser des Kalorimeters Eis gibt und die Mischtemperatur nach dem Schmelzen des Eises mißt. Den Zahlenwert erhält man nach Gl. (10-11):

$$q_s = \frac{(m_w \cdot c_w + C) \cdot (\vartheta_1 - \vartheta_m) - m_E \cdot c_w \cdot (\vartheta_m - \vartheta_2)}{m_E}. \tag{10-11}$$

In Gl. (10-11) bedeutet:

q_s spezifische Schmelzwärme in kJ/kg
m_w Masse des Wassers in kg
c_w spezifische Wärmekapazität des Wassers in kJ/kg · K
C Wärmekapazität des Kalorimeters in kJ/K
ϑ_1 Anfangstemperatur des Wassers in °C
ϑ_m Mischungstemperatur in °C
ϑ_2 Schmelztemperatur des Eises in °C
m_E Masse des Eises in kg

Die spezifische Schmelzwärme einiger Stoffe gibt Tab. 10-3 wieder.

Tab. 10-3. Spezifische Schmelzwärmen einiger Stoffe.

Stoff	spezifische Schmelzwärme (in kJ/kg)
Aluminium	397
Zink	105
Schwefel	42,8
Quecksilber	11,3
Wasser	333

Bestimmung von spezifischen Lösungswärmen. Die *spezifische Lösungswärme* eines Stoffes ist die Wärmemenge, die beim Lösen der Stoffmenge 1 Mol dieses Stoffes in einer Flüssigkeit verbraucht oder frei wird. Ihre Einheit ist J/mol.

Das Lösen eines Stoffes in einer Flüssigkeit kann *exotherm* (unter Wärmeentwicklung) oder *endotherm* (unter Abkühlung) verlaufen[*]. Löst man *Gase* in Flüssigkeiten, dann wird stets Wärme frei. Löst man Flüssigkeiten ineinander, dann muß die Verdampfungswärme der gelösten Flüssigkeit von der Lösungswärme abgezogen werden, so daß der Gesamtvorgang unter Wärmeverbrauch ablaufen kann. Dies ist auch bei vielen *Feststoffen* der Fall, bei denen die spezifischen Schmelzwärmen von der spezifischen Lösungswärme abgezogen werden müssen. Besonders zu erwähnen sind die *Hydratationswärmen*[**], die beim Auflösen wasserfreier Salze frei werden. Dabei kann — abhängig vom Wassergehalt eines Salzes — eine Umkehr von einem exothermen zu einem endothermen Lösungsvorgang stattfinden. Tab. 10-4 verdeutlicht das am Beispiel des Magnesiumnitrats ($Mg(NO_3)_2$).

Tab. 10-4. Die Lösungswärmen von wasserfreiem und hydratisiertem $Mg(NO_3)_2$.

Verbindung	Lösungswärme (in J/mol)
$Mg(NO_3)_2$	$-91\,439$
$Mg(NO_3)_2 \cdot 2\,H_2O$	$-43\,207$
$Mg(NO_3)_2 \cdot 6\,H_2O$	$+18\,170$

Bestimmt werden spezifische Lösungswärmen durch Eintragen des zu lösenden Stoffes in das Wasser des Kalorimeters und Ermittlung der Wassertemperatur nach vollständiger Lösung. Die Berechnung erfolgt nach Gl. (10-12):

$$L = \frac{(m_w \cdot c_w + C) \cdot (\vartheta_2 - \vartheta_1) \cdot M}{m} . \qquad (10\text{-}12)$$

---

[*] Nach einer Vereinbarung werden die Wärmemengen exothermer Reaktionen mit einem negativen Vorzeichen gekennzeichnet.

[**] Den Vorgang der Anlagerung von Wassermolekülen an Ionen oder Moleküle nennt man Hydratation.

In Gleichung (10-12) bedeutet:

L spezifische Lösungswärme in kJ/mol
m_w Masse des Wassers + Masse der gelösten Substanz in kg
c_w spezifische Wärmekapazität des Wassers in kJ/kg · K
C spezifische Wärmekapazität des Kalorimeters in kJ/K
ϑ_1 Temperatur des reinen Wassers in °C
ϑ_2 Temperatur der Lösung in °C
M Molare Masse der gelösten Substanz in kg/mol
m Masse der gelösten Substanz in kg

Bestimmung der Neutralisationswärme einer Säure-Base-Reaktion. Die Neutralisationswärme ist die Reaktionswärme, die frei wird, wenn die Stoffmenge 1 Mol einer Säure mit der gleichen Stoffmenge einer Base reagiert. Ihre Einheit ist kJ/mol. Bei der Berechnung der Neutralisationswärme muß man berücksichtigen, daß von der gesamten gemessenen Wärmemenge die *Lösungswärme* des zugegebenen Reaktionspartners abgezogen werden muß. Denn erst nach Lösung z. B. der Säure in der Lauge kann die Neutralisation erfolgen. Sie beruht hauptsächlich auf der Bildung von Wasser aus den H^+-Ionen der Säure und den OH^--Ionen der Base:

$$H^+ + OH^- \rightarrow H_2O \; . \tag{10-13}$$

Daher sind die Neutralisationswärmen bei der Reaktion starker Säuren mit starken Basen von der Art der Reaktionspartner fast unabhängig (etwa 60 kJ/mol). Wenn schwache Säuren oder Basen an der Neutralisation beteiligt sind, dann führen Nebenreaktionen wie die Änderung des Dissoziationsgrades, Assoziation oder Hydratation zu abweichenden Werten. Tab. 10-5 gibt einige Beispiele.

Tab. 10-5. Neutralisationswärmen der Reaktionen verschiedener Säuren und Basen in wäßriger Lösung bei 18 °C.

Reaktionspartner	Neutralisationswärme (in kJ/mol)
Salzsäure/Natronlauge	−57,57
Salpetersäure/Bariumhydroxid	−58,2
Fluorwasserstoff/Natronlauge	−76,2
Salzsäure/Ammoniak	−61,9
Zyanwasserstoff/Ammoniak	−6,3

Zur Bestimmung der Neutralisationswärme muß man die Gesamtwärmetönung der Reaktion der Säure mit der Base und die Verdünnungswärme eines Reaktionspartners (im vorliegenden Beispiel soll Säure zugegeben werden) kennen. Die Verdünnungswärme (Größensymbol V) entspricht der schon bekannten Lösungswärme und wird nach Zugabe der Säure zum Wasser des Kalorimeters mit Gl. (10-14) berechnet.

$$V = \frac{(m_w \cdot c_w + m_s \cdot c_s + C) \cdot (\vartheta_m - \vartheta_1)}{m_1} \; . \tag{10-14}$$

Die Gesamtwärmetönung (Größensymbol *WT*) erhält man durch Zugabe der Säure zur Lauge und nach Erreichen der Mischtemperatur mit Gl. (10-15).

$$WT = \frac{(m_L \cdot c_L + m_s \cdot c_s + C) \cdot (\vartheta_m - \vartheta_1)}{m_1} \,. \tag{10-15}$$

Die Neutralisationswärme ergibt sich jetzt aus der mit der molaren Masse der Säure multiplizierten Differenz von Gesamtwärmetönung *WT* und Verdünnungswärme nach Gl. (10-16).

$$N = (WT - V) \cdot M \,. \tag{10-16}$$

In den Gln. (10-14) bis (10-16) bedeutet:

N	Neutralisationswärme in kJ/mol
M	Molare Masse der Säure in kg/mol
V	Verdünnungswärme in kJ/kg
WT	Wärmetönung in kJ/kg
m_L	Masse der Lauge in kg
c_L	Spezifische Wärmekapazität der Lauge in kJ/kg · K
m_w	Masse des Wassers in kg
c_w	Spezifische Wärmekapazität des Wassers in kJ/kg · K
m_s	Masse der Säure in kg
c_s	Spezifische Wärmekapazität der Säure in kJ/kg · K
C	Wärmekapazität des Kalorimeters in kJ/K
ϑ_m	Mischtemperatur in °C
ϑ_1	Ausgangstemperatur des Wassers in °C
m_1	Masse der Säure, w (Säure) = 1,00.

10.2   Arbeitsanweisungen

10.2.1   Bestimmung des Siedepunktes

10.2.1.1   Gleichstromdestillation

Geräte: Schliffapparatur für eine Gleichstromdestillation, elektrischer Heizkorb, 300-mL-Erlenmeyerkolben, 250-mL-Meßzylinder, Siedesteine.

Chemikalien: Methanol, Ethanol.

Arbeitsanweisung: In einer Destillationsapparatur legt man 250 mL der Flüssigkeit vor, deren Siedepunkt bestimmt werden soll. Nach Zugabe von 2 − 3 Siedesteinen wird die

Flüssigkeit vorsichtig zum Sieden erwärmt und die am Thermometer abgelesene Dampf-temperatur in Abständen von jeweils einer Minute notiert. Die Destillationsgeschwin-digkeit wird so reguliert, daß in 1 – 2 Sekunden 1 Tropfen Destillat den Kühler verläßt. Es wird mit dem Erlenmeyerkolben aufgefangen. Der Versuch ist beendet, wenn die Dampftemperatur insgesamt 10 Minuten lang konstant war. Nach dieser Methode wer-den die Siedepunkte von Methanol, Ethanol und Wasser bestimmt.

Auswertung: Aus den protokollierten Daten werden in einem Temperatur-Zeit-Dia-gramm die Siedekurven gezeichnet und die Siedepunkte vermerkt.

Hinweise zur Arbeitssicherheit: Bei der Destillation von Methanol und Ethanol sind die Sicherheitsmaßnahmen für die Arbeit mit leicht brennbaren Flüssigkeiten zu beachten.

10.2.2 Bestimmung des Schmelzpunktes

10.2.2.1 Mit Schmelzpunktapparatur nach Thiele

Geräte: Schmelzpunktapparatur nach Thiele mit Thermometer, Ölbadschale mit Sand, Brenner mit Schlauch, Schmelzpunktröhrchen, Uhrglas, langes Glasrohr, Lupe.

Chemikalien: Paraffinöl oder Siliconöl, verschiedene Proben.

Arbeitsanweisung: Die fein pulverisierte, gut getrocknete Substanz wird in einer 2 bis 4 mm hohen Schicht in ein etwa 1 mm weites, einseitig zugeschmolzenes Kapillarröhr-chen gefüllt. Dazu taucht man das Röhrchen mit der Öffnung in die auf ein Uhrglas gebrachte Substanz und läßt das Röhrchen mehrfach, nun mit der Öffnung nach oben, durch ein etwa 1 m langes Glasrohr senkrecht auf eine harte Unterlage fallen. Das Schmelzpunktröhrchen wird im einfachsten Falle mit einem Gummiring, der nicht in das Heizbad eintauchen darf, am Thermometer des Schmelzpunktapparates befestigt. Die Substanzprobe muß sich dabei in der Höhe der Quecksilberkugel des Thermometers befinden. Nach dem Einsetzen des Thermometers in einen Schmelzpunktapparat nach Thiele wird die Heizflüssigkeit langsam (4 bis 6 °C pro Minute, in der Nähe des Schmelz-punktes 1 bis 2 °C pro Minute) bis auf die Schmelztemperatur erwärmt. Man liest die Temperatur ab, bei der die Substanz klar geschmolzen ist. Die Schmelzpunktsangabe ist auf höchstens $\pm 0,5$ °C genau. Es wird eine Doppelbestimmung durchgeführt. In vielen Fällen ist es sinnvoll, die ungefähre Lage des Schmelzpunktes in einem Vorversuch zu ermitteln.

Hinweise zur Arbeitssicherheit: Beim Arbeiten mit erhitzten Badflüssigkeiten ist die Ge-fahr von Verbrennungen zu beachten.

Auswertung: Die gemessenen Schmelzpunkte werden entsprechend Tab. 10-7 festgehal-ten.

Tab. 10-7. Schema der Auswertung der Versuche zur Ermittlung von Schmelzpunkten.

Substanz	experimenteller Wert ϑ_m in $°C$	Literaturwert ϑ_m in $°C$
1	114	114
2	108 – 109	108
3	93	92

10.2.2.2 Mit Kupferblock

Geräte: Kupferblock mit Thermometer, Schmelzpunktröhrchen, Uhrglas, langes Glasrohr.

Chemikalien: Verschiedene Proben.

Arbeitsanweisung: Das wie im vorstehenden Versuch mit der zu untersuchenden Substanz gefüllte Schmelzpunktröhrchen wird in eine der dafür vorgesehenen Öffnungen unmittelbar vor dem Thermometer in den Kupferblock gesteckt. Dann wird langsam (4 bis 6 °C pro Minute, in der Nähe des Schmelzpunktes 1 bis 2 °C pro Minute) aufgeheizt. Die Vorgänge im Schmelzpunktröhrchen lassen sich durch eine eingebaute Lupe gut beobachten. Man liest die Temperatur ab, bei der die Substanz klar geschmolzen ist. Die Schmelzpunktsangabe ist auf höchstens ± 0,5 °C genau. Es wird eine Doppelbestimmung durchgeführt. In vielen Fällen ist es sinnvoll, die ungefähre Lage des Schmelzpunktes in einem Vorversuch zu ermitteln.

Hinweis zur Arbeitssicherheit: Es ist darauf zu achten, daß der am Kupferblock angebrachte schwenkbare Brenner nicht unter die Zuleitung für die Beleuchtung gerät.

Auswertung: Die gemessenen Schmelzpunkte werden entsprechend Tab. 10-7 festgehalten.

10.2.2.3 Mit Kofler-Heizbank

Geräte: Kofler-Heizbank mit den dazugehörigen Eichsubstanzen, Handlupe.

Chemikalien: Verschiedene Proben.

Arbeitsanweisung: Die Kofler-Heizbank wird innerhalb von etwa 40 Minuten bis zu ihrer Höchsttemperatur aufgeheizt und dann in ihrem mittleren Temperaturbereich mit der Testsubstanz Phenacetin ($\vartheta_m = 135 °C$) geeicht. Dazu streut man mit einem Spatel geringe Mengen von Phenacetin im Temperaturbereich um 135 °C auf die Heizfläche. Nach frühestens 10 Sekunden wird der bewegliche Läufer an der Skala so verschoben, daß der Zeiger genau auf die Grenze zwischen der geschmolzenen und nicht geschmolzenen Substanz zeigt. Eine besonders scharfe Grenze zwischen geschmolzener und nicht geschmolzener Substanz erreicht man im allgemeinen, wenn man nicht zuviel Substanz auflegt. Nun beläßt man den Zeiger in dieser Lage und verschiebt den am Läufer beweglichen Reiter so nach oben oder unten, daß seine Spitze auf die 135 °C-Linie (bzw. in die Mitte zwischen der 134 °C- und 136 °C-Linie) zeigt. Damit ist die Heizbank geeicht.

Den genauen Schmelzpunkt der unbekannten Substanz erhält man nun in drei Arbeitsschritten:

1. Der ungefähre Schmelzpunkt wird ermittelt,
2. die Heizbank wird mit der Substanz geeicht, deren Schmelzpunkt dem vorläufig ermittelten der unbekannten Substanz am nächsten liegt,
3. der Schmelzpunkt wird jetzt genau bestimmt.

Die Genauigkeit der Messung beträgt etwa ± 1 °C.

Auswertung: Die gemessenen Schmelzpunkte werden entsprechend Tab. 10-7 festgehalten.

10.2.2.4 *Mikroschmelzpunkt-Bestimmung mit dem Heiztisch* (Modellversuch)

Die mikroskopische Beobachtung des Schmelzvorganges bei 50−100facher Vergrößerung bietet gegenüber anderen Methoden neben einem geringen Substanzverbrauch den Vorteil, daß Veränderungen der Substanz beim Erwärmen (z.B. Wasserabspaltung von Hydraten, Sublimation u.ä.) erkannt werden können. Es sind daher elektrisch beheizte Objekttische für Mikroskope konstruiert worden (Kofler, Boetius), die es gestatten, über einen Regelwiderstand die gewünschte Geschwindigkeit des Temperaturanstiegs einzustellen. In der seitlichen Bohrung der Heizplatte ist ein geeichtes Thermometer angebracht.

Geräte: Heiztisch mit Mikroskop.

Arbeitsanweisung: Der Schmelzpunkt kann auf zwei Arten bestimmt werden. In der *durchgehenden Arbeitsweise* läßt man die Temperatur des Heiztisches ohne Unterbrechung bis zum vollständigen Schmelzen der Substanz ansteigen. Als Schmelzbeginn betrachtet man die Temperatur, bei der sich die Ecken und Kanten größerer Kristalle runden. Der Punkt, an dem alle Kristalle verschwunden sind, wird als Ende des Schmelzintervalls angegeben.

Bei der *Bestimmung im Gleichgewicht* wird durch Regulierung der Heizung diejenige Temperatur eingestellt, bei der Gleichgewicht zwischen fester und flüssiger Phase herrscht.

10.2.3 Bestimmung des Erstarrungspunktes

10.2.3.1 *Von Eisessig*

Geräte: Eprivette, selbst konstruierter Rührer, Alkoholthermometer, 800-mL-Becherglas.

Chemikalie: Eisessig.

Arbeitsanweisung: In ein 800-mL-Becherglas taucht man eine Eprivette bis kurz über seinen Boden. In die Eprivette gibt man etwa 50 mL des zu bestimmenden Eisessigs und führt ein Thermometer sowie den von Hand zu betätigenden Rührer ein. Unter Außenkühlung — zunächst mit Wasser, dann mit hinzugefügten Eisstücken — wird solange gerührt, bis die Temperatur im kristallisierenden Eisessig etwa 10 Minuten lang konstant bleibt. Die Temperatur des Eisessigs wird in Abständen von 1 Minute abgelesen.

Hinweise zur Arbeitssicherheit: Eisessig ist Essigsäure w (CH$_3$COOH) = 1,0. Sie ätzt stark, ist brennbar und im Gemisch mit Luft, φ(CH$_3$COOH) = 4%, explosiv. Man trägt daher eine Schutzbrille und vermeidet offene Flammen.

Auswertung: Die ermittelten Werte werden in das Temperatur-Zeit-Diagramm eingetragen, auf dem auch der Erstarrungspunkt vermerkt wird.

10.2.3.2   Von Natriumthiosulfat

Geräte: Eprivette, selbst konstruierter Rührer, Quecksilberthermometer.

Chemikalie: Natriumthiosulfat (Na$_2$S$_2$O$_3$ · 5 H$_2$O).

Arbeitsanweisung: In die mit einem Quecksilberthermometer und einem Rührer versehene Eprivette werden etwa 40 g des zu bestimmenden Thiosulfates vorgelegt und durch vorsichtiges Fächeln mit der Flamme des Teclubrenners in der Eprivette langsam aufgeschmolzen. Die Temperatur des geschmolzenen Thiosulfates soll 60 °C nicht übersteigen. Unter Luftkühlung wird nun solange gerührt, bis die Temperatur im auskristallisierenden Natriumthiosulfat etwa 10 Minuten lang konstant bleibt. Falls die Substanz nicht auskristallisiert, muß ein Impfkristall zur Schmelze gegeben werden. Die Temperatur des Natriumthiosulfates wird in Abständen von 1 Minute abgelesen.

Hinweis zur Arbeitssicherheit: Schmelzen von Salzen ätzen und verbrennen die Haut.

Auswertung: Siehe vorstehender Versuch.

10.2.4   Bestimmung von Wärmemengen

10.2.4.1   Wärmekapazität eines Kalorimeters

Geräte: Kalorimeter, Rührer, Messingkörper, Thermometer mit 0,1 °C-Skalierung, 400-mL-Becherglas, Dreifuß, Drahtnetz und Brenner.

Arbeitsanweisung: In das Kalorimeter werden 300 g Wasser eingewogen. Es bleibt zum Temperaturausgleich etwa 5 Minuten lang stehen. In der Zwischenzeit wird das Messingstück gewogen und anschließend in dem mit Wasser gefüllten Becherglas 5 Minuten lang in siedendem Wasser erhitzt. Das heiße Messingstück wird in das gefüllte Kalorimeter gebracht, dessen Wassertemperatur bestimmt worden ist. Unter dauerndem Rühren wartet man den Temperaturausgleich ab und bestimmt die Mischtemperatur. Die spezifische Wärmekapazität von Messing ist 0,381 kJ/kg · K.

Auswertung: Die Wärmekapazität des Kalorimeters wird nach Gl. (10-9) berechnet.

10.2.4.2 Spezifische Wärmekapazität von Metallen

Geräte: Kalorimeter, Thermometer mit 0,1 °C-Skalierung, zylindrische Probekörper aus Aluminium, Kupfer, Eisen und Blei.

Arbeitsanweisung: Das Metall wird in einem Wasserbad auf die Siedetemperatur des Wassers (ϑ_2) erhitzt. Das erwärmte Metall wird rasch in das Kalorimeter gebracht, in dem etwa 300 g Wasser von bekannter Temperatur (ϑ_1) vorgelegt sind. Unter dauerndem Rühren wird der Temperaturausgleich abgewartet und die sich einstellende Mischtemperatur abgelesen.

Auswertung: Die spezifische Wärmekapazität der Metalle wird nach Gl. (10-10) berechnet und entsprechend Tab. 10-8 festgehalten.

Tab. 10-8. Schema der Auswertung von Versuchen des Abschn. 10.2.4 (Spezifische Wärmekapazität von Metallen).

Metall	experimenteller Wert c_k in kJ/(kg · K)	Literaturwert c_k in kJ/(kg · K)
Aluminium	0,915	0,900
Kupfer	0,403	0,385
Eisen	0,538	0,452
Blei	0,140	0,130

10.2.4.3 Spezifische Schmelzwärme von Eis

Geräte: Kalorimeter, Thermometer mit 0,1 °C-Skalierung, Eis.

Arbeitsanweisung: In das Kalorimeter werden 300 g Wasser eingefüllt und die Anfangstemperatur ϑ_1 gemessen. Dann wird ein etwa 20 g schweres Eisstück mit Fließpapier sorgfältig abgetrocknet und zugegeben. Nachdem es vollständig geschmolzen ist, wird die Mischtemperatur ϑ_2 bestimmt. Durch die Massenzunahme des Wassers kennt man die Masse des Eises.

Auswertung: Man berechnet die Schmelzwärme von Wasser nach Gl. (10-11).

10.2.4.4   Spezifische Lösungswärme von Natriumthiosulfat

Geräte: Kalorimeter, Thermometer mit 0,1 °C-Skalierung.

Chemikalie: Natriumthiosulfat ($Na_2S_2O_3 \cdot 5\ H_2O$).

Arbeitsanweisung: In einem Kalorimeter werden 300 g Wasser vorgelegt, dessen Temperatur ϑ_1 gemessen wird. Man gibt 24,8 g ($n = 0,1$ mol) in einer Reibschale zerkleinertes Natriumthiosulfat zu, wartet bis es sich gelöst hat und ermittelt ϑ_2.

Auswertung: Man berechnet die spezifische Lösungswärme von Natriumthiosulfat nach Gl. (10-12).

10.2.4.5   Gesamtwärmetönung der Neutralisation von Salzsäure mit Natronlauge

Geräte: Kalorimeter, 100-mL-Becherglas, Thermometer mit 0,1 °C-Skalierung.

Chemikalien: Natronlauge, $c(1/1\ NaOH) = 1$ mol/L, Salzsäure, $c(1/1\ HCl) = 2$ mol/L.

Arbeitsanweisung: Im Kalorimeter werden 300 g Natronlauge mit $c(1/1\ NaOH) = 1$ mol/L vorgelegt. Dann werden 35 g Salzsäure mit $c(1/1\ HCl) = 2$ mol/L mit dem Becherglas schnell in die Natronlauge gebracht und die Mischtemperatur gemessen.

Auswertung: Die Gesamtwärmetönung wird nach Gl. (10-17) berechnet.

$$WT = \frac{(m_L \cdot c_L + C) \cdot (\vartheta_m - \vartheta_1)}{m_1} \ . \tag{10-17}$$

In Gl. (10-17) bedeuten:

m_L Masse der Lösung in kg (Lauge und Säure)
c_L 4,19 kJ/kg $\cdot$ K
C Wärmekapazität des Kalorimeters in kJ/K
ϑ_m Mischtemperatur in °C
ϑ_1 Anfangstemperatur der Lauge in °C
m_1 Masse der Salzsäure w (HCl) = 1,0
WT Wärmetönung in kJ/kg

10.3 Wiederholungsaufgaben

1. Wodurch unterscheiden sich Wärme und Temperatur?
2. Welche Temperatur-Skalen kennen Sie?
3. Rechnen Sie 30 °C um in K, in °R und in °F!
4. Welche Temperaturmeßgeräte kennen Sie?
5. Erklären Sie das physikalische Prinzip der Arbeitsweise der einzelnen Temperaturmeßgeräte!
6. Wodurch sind die Meßbereiche der Flüssigkeitsthermometer bestimmt?
7. Nennen Sie die Ihnen bekannten Metallkombinationen für Thermoelemente und den Temperaturbereich, in dem die Thermoelemente eingesetzt werden!
8. Was versteht man unter dem Schmelzpunkt eines Stoffes?
9. Zu welchem Zweck wird der Schmelzpunkt einer Substanz bestimmt?
10. Was versteht man unter Schmelzwärme und Erstarrungswärme?
11. Welche Schmelzpunktapparate sind Ihnen bekannt?
12. Wann liest man bei der Schmelzpunktbestimmung den endgültigen Temperaturwert ab?
13. Wie verändert sich eine Substanz beim Hochheizen im Schmelzpunktröhrchen?
14. Wie oft muß man den Schmelzpunkt einer Substanz mindestens bestimmen?
15. Warum ist bei der Schmelzpunktbestimmung die richtige Aufheizgeschwindigkeit so wichtig?
16. Erklären Sie die Funktionsweise der Kofler-Bank!
17. Was versteht man unter dem Siedepunkt eines Stoffes?
18. Welche Methoden der Siedepunktbestimmung sind Ihnen bekannt?
19. Wie beeinflussen Flüssigkeiten als Verunreinigungen den Siedepunkt von flüssigen Substanzen?
20. Zu welchem Zweck wird der Siedepunkt einer Flüssigkeit bestimmt?
21. Wie ist eine Destillationsapparatur zur Siedepunktbestimmung aufgebaut?
22. Erläutern Sie die Destillationskurve.
23. Was versteht man unter dem Erstarrungspunkt eines Stoffes?
24. Zu welchem Zweck wird der Erstarrungspunkt gemessen?
25. Erläutern Sie die apparative Anordnung zur Bestimmung des Erstarrungspunktes!
26. Erläutern Sie den Kurvenverlauf bei der Bestimmung des Erstarrungspunktes.
27. Welche Temperatur im Diagramm entspricht dem Erstarrungspunkt?
28. Erklären Sie, warum beim Kristallisieren einer Substanz Wärme frei wird.
29. Definieren Sie die Einheit der Wärmemenge (Joule)!
30. Erläutern Sie die Zusammenhänge zwischen Joule und Newtonmeter!
31. Was versteht man unter der Wärmekapazität eines Kalorimeters?
32. In welcher Einheit wird die Wärmekapazität eines Kalorimeters angegeben?
33. Definieren Sie die spezifische Wärmekapazität und geben Sie ihre Einheit an!
34. Welcher der nachfolgend genannten Stoffe hat die größte spezifische Wärmekapazität: Glas, Eis, Wasser oder Aluminium?
35. Definieren Sie den Begriff „Schmelzwärme" und geben Sie die Einheit an!
36. Wie groß ist die Schmelzwärme des Eises?

37. Erläutern Sie die Zusammenhänge Schmelzwärme — Erstarrungswärme, Verdampfungswärme — Kondensationswärme!

38. Definieren Sie den Begriff „Lösungswärme" und geben Sie seine Einheit an!

39. Was verstehen Sie unter dem Begriff „Hydratationsenergie"?

40. Definieren Sie den Begriff „Neutralisationswärme" und geben Sie die Einheit an!

41. Welche Wärmeerscheinungen beeinflussen die Wärmetönung bei einer Neutralisationsreaktion?

11 Lösungen

11.1 Theoretische Grundlagen

11.1.1 Themen und Lerninhalte

Löslichkeit

Lösungen

Konzentrationsangaben

Die Umsetzung fester Stoffe miteinander, mit Gasen oder Flüssigkeiten ist oft mit Schwierigkeiten verbunden. Einige Reaktionen können nicht ablaufen, weil die Reaktionspartner nicht innig genug vermischt sind oder sich auf ihrer Oberfläche eine Schicht des Reaktionsprodukts bildet. Andere Reaktionen setzen soviel Wärme frei, daß es zu Bränden oder Explosionen kommt. Das Problem der Überhitzung kann auch bei Reaktionen auftreten, an denen nur Gase und/oder Flüssigkeiten beteiligt sind. Aus diesen Gründen werden chemische Reaktionen meistens in Lösungen durchgeführt.

11.1.2 Echte und unechte Lösungen

Eine *Lösung* ist ein flüssiges Gemenge aus einem *Lösemittel* und dem in ihm *gelösten Stoff,* der ein Feststoff, ein Gas oder eine Flüssigkeit sein kann. In einer *echten Lösung* liegt der gelöste Stoff in Atom-, Ionen- oder Molekülgröße im Lösemittel verteilt vor. Er kann vom Lösemittel nicht durch Filtration oder Zentrifugation getrennt werden. Man spricht in diesem Fall auch von einem *homogenen**⁾ Gemisch.

Von einer *unechten Lösung* oder einer *Dispersion***⁾, die ein *heterogenes* ***⁾ Gemisch ist, spricht man, wenn die gelösten Teilchen so groß sind, daß sich Lichtstrahlen an

---

  *⁾ Gleichmäßig zusammengesetzt, von griech. *homos* für gleich und griech. *genos* für Art.
 **⁾ Von lat. *dispergere* für fein verteilen, zerstreuen.
***⁾ Nicht gleichmäßig zusammengesetzt, von griech. *heteros* für verschieden und griech. *genos* für Art.

ihnen brechen. Der Gang eines Lichtstrahls durch eine unechte Lösung ist — im Gegensatz zur echten Lösung — sichtbar (*Tyndall-Effekt*[*]). Lösemittel und gelöster Stoff sind durch Ultrafiltration oder Ultrazentrifugation trennbar. Man unterscheidet verschiedene Arten unechter Lösungen:

1. Die *kolloidalen*[**] *Lösungen* enthalten Makromoleküle und sind durchsichtig wie z.B. die Lösungen von Eiweiß, Leim, Stärke oder Seife in Wasser. In solchen, auch *Sole* genannten Lösungen können die Kolloidteilchen sich zusammenlagern und *ausflokken*. Nach dieser *Koagulation*[***] bilden sie das lösemittelärmere *Gel*[+].

2. Sind feste Stoffe in einem Lösemittel fein verteilt, dann liegt eine *Suspension*[++] vor. Die Teilchen sind unter dem Mikroskop, oft sogar mit dem Auge zu sehen. Schwebstoffe in Wasser sind hierfür ein Beispiel.

3. Nicht miteinander mischbare Flüssigkeiten können *Emulsionen*[+++] bilden, wenn feine Tröpfchen der einen Flüssigkeit in der anderen verteilt werden. Emulsionen sind trübe oder „milchige" Flüssigkeiten.

11.1.3 Gehalts- und Konzentrationsangaben

Für die Durchführung von Versuchen mit Lösungen muß die im Lösemittel enthaltene Menge des gelösten Stoffes bekannt sein. Um sie auszudrücken, gibt es mehrere Möglichkeiten.

11.1.3.1 *Anteils- oder Gehaltsangaben*

Anteils- oder Gehaltsangaben sind stets *Quotienten aus gleichen Größen*. Dagegen beziehen Konzentrationsangaben sich immer auf das Volumen der Lösung.

Der *Massenanteil* (Größensymbol w) ist der Quotient aus der Masse $m(X)$ eines Stoffes X und der Masse m_L der Lösung

$$w(X) = \frac{m(X)}{m_L} . \tag{11-1}$$

Seine Einheit ist g/g. Drückt man ihn in g/100 g aus, dann entspricht der Ausdruck einer Prozentangabe. Man lese zur Erinnerung die Ausführungen in Abschn. 8.2.1. An zwei Beispielen soll die Anwendung dieser Gehaltsangabe erläutert werden.

---

[*] Nach dem irischen Physiker J. Tyndall (1820—1893) benannt.
[**] Von griech. *kolla* für Leim und griech. *eidos* für Aussehen, Gestalt.
[***] Von lat. *coagulare* für gerinnen.
[+] Abgeleitet von *Gelatine*.
[++] Von lat. *suspendere* für schweben lassen.
[+++] Von lat. *emulgere* für ab-, ausmelken.

Rechenbeispiel:

Es sollen 800 g einer Natriumcarbonat-Lösung mit dem Massenanteil $w(Na_2CO_3) = 12\%$ hergestellt werden. Welche Masse wasserfreies Soda in g muß in welcher Masse Wasser gelöst werden?

Zur Lösung dieser Aufgabe muß man von 3 Voraussetzungen ausgehen:

1. Die Gesamtmasse einer Lösung (m_L) setzt sich aus der Masse des gelösten Stoffes (m_X) und der Masse des Lösemittels (m_{LM}) zusammen.
2. Die Berechnung der benötigten Masse an Reinsubstanz kann über die Gleichung zur Massenanteilsberechnung erfolgen.
3. Die Berechnung einer Mischungsaufgabe (Salz wird hier mit Wasser gemischt!) kann auch mit der allgemeinen Mischungsgleichung erfolgen.
   Hierbei betrachtet man den reinen Stoff als „Lösung" mit dem Massenanteil $w(Reinstoff) = 1$ und das Wasser als „Lösung" mit dem Massenanteil $w(Reinstoff) = 0$.

Berechnung mit der Massenanteilsgleichung:

$$w(Na_2CO_3) = \frac{m(Na_2CO_3)}{m(Lösung)}$$

Gegeben:

$$w(Na_2CO_3) = 0,12$$

$$m(Lösung) = 800\ g$$

Gesucht:

$$m(Na_2CO_3)$$

Die Gleichung wird zunächst umgestellt:

$$m(Na_2CO_3) = w(Na_2CO_3) \cdot m(Lösung)$$
$$m(Na_2CO_3) = 0,12 \cdot 800\ g$$
$$m(Na_2CO_3) = 96\ g$$

Alternativ kann die Lösung der Aufgabe auch mit der Formel zur Massenanteilsberechnung erfolgen:

Die allgemeine Mischungsgleichung:

$$m_1 \cdot w_1 + m_2 \cdot w_2 = (m_1 + m_2) \cdot w_3$$

$$m = \text{Masse in g}$$

$$w = \text{Massenanteil}$$

Index 1 = Werte der 1. Lösung (hier Reinstoff)
Index 2 = Werte der 2. Lösung (hier Wasser)
Index 3 = Wert der entstehenden Mischung

Gegeben:

$$m_1 + m_2 = 800 \text{ g}$$
$$w_1 = 1$$
$$w_2 = 0$$
$$w_3 = 12\% = 0,12$$

Gesucht:

$$m_1 = m(\text{Na}_2\text{CO}_3)$$
$$m_2 = m(\text{H}_2\text{O})$$

$$m_1 \cdot w_1 + m_2 \cdot w_2 = (m_1 + m_2) \cdot w_3$$
$$m_1 \cdot 1 + m_2 \cdot 0 = 800 \text{ g} \cdot 0,12$$
$$\underline{m_1 = 96 \text{ g}}$$

Ermittlung der benötigten Wassermenge:

$$m_1 + m_2 = 800 \text{ g}$$
$$m_2 = 800 \text{ g} - m_1$$
$$m_2 = 800 \text{ g} - 96 \text{ g}$$
$$\underline{m_2 = 704 \text{ g}}$$

Rechenbeispiel:

Es sollen 800 g einer Lösung mit $w(\text{CuSO}_4) = 12\%$ hergestellt werden. Welche Masse $\text{CuSO}_4 \cdot 5\,\text{H}_2\text{O}$ muß in welcher Masse Wasser gelöst werden?

Der Rechenweg zur Ermittlung des Ergebnisses dieser Aufgabe folgt im Prinzip dem des vorhergehenden Rechenbeispiels. Zu beachten ist jedoch, daß das zu lösende Salz Kristallwasser enthält. Dieses verringert die zuzugebende Wassermasse!

Zunächst wird über die Massenanteilsgleichung mit Hilfe der jeweiligen molaren Massen der Massenanteil w an Kupfersulfat im Molekül $\text{CuSO}_4 \cdot 5\,\text{H}_2\text{O}$ berechnet. Man betrachtet das kristallisierte Kupfersulfat wie eine Lösung. Da die molekularen Massen im Molekül den Massen des Kupfersulfats und des kristallisierten Kupfersulfats direkt proportional sind, können in die Gleichung für den Massenanteil statt der Massen die molekularen Massen der Stoffe eingesetzt werden.

Anschließend erfolgt die Berechnung der nötigen Menge an $\text{CuSO}_4 \cdot 5\,\text{H}_2\text{O}$ mit der allgemeinen Mischungsgleichung.

Berechnung des Massenanteils $w(CuSO_4)$ im Molekül $CuSO_4 \cdot 5\,H_2O$:

$$w(CuSO_4) = \frac{M(CuSO_4)}{M(CuSO_4 \cdot 5\,H_2O)}$$

Gegeben:

$$M(CuSO_4) \qquad\quad = 159{,}6 \text{ g/mol}$$
$$M(CuSO_4 \cdot 5\,H_2O) = 249{,}6 \text{ g/mol}$$

Gesucht:

$$w(CuSO_4)$$

$$w(CuSO_4) = \frac{159{,}6 \text{ g/mol}}{249{,}6 \text{ g/mol}}$$

$$w(CuSO_4) = 0{,}6394$$

Das entspricht einem Massenanteil w von 63,94%

Berechnung der benötigten Menge an $CuSO_4 \cdot 5\,H_2O$:

Die allgemeine Mischungsgleichung:

$$m_1 \cdot w_1 + m_2 \cdot w_2 = (m_1 + m_2) \cdot w_3$$

$$m = \text{Masse in g}$$
$$w = \text{Massenanteil}$$

Index 1 = Werte der 1. Lösung (hier $CuSO_4 \cdot 5\,H_2O$)
Index 2 = Werte der 2. Lösung (hier Wasser)
Index 3 = Wert der entstehenden Mischung

Gegeben:

$$m_1 + m_2 = 800 \text{ g}$$

$$w_1 \qquad = 0{,}6394$$

$$w_2 \qquad = 0$$

$$w_3 \qquad = 12\% = 0{,}12$$

Gesucht:

$$m_1 = m(CuSO_4 \cdot 5\,H_2O)$$
$$m_2 = m(H_2O)$$

$$m_1 \cdot w_1 + m_2 \cdot w_2 = (m_1 + m_2) \cdot w_3$$

$$m_1 \cdot 0{,}639423 + m_2 \cdot 0 = 800 \text{ g} \cdot 0{,}12$$

$$m_1 \cdot 0{,}639423 = 96 \text{ g}$$

$$m_1 = \frac{96 \text{ g}}{0{,}639423}$$

$$m_1 = 150{,}1 \text{ g}$$

Es werden 150,1 g $CuSO_4 \cdot 5\,H_2O$ benötigt.

Ermittlung der benötigten Wassermenge:

$$m_1 + m_2 = 800 \text{ g}$$

$$m_2 = 800 \text{ g} - m_1$$

$$m_2 = 800 \text{ g} - 150{,}1 \text{ g}$$

$$m_2 = 649{,}9 \text{ g}$$

Zur Herstellung der gewünschten Lösung sind 150 g $CuSO_4 \cdot 5\,H_2O$ und 650 g Wasser erforderlich.

Der *Volumenanteil* (Größensymbol φ) ist der Quotient aus dem Volumen $V(X)$ eines Stoffes X und der Summe der Volumina $V(X)$ und $V(Y)$ der an der Mischung beteiligten Stoffe X und Y *vor* dem Mischvorgang:

$$\varphi(X) = \frac{V(X)}{V(X) + V(Y)} \,. \tag{11-5}$$

Seine Einheit ist mL/mL oder L/L. Bezieht man $V(X)$ auf 100 mL oder 100 L, dann erhält man den Volumenanteil in Prozent.

Man schreibt:

$$\varphi(O_2) = 0{,}21$$

oder $\varphi(O_2) = 21\%$

und spricht:

Der Volumenanteil an O_2 beträgt 0,21

oder:

Der Volumenanteil an O_2 beträgt 21%.

Dieses Maß ist streng zu unterscheiden von der Volumenkonzentration (vgl. Abschn. 11.1.3.2).

Der *Stoffmengenanteil* (Größensymbol x) ist der Quotient aus der Stoffmenge $n(X)$ eines Stoffes X und der Summe der Stoffmengen $n(X)$ und $n(Y)$ der an der Mischung beteiligten Stoffe X und Y:

$$x(X) = \frac{n(X)}{n(X) + n(Y)} \ . \tag{11-6}$$

Seine Einheit ist mol/mol. Bezieht man $x(X)$ auf 100 mol, dann erhält man den Stoffmengenanteil in Prozent.

Man schreibt:

$$x(NaCl) = 0,32$$

oder $x(NaCl) = 32\%$

und spricht:

Der Stoffmengenanteil an NaCl beträgt 0,32

oder:

Der Stoffmengenanteil an NaCl beträgt 32%.

Die Bezeichnung *Stoffmengenanteil* löst die früher üblichen Bezeichnungen *Molprozent* und *Molenbruch* ab.

11.1.3.2 Konzentrationsangaben

Die jetzt zu erläuternden Konzentrationsangaben beziehen die Mengen der an einer Mischung beteiligten Stoffe auf das *Volumen der Mischung*.

Die *Massenkonzentration* (Größensymbol β) ist der Quotient aus der Masse $m(X)$ eines Stoffes X und dem Volumen V der Lösung:

$$\beta(X) = \frac{m(X)}{V} \ . \tag{11-7}$$

Ihre Einheit wird z.B. angegeben in mg/mL, g/L oder g/m^3.

Man schreibt:

$$\beta(H_2SO_4) = 25,0 \ g/L$$

und spricht:

Die Massenkonzentration an H_2SO_4 beträgt 25,0 g/L.

Die *Volumenkonzentration* (Größensymbol σ) ist der Quotient aus dem Volumen $V(X)$ eines Stoffes X und dem Volumen V der Mischung:

$$\sigma(X) = \frac{V(X)}{V} \ . \tag{11-8}$$

Ihre Einheit wird z. B. angegeben in L/L, L/m³ oder mL/L.

Man schreibt:

$$\sigma(C_2H_5OH) = 0{,}38$$

und spricht:

Die Volumenkonzentration an Ethanol beträgt 0,38.

Bezieht man $\sigma(X)$ auf die hundertfache Einheit, erhält man $\sigma(C_2H_5OH) = 38\%$ und spricht:

Die Volumenkonzentration an Ethanol beträgt 38%.

Die Unterscheidung in Volumenanteil φ und Volumenkonzentration σ wurde getroffen, weil die Mischung zweier Flüssigkeiten oft mit einer Volumenminderung verbunden ist. Beide Größen unterscheiden sich dann. Sie sind dagegen gleich groß, wenn sich nach dem Mischen keine Volumenverminderung einstellt.

Der Begriff *Volumenkonzentration* löst die früher übliche Bezeichnung *Volumenprozent* ab.

Die *Stoffmengenkonzentration* (Größensymbol c) ist der Quotient aus der Stoffmenge $n(X)$ eines Stoffes X und dem Volumen V der Mischung:

$$c(X) = \frac{n(X)}{V} \, . \tag{11-9}$$

Ihre Einheit wird z. B. angegeben in mol/L oder mmol/mL.

Man schreibt:

$$c(NaOH) = 0{,}5 \text{ mol/L}$$

und spricht:

Die Stoffmengenkonzentration an NaOH beträgt 0,5 mol/L.

Die hierfür früher übliche Bezeichnung 0,5 M Natronlauge ist nicht mehr zugelassen. Die Formulierung dieser Konzentrationsangabe in eckigen Klammern, z. B. $[Na^+]$, entfällt.

Die Bezeichnung *Stoffmengenkonzentration* löst die bisher verwendete Bezeichnung *Molarität* einer Lösung ab.

Die *Äquivalentstoffmengenkonzentration* ist in Abschn. 8.2.1 ausführlich besprochen.

Die *Molalität* (Größensymbol b) ist der Quotient aus der Stoffmenge $n(X)$ eines Stoffes X und der Masse $m(LM)$ des Lösemittels:

$$b(X) = \frac{n(X)}{m(LM)} \, . \tag{11-10}$$

Ihre Einheit ist mol/kg.

Man schreibt:

$$b(C_{10}H_8 \text{ in Benzol}) = 0{,}05 \text{ mol/kg}$$

und spricht:

Die Molalität an Naphthalin in Benzol beträgt 0,05 mol/kg.

11.1.4 Löslichkeit

Die *Löslichkeit L* eines Stoffes ist die Masse eines Stoffes in g, die in 100 g eines Löse-mittels bei einer bestimmten Temperatur höchstens gelöst werden kann. Eine Lösung, die je 100 g Lösemittel diese Stoffportion enthält, ist eine *gesättigte* Lösung. Eine *un-gesättigte* Lösung kann noch weitere Portionen dieses Stoffes aufnehmen. Kühlt man eine heiß gesättigte Lösung so vorsichtig ab, daß der gelöste Stoff in der Kälte nicht auskristallisiert, dann liegt eine *übersättigte* Lösung vor. Die Löslichkeit fester und flüs-siger Stoffe nimmt mit steigender Temperatur meist zu, die der Gase sinkt.

Man bestimmt die Löslichkeit eines Stoffes in einem Lösemittel bei einer bestimmten Temperatur, indem man bei dieser Temperatur eine gesättigte Lösung herstellt, sie über einen beheizbaren Trichter vom Bodensatz abfiltriert und nach dem Eindampfen die Masse des gelösten Stoffes bestimmt. Trägt man die Löslichkeit bei verschiedenen Tem-peraturen in ein Löslichkeits-Temperatur-Diagramm ein, dann erhält man die *Löslich-keitskurve* der Substanz. Abb. 11-1 zeigt drei Beispiele.

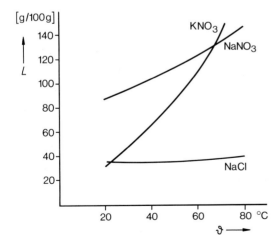

Abb. 11-1. Die Löslichkeitskurven von Kaliumnitrat (KNO$_3$), Natriumnitrat (NaNO$_3$) und Natriumchlorid (NaCl).

11.2 Arbeitsanweisungen

11.2.1 Ansetzen einer Lösung mit einem bestimmten Massenanteil an NaCl

Es sollen zwei Lösungen hergestellt werden:

Lösung I: 250 g einer Lösung mit $w(NaCl) = 15{,}2\%$

Lösung II: 180 g einer Lösung mit $w(NaCl) = 8{,}4\%$.

Geräte: 300-mL-Erlenmeyerkolben, 500-mL-Erlenmeyerkolben, 2 Rührstäbe, 250-mL-Meßkolben, Präzisionswaage, 2 Wägegläschen, mittlerer Trichter, Filtriergestell, Faltenfilter, 600-mL-Becherglas, Analysenwaage.

Chemikalie: Natriumchlorid.

Arbeitsanweisung: Man mischt Wasser und Natriumchlorid in den zur Herstellung der Lösungen I und II berechneten (s. u.) Mengenverhältnissen, rührt bis zur Auflösung des Salzes und filtriert.

Zur Überprüfung des angestrebten Gehaltes der Lösung an Natriumchlorid wird eine *Trockengehaltsbestimmung* durchgeführt. Man wiegt $5-10$ g der Lösung auf einer Analysenwaage in einem Wägegläschen ab und verdampft das Lösemittel bei $80-90\,^\circ$C im Trockenschrank.

Herstellung und Überprüfung der Lösung I.

1. Berechnung der einzusetzenden Massen an NaCl und Wasser: Die Berechnung wird mit dem Ansatz, der zu Gleichung (11-2) führt, und mit Gleichung (11-4) durchgeführt. Es ergibt sich nach Gleichung (11-2):

$$m_{GS} = w \cdot m_L$$

$$= \frac{15{,}2 \text{ g} \cdot 250 \text{ g}}{100 \text{ g}}$$

$$= 38 \text{ g}\,.$$

Nach Gleichung (11-3) gilt:

$$m_L = m_{GS} + m_{LM}$$

$$m_{LM} = m_L - m_{GS}$$

$$= 250 \text{ g} - 38 \text{ g}$$

$$= 212 \text{ g}\,.$$

2. Berechnung des tatsächlichen NaCl-Anteils der so hergestellten Lösung durch Trok- kengehaltsbestimmung (Meßbeispiel):

Einwaage der Lösung

Wägegläschen mit Lösung	m	$=$ 26,4873 g
Wägegläschen leer	m	$=$ 20,9758 g
Einwaage an Lösung	m_L	$=$ 5,5115 g

Auswaage an NaCl

Wägegläschen mit NaCl	m	$=$ 21,8126 g
Wägegläschen leer	m	$=$ 20,9758 g
Auswaage an NaCl	m_{GS}	$=$ 0,8368 g

m_L(NaCl-Lösung) in g enthalten m_{GS}(NaCl) in g.

100 g NaCl-Lösung enthalten:

$$w(NaCl) = \frac{m_{GS} \cdot 100\%}{m_L}$$

$$= \frac{0,8368 \text{ g} \cdot 100\%}{5,5115 \text{ g}}$$

$$= \underline{15,18\%} .$$

Es liegt eine Lösung I mit $w(NaCl) = 15,18\%$ vor.

Herstellung und Überprüfung der Lösung II.

1. Berechnung der einzusetzenden Massen an NaCl und Wasser:

Es ergibt sich nach Gl. (11-2):

$$m_{GS} = w \cdot m_L$$

$$= \frac{8,4 \text{ g} \cdot 180 \text{ g}}{100 \text{ g}}$$

$$= \underline{15,12 \text{ g}} .$$

Die Wassermasse m_{LM} errechnet sich nach der umgestellten Gl. (11-3) wie folgt:

$$m_{LM} = m_L - m_{GS}$$

$$= 180 \text{ g} - 15,12 \text{ g}$$

$$= \underline{164,88 \text{ g}} .$$

2. Berechnung des tatsächlichen NaCl-Anteils der Lösung II (Meßbeispiel):

Einwaage an Lösung

Wägegläschen mit Lösung	m	= 27,2469 g
Wägegläschen leer	m	= 19,0852 g
Einwaage an Lösung	m_L	= 8,1617 g

Auswaage an NaCl

Wägegläschen mit NaCl	m	= 19,7693 g
Wägegläschen leer	m	= 19,0852 g
Auswaage an NaCl	m_{GS}	= 0,6841 g

m_L(NaCl-Lösung) in g enthalten m_{GS}(NaCl) in g.

100 g NaCl-Lösung enthalten:

$$w(\text{NaCl}) = \frac{m_{GS} \cdot 100\%}{m_L}$$

$$= \frac{0,6841 \text{ g} \cdot 100\%}{8,1617 \text{ g}}$$

$$= \underline{8,38\%} \ .$$

Es liegt eine Lösung II mit $w(\text{NaCl}) = 8,38\%$ vor.

11.2.2 Mischen zweier Lösungen mit bestimmten Massenanteilen an NaCl

Die in Abschn. 11.2.1 hergestellten Lösungen I und II werden gemischt und der Massenanteil an NaCl für die neue Lösung durch Trockengehaltsbestimmung ermittelt.

Geräte: 200-mL-, 300-mL- und 500-mL-Erlenmeyerkolben, Rührstab, Wägegläschen oder Kristallierschale, Präzisionswaage, Analysenwaage.

Arbeitsanweisung: 145 g der Lösung I und 85 g der Lösung II werden in einem 300-mL- bzw. 200-mL-Erlenmeyerkolben auf einer Präzisionswaage abgewogen und in einem 500-mL-Erlenmeyerkolben gut gemischt. 5 − 10 g dieser neuen Lösung III wiegt man dann in einem Wägegläschen auf einer Analysenwaage genau ab und verdampft das Lösemittel bei 80 − 90 °C im Trockenschrank. Aus der Masse des zurückbleibenden NaCl wird dann der tatsächliche Massenanteil an NaCl der Lösung III berechnet.

1. Berechnung des theoretischen Massenanteils an NaCl; folgende Daten sind hierfür gegeben:

Masse Lösung I	m_{LI}	$= 145\,g$
Massenanteil I NaCl	$w_I(NaCl)$	$= 15{,}18\%$
Masse Lösung II	m_{LII}	$= 85\,g$
Massenanteil II NaCl	$w_{II}(NaCl)$	$= 8{,}38\%$.

Zur Berechnung des Massenanteils einer Mischung zweier oder mehrerer Lösungen verwendet man die Mischungsgleichung:

$$m_{LI} \cdot w_I + m_{LII} \cdot w_{II} + \ldots m_{LN} \cdot w_N = (m_{LI} + m_{LII} + \ldots m_{LN}) \cdot w_{III} \ . \quad (11\text{-}11)$$

Für die Mischung zweier Lösungen wie in unserem Beispiel gilt:

$$m_{LI} \cdot w_I + m_{LII} \cdot w_{II} = (m_{LI} + m_{LII}) \cdot w_{III}$$

$$w_{III} = \frac{m_{LI} \cdot w_I + m_{LII} \cdot w_{II}}{m_{LI} + m_{LII}}$$

$$= \frac{145\,g \cdot 15{,}18\% + 85\,g \cdot 8{,}38\%}{145\,g + 85\,g}$$

$$= \underline{12{,}67\%} \ .$$

Die durch Mischung der Lösungen I und II des Abschn. 11.2.1 erhaltene Lösung III hat einen theoretischen Massenanteil $w(NaCl) = 12{,}67\%$.

2. Berechnung des tatsächlichen Massenanteils an NaCl (Meßbeispiel):

Einwaage an Lösung		
Wägegläschen mit Lösung	m	$= 29{,}7418\,g$
Wägegläschen leer	m	$= 21{,}7035\,g$
Einwaage an Lösung	m_L	$= \ \ 8{,}0383\,g$
Auswaage an NaCl		
Wägegläschen mit NaCl	m	$= 22{,}7197\,g$
Wägegläschen leer	m	$= 21{,}7035\,g$
Auswaage an NaCl	m_{GS}	$= \ \ 1{,}0162\,g$

m_L(NaCl-Lösung) in g enthalten m_{GS}(NaCl) in g.
100 g NaCl-Lösung enthalten:

$$w(NaCl) = \frac{m_{GS} \cdot 100\%}{m_L}$$

$$= \frac{1{,}0162\,g \cdot 100\%}{8{,}0383\,g}$$

$$= \underline{12{,}64\%} \ .$$

Die durch Mischen der Lösungen I und II des Abschn. 11.2.1 hergestellte Lösung III hat einen tatsächlichen Massenanteil $w(NaCl) = 12{,}64\%$.

11.2.3 Erstellung eines Dichte-Volumenkonzentrations-Diagrammes für wäßrige Ethanol-Lösungen

Geräte: 100-mL-Meßkolben, Bürette, kleiner Trichter, 100-mL-Meßzylinder, Spindelsatz, Stechheber.

Chemikalie: Ethanol.

Arbeitsanweisung: In einem 100-mL-Meßkolben werden jeweils 100 mL einer wäßrigen Lösung mit $\sigma(C_2H_5OH)$ = 0,2; 0,4; 0,6 und 0,8 hergestellt. Dazu legt man 20, 40, 60 bzw. 80 mL Ethanol vor und füllt mit Wasser bis zur 100-mL-Marke auf. Die Lösungen werden gut durchmischt und ihre Dichten sowie die Dichten von reinem Wasser und reinem Ethanol mit Spindeln bestimmt.

Auswertung: Die gemessenen Werte werden entsprechend Tab. 11-1 festgehalten und daraus ein Dichte-Volumenkonzentrations-Diagramm gezeichnet, wie es Abb. 11-2 zeigt.

Tab. 11-1. Schema der Auswertung des Versuchs aus Abschn. 11.2.3.

σ(Ethanol) in mL/mL	ϱ in g/cm^3
0	0,9980
0,2	0,9735
0,4	0,9480
0,6	0,9090
0,8	0,8590
1,0	0,7915

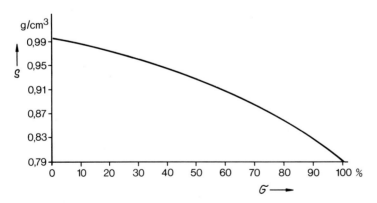

Abb. 11-2. Dichte-Volumenkonzentrations-Diagramm für wäßrige Ethanol-Lösungen.

11.2.4 Bestimmung der Löslichkeit von Salzen

Die Löslichkeit eines Salzes in Wasser hängt von der Temperatur der Lösung ab. Ein Löslichkeitsdiagramm, aus dem die Löslichkeit eines Salzes bei einer bestimmten Temperatur abgelesen werden kann, ist daher ein nützliches Hilfsmittel bei der Arbeit im Laboratorium.

Geräte: 100-mL-Becherglas, Dreifuß, Drahtnetz, Brenner mit Schlauch, Thermometer, 4 Wägegläschen oder Kristallisierschalen, Präzisionswaage.

Chemikalien: Natriumchlorid (NaCl), Kaliumnitrat (KNO$_3$), Natriumnitrat (NaNO$_3$).

Arbeitsanweisung: In einem 100-mL-Becherglas werden 50 mL destilliertes Wasser vorgelegt und auf 80 °C erwärmt. Bei dieser Temperatur gibt man nun solange das entsprechende Salz unter Umrühren zu, bis eine gesättigte Lösung entstanden ist, d. h., bis sich in der Lösung ein Bodensatz bildet. Die Temperatur der Lösung muß dabei konstant 80 °C betragen. Von der über dem Bodensatz befindlichen klaren Lösung werden 5 − 10 g in ein gewogenes Wägegläschen dekantiert, auf der Präzisionswaage genau ausgewogen und das Wasser im Trockenschrank abgedampft.

Den zurückbleibenden Hauptteil der Lösung läßt man nun auf 60 °C abkühlen und entnimmt wieder eine Probe für eine Trockengehaltsbestimmung. In der gleichen Weise verfährt man bei 40 °C und 20 °C.

Aus den Massen des jeweils abgedampften Lösemittels und des dazugehörigen Feststoffes wird die Löslichkeit des Salzes bei den verschiedenen Temperaturen errechnet.

Rechenbeispiel:

Berechnung der Löslichkeit von NaCl in Wasser bei 80 °C.

Einwaage an Lösung

Wägegläschen mit Lösung	$m = 28{,}46$ g
Wägegläschen leer	$m = 21{,}74$ g
Einwaage an Lösung	$m_L = 6{,}72$ g

Auswaage an NaCl

Wägegläschen mit NaCl	$m = 23{,}59$ g
Wägegläschen leer	$m = 21{,}74$ g
Auswaage an NaCl	$m_{GS} = 1{,}85$ g

Masse des Wassers der Lösung

Einwaage an Lösung	$m = 6{,}72$ g
Auswaage an NaCl	$m = 1{,}85$ g
Masse des Wassers	$m_{LM} = 4{,}87$ g

m_{LM}(Wasser) in g lösen m_{GS}(NaCl) in g.
100 g Wasser lösen:

$$L(\text{NaCl}) = \frac{m_{GS} \cdot 100 \text{ g}}{m_{LM}} \tag{11-12}$$

$$= \frac{1,85 \text{ g} \cdot 100 \text{ g}}{4,87 \text{ g}}$$

$$= \underline{37,99 \text{ g}} \; .$$

Die Löslichkeit von NaCl in Wasser bei 80 °C beträgt $L(\text{NaCl}) = 37,99$ g/100 g LM.

Auswertung: Die errechneten Löslichkeiten werden entsprechend Tab. 11-2 festgehalten und aus ihnen ein Löslichkeitsdiagramm für die Salze erstellt, wie es Abb. 11-3 zeigt.

Tab. 11-2. Schema der Auswertung des Versuchs aus Abschn. 11.2.4.

Salz	Löslichkeit in $\frac{\text{g}}{100 \text{ g H}_2\text{O}}$ bei			
	20 °C	40 °C	60 °C	80 °C
NaCl	35,88	36,42	37,05	37,99
NaNO$_3$	88,27	104,90	124,70	148,00
KNO$_3$	31,66	63,90	109,90	169,00

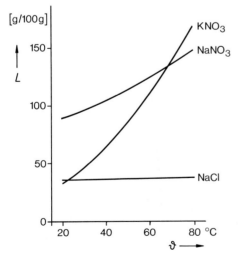

Abb. 11-3. Löslichkeits-Temperatur-Diagramm von NaCl, NaNO$_3$ und KNO$_3$.

11.3   Wiederholungsfragen

1. Was ist eine Lösung?
2. Welche Aggregatzustände können die Bestandteile echter Lösungen haben?
3. Wodurch unterscheiden sich echte und unechte Lösungen?
4. Erklären Sie im Zusammenhang mit dem Begriff Lösung die weiteren Begriffe:
   Kolloidale Lösung
   Dispersion
   Suspension
   Emulsion
   Sol
   Gel
5. Welche Konzentrationsangaben für Lösungen sind Ihnen bekannt?
6. Erläutern Sie die Begriffe Stoffmengenkonzentration, Equivalentstoffmenge und Equivalentstoffmengenkonzentration!
7. Wodurch unterscheiden sich gesättigte, ungesättigte und übersättigte Lösungen?
8. Wodurch unterscheiden sich heißgesättigte und kaltgesättigte Lösungen?
9. Die Löslichkeit von KNO_3 in Wasser bei 60 °C ist mit 110 g angegeben. Was besagt diese Angabe?
10. In welchem Maße ist die Löslichkeit von Feststoffen, Flüssigkeiten und Gasen in flüssigen Lösemitteln von der Temperatur abhängig?

12 Trocknen

12.1 Themen und Lerninhalte

Trocknen von Feststoffen und Flüssigkeiten

Trockenmittel

Trockengeräte

Die für chemische Reaktionen verwendeten Substanzen müssen oft frei von Feuchtigkeit sein, da andernfalls die Einwaagen verfälscht werden und in vielen Fällen, besonders wenn die Verbindungen Wasser enthalten, die Feuchtigkeit den Ablauf einer Reaktion verhindert oder in eine ungewünschte Richtung lenkt. Auch die Reaktionsprodukte müssen von Lösemitteln befreit werden, da sonst ihre einwandfreie Identifizierung und Charakterisierung erschwert wird. Im folgenden werden die Methoden der Gastrocknung nicht berücksichtigt, da ihnen im Kapitel „Umgang mit Gasen" ein eigener Abschnitt gewidmet ist.

12.1.1 Trocknen fester Stoffe

Läßt man einen feuchten Feststoff längere Zeit offen an der Luft stehen, dann entweicht langsam das an ihm haftende Lösemittel. Man beschleunigt diesen Vorgang, indem man den Feststoff zwischen Filterpapier oder auf Tontellern abpreßt und dadurch einen Teil des Lösemittels entzieht. In manchen Fällen läßt sich Wasser entfernen, wenn man die Verbindung mit einem leichtflüchtigen Lösemittel wäscht, welches zwar das Wasser löst, nicht aber die zu trocknende Verbindung (hydrophiles[*] Lösemittel).

Ein einfaches Gerät zur Trocknung von Feststoffen bei Raumtemperatur ist der *Exsikkator*[**] (vgl. Abb. 12-1). Sein Boden wird mit einem wasserentziehenden Mittel be-

---

[*] Von griech. *hydros* für Wasser und *philos* für Freund.
[**] Von lat. *exsiccare* für austrocknen.

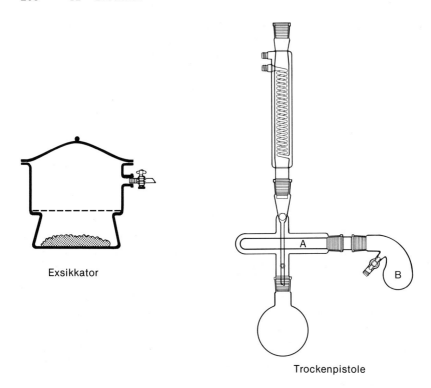

Exsikkator

Trockenpistole

Abb. 12-1. Trockengeräte.

deckt (z. B. Schwefelsäurelösung w (H_2SO_4) = 0,96), so daß ein trockener Luftraum entsteht. Bringt man jetzt den feuchten Stoff in einer Schale in den Exsikkator, dann verdunstet das an ihm adsorbierte Wasser schneller und wird vom Trockenmittel aufgenommen. Den Wasserentzug kann man durch Evakuieren des Exsikkators beschleunigen.

Für die Trocknung kleiner Substanzmengen und für Stoffe, die auch bei höheren Temperaturen stabil sind, ist die *Trockenpistole* geeignet (vgl. Abb. 12-1). Man verdampft eine Flüssigkeit, deren Siedepunkt die Trocknungstemperatur bestimmt, und erwärmt mit ihr den Trockenraum (A), in dem sich die Substanz befindet. Der Trockenraum *(Pistolenlauf)* ist mit einem Kolben (B; *Pistolengriff*) verbunden, der das Trockenmittel enthält. Auch hier kann der Trockenvorgang durch Evakuieren beschleunigt werden.

Für größere Substanzmengen ist die Trocknung in *Trockenschränken* sinnvoller. Sie sind elektrisch beheizt und die Trockentemperatur läßt sich mit einem Thermostaten regeln. *Vakuumtrockenschränke* nutzen die Möglichkeit, unter vermindertem Druck bei niedrigerer Temperatur zu trocknen.

In seltenen Fällen können zum Beispiel anorganische Verbindungen in Tiegeln ausgeglüht werden. Da sie meist aus wäßrigen Lösungen durch Filtration abgetrennt werden, verwendet man aschefreie Filter, die beim Verbrennen kaum Rückstände hinterlassen und deshalb nicht zur Verunreinigung der gewünschten Verbindung führen. Man trocknet Filter und Substanz im Tiegel zunächst bei kleiner Flamme, bis das Filterpapier verglimmt und beginnt danach mit dem Ausglühen. Bei analytischen Arbeiten macht man es sich zunutze, daß aus einigen Hydroxiden beim Glühen Wasser abgespalten wird und man die reinen Oxide erhält:

$$2\,Fe(OH)_3 \longrightarrow Fe_2O_3 + 3\,H_2O$$

$$2\,Al(OH)_3 \longrightarrow Al_2O_3 + 3\,H_2O$$

12.1.2 Trocknen von Flüssigkeiten

Beim Trocknen von Flüssigkeiten handelt es sich fast immer darum, eine Flüssigkeit *wasserfrei* zu machen. Es gelingt nur selten, das Wasser durch Destillation vollständig abzutrennen. Daher füllt man meist ein geeignetes Trockenmittel in die Flüssigkeit, rührt längere Zeit oder läßt das Gemisch stehen und filtriert die trockene Flüssigkeit ab. Das in der Flüssigkeit enthaltene Wasser wird entweder physikalisch durch Sorption an der Oberfläche, oder in Poren des Trockenmittels, oder chemisch durch Bildung eines neuen Stoffes, oder durch Anlagerung von Kristallwasser gebunden. Werden höhere Anforderungen an die Trockenheit einer Flüssigkeit gestellt, dann wird sie unter Ausschluß der Luftfeuchtigkeit über dem Trockenmittel gekocht und anschließend abdestilliert.

Als Trockenmittel haben sich bewährt:
Phosphorpentoxid (P_4O_{10})
Calciumchlorid ($CaCl_2$)
Schwefelsäure (H_2SO_4)
Silicagel (SiO_2)
wasserfreies Natriumsulfat (Na_2SO_4)
metallisches Natrium (Na)
Molekularsieb

Bei der Auswahl des Trockenmittels muß man darauf achten, daß es nicht zu heftig mit der zu trocknenden Flüssigkeit reagiert. So darf man z.B. Halogenalkane nicht mit metallischem Natrium trocknen. Ether muß mit $CaCl_2$ vorgetrocknet werden, bevor man das Restwasser mit metallischem Natrium entfernt, da die große Reaktionswärme zur Entzündung des Ethers führen würde.

12.2   Wiederholungsfragen

1. Welchen Vorgang bezeichnet man mit Trocknen?
2. Zu welchem Zweck wird eine chemische Substanz getrocknet?
3. Was ist ein hydrophiles Lösemittel?
4. Welche Trockenmethode wird im Exsikkator angewendet?
5. Erläutern Sie den Trocknungsvorgang im Trockenschrank!
6. Welche Vorteile bietet der Vakuumtrockenschrank?
7. Erläutern Sie den Trocknungsvorgang in der Trockenpistole!
8. Erläutern Sie den Trocknungsvorgang durch Glühen!
9. Wie werden Flüssigkeiten getrocknet?
10. Nach welchen Gesichtspunkten wird ein Trockenmittel für eine Flüssigkeit ausgewählt?

13 Dekantieren, Zentrifugieren, Filtrieren

13.1 Theoretische Grundlagen

13.1.1 Themen und Lerninhalte

Dekantieren

Zentrifugieren

Filtrieren

Filtermittel

Filterhilfsmittel

Filtrationsmethoden

Das *Dekantieren**) ist das Abgießen einer Flüssigkeit von einem Feststoff, nachdem dieser sich abgesetzt hat. Dieses Trennverfahren wird häufig mit dem Digerieren (vgl. Abschn. 15.1.2) verbunden, z.B. beim Waschen von Niederschlägen. Beide Verfahren werden oft auch der Filtration vorgeschaltet: man wäscht einen Niederschlag mehrmals und dekantiert die überstehende Waschflüssigkeit auf ein Filter. Erst mit der letzten Portion Waschflüssigkeit wird auch der Niederschlag auf das Filter gebracht, um ein vorzeitiges Verstopfen der Poren zu verhindern.

Beim *Zentrifugieren***) trennt man Feststoff und Flüssigkeit mittels der Fliehkraft, die auf beide Bestandteile einer Mischung unterschiedlich wirkt. Das Gemisch wird in einem starkwandigen Reagenzglas in die *Zentrifuge* (vgl. Abb. 13-1) gehängt. Durch deren Rotation wird die Fliehkraft erzeugt. Der Feststoff setzt sich am Boden des Reagenzglases ab, die Flüssigkeit wird dekantiert. In der Betriebstechnik haben die Zentrifugen Siebwände, durch die die Flüssigkeit abgeschleudert wird, während der Feststoff in der Trommel zurückbleibt.

---

*) Von frz. *décanter* für abgießen.
**) Von lat. *centrum* für Mittelpunkt und lat. *fugere* für fliehen.

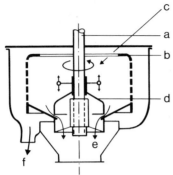

Siebzentrifuge mit vertikaler Welle.

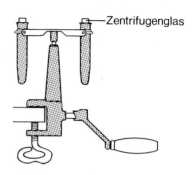

Tischzentrifuge

Abb. 13-1. Zentrifuge. *a* Antriebswelle für Siebtrommel *b*, *c* Gemischaufgabe, *d* Bodenventil, *e* Ablauf des Feststoffes, *f* Ablauf des Filtrats.

Die *Filtration***)** ist ein Trennverfahren zur Abtrennung von Feststoffen aus Flüssig-keiten (Suspensionen, vgl. Kap. 11) oder Gasen (z.B. Staub in Luft). In diesem Kapitel wird nur die Trennung von Fest/Flüssig-Gemischen behandelt. Auf die Reinigung von Gasen wird im Kapitel „Umgang mit Gasen" eingegangen. Das Ziel einer Filtration ist die Gewinnung des Feststoffes *(Kuchenfiltration)* oder des klaren Filtrats *(Klärfiltra-tion)*.

13.1.2 Filtermittel

Die Filtermittel sind poröse Stoffe, welche die in einer Flüssigkeit suspendierten Teilchen zurückhalten und die Flüssigkeit passieren lassen. Neben den im chemischen Labora-torium hauptsächlich verwendeten Filterpapieren, Glas- und Porzellanfiltern setzt man vor allem in der Betriebstechnik Aktivkohle, Kies, Sand, Stoff-, Metall- und Kunststoff-gewebe, sowie Tierhäute als Filtermittel ein.

Papierfilter. Die für Papierfilter benötigten Filterpapiere sind aus veredelten Zellstoffen oder kurzfaseriger Baumwolle hergestellt. Für besondere Anwendungsbereiche können sie mit Glas- oder Kunststoffasern verstärkt oder mit Tierkohle als Adsorptionsmittel *(Kohlefilter)* durchsetzt sein. In der Gravimetrie benötigt man Spezialpapiere, die beim Veraschen keine nennenswerten Rückstände hinterlassen *(quantitative* oder *aschefreie Filterpapiere)*.

Die Leistungsfähigkeit eines Filterpapiers hängt von seiner Porenweite ab, die genormt ist. So erkennt man z.B. die im chemischen Laboratorium wichtigsten aschefreien Filter an ihrer Kennzeichnung:

---

*) Von germ. *felti* für Festgestampftes.

Schwarzbandfilter Nr. 589[1], für grobe Niederschläge

Weißbandfilter Nr. 589[2], für feine Niederschläge

Blaubandfilter Nr. 589[3], für feinste Niederschläge

Nach ihrer Form unterscheidet man bei Papierfiltern hauptsächlich die *Kegelfilter* von den *Faltenfiltern* (vgl. Abb. 13-2). Die Faltenfilter haben eine größere Filterfläche, wodurch sich die Filtrationsgeschwindigkeit erhöht. Sie sind fertig gefaltet im Handel erhältlich. Die Kegelfilter muß man aus den runden Filterpapieren selbst anfertigen. Dazu knickt man sie zweimal, so daß man einen Viertelkreissektor erhält, in dem das Filterpapier vierfach liegt. Die Papierschichten werden zu einem Kegel gespreizt, dessen eine Hälfte aus drei Schichten besteht, die andere aus einer. Der Kegel wird in einen Analysentrichter eingelegt (vgl. Abb. 13-2) und befeuchtet, damit er an dessen Wand fest anliegt und das Ablaufen des Filtrats ermöglicht.

Den *Filterkuchen* trennt man dadurch vom Filter, daß man das Papier auseinanderfaltet und ihn mit einem Spatel abkratzt. Man kann ihn auch *abklatschen*, indem man das Filter öffnet und den Feststoff z. B. auf eine Glasscheibe preßt. Das oben liegende

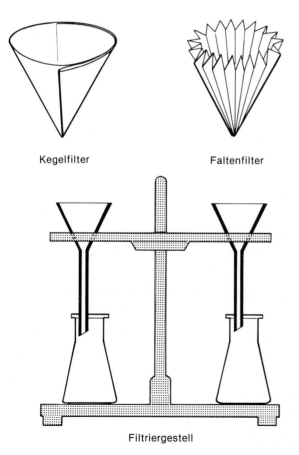

Kegelfilter   Faltenfilter

Filtriergestell

Abb. 13-2. Papierfilter und ihre Anwendung.

Filter wird mit Filterpapier abgetupft, um ihm Flüssigkeit zu entziehen. Wenn der Hauptteil der Flüssigkeit auf diese Weise entfernt ist, kann das Filter von dem auf der Glasscheibe verbleibenden Feststoff abgezogen werden.

Glas- und Porzellanfritten. Glas- und Porzellanfritten sind poröse Scheiben, die durch Zusammenschmelzen *(Sintern)* von Glas- oder Porzellankugeln hergestellt werden. Sie werden dann in Nutschen, Trichter, Röhren u. ä. eingebaut. Glasfritten kennzeichnet man entsprechend dem verwendeten Glasmaterial mit einem Buchstaben:

G   Jenaer Geräteglas 20
D   Duran 50 (Schott)
B   Quarz (Bergkristall)

Die Porenweiten sind ebenfalls genormt. Tab. 13-1 gibt einen Überblick über die gebräuchlichen Porenweiten bei Glasfritten, ihre Kennzeichnung und Anwendungsbereiche.

Tab. 13-1. Porenweiten von Glasfritten, ihre Kennzeichnung und Anwendung (nach: Jenaer Glaswerke Schott, Mainz).

Porosität	Porenweite (in nm)	Anwendung
0	150 – 200	Gröbste Niederschläge
1	90 – 150	Grobfiltration
2	40 – 90	Präparative Feinfiltration, Kristalline Niederschläge
3	15 – 40	Analytische Filtration mittelfeiner Niederschläge
4	9 – 15	Analytische Filtration sehr feiner Niederschläge, z. B. $BaSO_4$
5	1,0 – 1,7	Bakterienfiltration, Sterilfiltration

Bei der Handhabung der Glasfritten in den *Glasfiltertiegeln (Glasfrittentiegeln)* muß man beachten,

— daß sie nur im Trockenschrank erhitzt werden, nie über der offenen Flamme oder im Tiegelglühofen,
— daß keine alkalischen Substanzen in ihnen erhitzt werden,
— daß die Sinterglasplatte nicht zerkratzt wird,
— daß man sie nur mit Chemikalien reinigt und anschließend gründlich mit Wasser spült,
— daß Chromschwefelsäure sich zur Reinigung nicht eignet, da die Sinterglasplatte Chromationen adsorbiert.

Zur Reinigung der Glasfiltertiegel eignet sich für die meisten anorganischen Verbindungen (mit Ausnahme der Sulfide und Ferricyanide) eine wäßrige Lösung des Dinatriumsalzes der Ethylendiamintetraessigsäure mit $c(EDTA-Na_2) = 0,1$ mol/L (z. B. Trilon B, Komplexon III, Titriplex III). Die Reinigungsmittel für einige Sonderfälle sind in Tab. 13-2 zusammengestellt. Man beachte auch die Hinweise in Abschn. 4.1.4.

Tab. 13-2. Reinigungsmittel für Glasfiltertiegel.

Verunreinigung	Reinigungsmittel
Bariumsulfat	heiße konzentrierte Schwefelsäure
Kupferoxid	heiße Salzsäure mit Zusatz von Kaliumchlorat
Quecksilber	heiße Salpetersäure
Silberchlorid	Zinkgranulat mit Salzsäure w (HCl) = 0,36
Fett	Tetrachlormethan
Eiweiß	heißes Ammoniakwasser oder Salzsäure
andere organische Stoffe	heiße Schwefelsäure mit Zusatz von Kaliumnitrat

Bei *Porzellanfiltertiegeln* gelten folgende Unterteilungen: Von A_1 (sehr kleine Poren für Feinstniederschläge) über A_2 und A_3 bis A_4 (sehr grobe Poren für grobe Niederschläge).

13.1.3 Filterhilfsmittel

Die *Filterhilfsmittel* unterstützen durch Bildung von Kapillaren die Entstehung eines lockeren Filterkuchens und fördern damit die Filtrierleistung. Man verwendet z.B. Kieselgur, Quarz, Glaswolle, Graphit und Cellulose.

13.1.4 Filtrationsmethoden

Die Filtration kann bei Normaldruck, mit Unterdruck und mit Überdruck vorgenommen werden. Die Filtration bei Normaldruck erfolgt normalerweise an einem *Filtriergestell* (vgl. Abb. 13-2). Bei analytischen Arbeiten verwendet man *Analysentrichter*, deren Abflußrohr eine Kapillare ist. Dadurch wird die Saugwirkung auf die über dem Filter stehende Flüssigkeit erhöht und die Filtration beschleunigt.

Mit Unterdruck arbeitet man beim Absaugen über Glas- oder Porzellannutschen, Glasfilternutschen und Glas- oder Porzellanfiltertiegel. Das Filtergerät wird auf eine *Saugflasche* mit Saugring aufgesetzt (vgl. Abb. 13-3) und die Saugflasche an die Vakuumleitung angeschlossen. Während die Filternutschen und -tiegel kein Filtermaterial benötigen, da die in sie eingeschmolzenen Glas- bzw. Porzellanfritten (vgl. Abschn. 13.1.2) als Filter dienen, wird der Siebboden der Glas- und Porzellannutschen mit Filterpapier und eventuell mit einem Filterhilfsmittel bedeckt. Nach Zugabe der zu filtrierenden Lösung fließt das Lösemittel wegen des erzeugten Unterdrucks schnell ab. Filterpapier und Filterkuchen werden vorsichtig vom Nutschenboden gelöst. Bei Filternutschen und -tiegeln muß der Filterkuchen mit einem Spatel herausgekratzt werden.

Filtrationen unter Überdruck werden hauptsächlich im Betrieb mit Drucknutschen und Filterpressen durchgeführt. Ziel ist dabei jeweils die Filtration großer Flüssigkeits-

Abb. 13-3. Porzellannutsche mit Saugflasche.

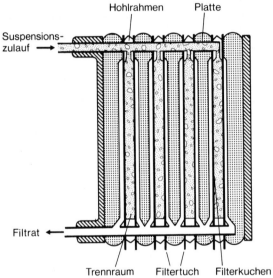

Abb. 13-4. Filterpresse.

mengen. Eine *Filterpresse* (vgl. Abb. 13-4) besteht aus *Filterzellen*, die aus *Filterrahmen* und *Filterplatte* gebildet und durch *Filtertücher* abgeschlossen werden. Die zu filtrierende Flüssigkeit wird in den Hohlraum des Filterrahmens gefüllt und dann durch die Filtertücher in das Innere der Filterplatten gepreßt, durch deren Bodenöffnung sie abläuft. Nach Öffnen der Filterpresse wird der Filterkuchen aus dem Filterrahmen gelöst.

13.2 Arbeitsanweisungen

13.2.1 Filtration bei Normaldruck

13.2.1.1 Filtration von Eisen(III)-hydroxid (Fe(OH)$_3$)

Geräte: 400-mL-Becherglas, Rührstab, Gummiwischer, Brenner mit Schlauch, Dreifuß, Drahtnetz, Tropftrichter, Filtriergestell, Analysentrichter, Schwarzbandfilter, 300-mL-Erlenmeyerkolben, Porzellantiegel, Tondreieck, Exsikkator, Spritzflasche, Analysenwaage, 100-mL-Meßkolben, 25-mL-Vollpipette, Peleusball.

Chemikalien: Blaugel, Eisenionen-haltige Probesubstanzen, Universalindikatorpapier, wäßrige Lösungen mit $c(1/1$ HCl$) = 2$ mol/L, $c(1/1$ NH$_4$OH$) = 2$ mol/L, $c(1/1$ HNO$_3)$ $= 2$ mol/L und $c(1/1$ AgNO$_3) = 0,1$ mol/L.

Arbeitsanweisung: Eine vorgegebene Probe einer Eisenionen-haltigen Lösung wird quantitativ in einen 100-mL-Meßkolben überspült und mit destilliertem Wasser bis zur Marke aufgefüllt. Nach gutem Durchmischen bei aufgesetztem Stopfen werden 25 mL dieser Probe in ein 400-mL-Becherglas pipettiert und mit destilliertem Wasser auf ein Gesamtvolumen von etwa 150 mL verdünnt. Nach dem Ansäuern mit $2-3$ mL Salzsäure $c(1/1$ HCl$) = 2$ mol/L werden einige Tropfen konzentrierte Salpetersäure oder H$_2$O$_2$ zugesetzt und die Lösung unter Rühren auf 70 °C erhitzt. Bei dieser Temperatur setzt man zur Fällung unter Rühren Ammoniak-Lösung mit $c(1/1$ NH$_4$OH$) = 2$ mol/L zu, bis die Lösung basisch reagiert:

$$\text{FeCl}_3 + 3\ \text{NH}_4\text{OH} \longrightarrow \text{Fe(OH)}_3\downarrow + 3\ \text{NH}_4\text{Cl} \tag{13-1}$$

Der Niederschlag wird quantitativ auf ein Schwarzbandfilter gebracht, filtriert und mit heißem Wasser gewaschen, bis im Filtrat keine Chlorid-Ionen mehr nachzuweisen sind. Dazu gibt man etwa 1 mL des Filtrates in ein Reagensglas, säuert, um die Reaktion zu fördern, mit etwa 1 mL Salpetersäure, $w(\text{HNO}_3) = 10\%$ an und versetzt diese Lösung mit einigen Tropfen Silbernitrat-Reagens. Ein flockiger, weißer Niederschlag von Silberchlorid entsteht, wenn noch Chloridionen vorhanden sind [s. Gl. (13-2)].

$$\text{NH}_4\text{Cl} + \text{AgNO}_3 \longrightarrow \text{AgCl}\downarrow + \text{NH}_4\text{NO}_3 \tag{13-2}$$

In einem vorher geglühten und gewogenen Porzellantiegel erhitzt man nun Filter und Niederschlag zunächst mit kleiner Flamme, um den Niederschlag völlig zu trocknen und das Filter zu veraschen. Anschließend wird der Niederschlag etwa 20 Minuten lang bis zur Massenkonstanz geglüht:

$$2\ \text{Fe(OH)}_3 \xrightarrow{\ \varrho\ } \text{Fe}_2\text{O}_3 + 3\ \text{H}_2\text{O} \tag{13-3}$$

Nach dem Abkühlen im Exsikkator wird die Masse des entstandenen Eisen(III)-oxids auf der Analysenwaage ermittelt.

Auswertung: Bestimmung der Ausbeute an Fe_2O_3.

$$
\begin{array}{lll}
\text{Tiegel mit } Fe_2O_3 & m = & 11,6493 \text{ g} \\
\text{Tiegel ohne } Fe_2O_3 & m = & 11,3960 \text{ g} \\
\hline
\text{Ausbeute an } Fe_2O_3 & m = & 0,2533 \text{ g}
\end{array}
$$

Unter Berücksichtigung des aliquoten Teils ergibt sich ein Gehalt an Fe_2O_3 in der Probe von $m = 1,0132$ g.

13.2.1.2   Filtration von Bariumsulfat ($BaSO_4$)

Geräte: 400-mL-Becherglas, Rührstab, Gummiwischer, Brenner mit Schlauch, Dreifuß, Drahtnetz, Tropftrichter, Filtriergestell, Analysentrichter, Blaubandfilter, 300-mL-Erlenmeyerkolben, Porzellantiegel, Tondreieck, Exsikkator, Spritzflasche, Analysenwaage.

Chemikalien: Blaugel, Sulfationen-haltige Probesubstanz, wäßrige Lösungen mit $c(1/1$ $HCl) = 2$ mol/L, $c(1/1$ $HNO_3) = 2$ mol/L, $c(1/2$ $BaCl_2) = 1$ mol/L und $c(1/1$ $AgNO_3)$ $= 0,1$ mol/L.

Arbeitsanweisung: Eine vorgegebene Probe einer Sulfationen-haltigen Lösung wird quantitativ in einen 100-mL-Meßkolben überspült und mit destilliertem Wasser bis zur Marke aufgefüllt. Nach gutem Durchmischen bei aufgesetztem Stopfen werden 25 mL dieser verdünnten Probe in ein 400-mL-Becherglas pipettiert und mit destilliertem Wasser auf ein Gesamtvolumen von 100 bis 150 mL verdünnt. Nach Zugabe von 2 – 3 mL Salzsäure mit $c(1/1$ $HCl) = 2$ mol/L erhitzt man unter Rühren bis zum Sieden und tropft langsam Bariumchlorid-Lösung mit $c(1/2$ $BaCl_2) = 1$ mol/L bis zur vollständigen Ausfällung der Sulfationen zu:

$$
K_2SO_4 + BaCl_2 \longrightarrow BaSO_4{\downarrow} + 2\, KCl \tag{13-4}
$$

Die Vollständigkeit der Fällung erkennt man daran, daß die über dem Niederschlag stehende klare Flüssigkeit durch weitere $BaCl_2$-Zugabe nicht mehr getrübt wird. Man kocht nun noch einmal kurz auf und läßt den Niederschlag 30 Minuten lang stehen. Dann wird der Niederschlag durch mehrmaliges Dekantieren mit heißem Wasser vorgewaschen, quantitativ auf ein Blaubandfilter gebracht und solange gewaschen, bis das Filtrat keine Chloridionen mehr enthält [vgl. Gl. (13-2)].

Man bringt nun das Filter mit dem Niederschlag in einen vorher geglühten und gewogenen Tiegel und erwärmt mit kleiner Flamme, bis das Wasser verdampft und das Filter verascht ist. Dann wird der Niederschlag bei stärkster Flamme des Teclubrenners oder im Glühofen bei 600 °C etwa 20 Minuten lang bis zur Massekonstanz geglüht. Nach dem Abkühlen im Exsikkator wird die Niederschlagsmasse auf der Analysenwaage gewogen.

Auswertung: Bestimmung der Ausbeute an $BaSO_4$.

Tiegel mit $BaSO_4$	$m = 14{,}0628$ g
Tiegel ohne $BaSO_4$	$m = 13{,}8294$ g
Ausbeute an $BaSO_4$	$m = 0{,}2334$ g

Die bearbeitete Probe ergab, unter Berücksichtigung des aliquoten Teils, $m(BaSO_4) = 0{,}9336$ g.

13.2.2 Filtration bei Unterdruck

13.2.2.1 Filtration von Nickeldiacetyldioxim*⁾ ($Ni(C_4H_7N_2O_2)_2$)

Geräte: 400-mL-Becherglas, Rührstab, Gummiwischer, Brenner mit Schlauch, Dreifuß, Drahtnetz, 100 mL Meßkolben, Tropftrichter, Glasfiltertiegel 1 G 4, Vorstoß mit Gummimanschette, Nutschring, 500-mL-Saugflasche, Exsikkator, Spritzflasche, Analysenwaage, 100-mL-Meßzylinder.

Chemikalien: Blaugel, Nickelionen-haltige Probesubstanzen, wäßrige Lösungen mit $c(1/1 \text{ HCl}) = 2 \text{ mol/L}$, $c(NH_3) = 2 \text{ mol/L}$, $c(1/1 \text{ HNO}_3) = 2 \text{ mol/L}$ und $c(1/1 \text{ AgNO}_3) = 0{,}1 \text{ mol/L}$; alkoholische Diacetyldioxim-Lösung mit $w(C_4H_8N_2O_2) = 1\%$.

Arbeitsanweisung: Eine vorgegebene Probe einer Nickelionen-haltigen Lösung wird quantitativ in einen 100-mL-Meßkolben überspült und mit destilliertem Wasser bis zur Marke aufgefüllt. Nach gutem Durchmischen bei aufgesetztem Stopfen werden 25 mL dieser verdünnten Probe in ein 400-mL-Becherglas pipettiert und mit destilliertem Wasser auf ein Volumen von etwa 200 mL verdünnt. Nach dem Ansäuern mit $2-3$ mL Salzsäure $c(1/1 \text{ HCl}) = 2 \text{ mol/L}$ wird bis zum Sieden erhitzt. Bei abgestelltem Brenner

---

*⁾ Der systematische Name dieser Verbindung nach IUPAC-Regel 7.314 ist Bis(2,3-butandion-dioximato)nickel (weiterer Name des Fällungsmittels: Dimethylglyoxim).

gibt man 60 mL Diacetyldioximlösung so vorsichtig zu, daß die Lösung nicht auf-
schäumt. Dann tropft man unter Rühren die Ammoniaklösung $c(NH_3) = 2$ mol/L zu,
wobei ein himbeerroter Niederschlag von Nickeldiacetyldioxim ausfällt:

$$NiCl_2 + 2\ C_4H_8N_2O_2 \longrightarrow Ni\ (C_4H_7N_2O_2)_2 + 2\ HCl \qquad (13\text{-}5)$$

Die Fällung ist beendet, wenn die Mischung im Becherglas basisch reagiert. Der entstandene Niederschlag wird nach $1-2$ Stunden in einem bei 120 °C getrockneten und
dann gewogenen Glasfiltertiegel 1 G 4 gesammelt und mit lauwarmem Wasser gewaschen,
bis im durchlaufenden Filtrat keine Chloridionen mehr vorhanden sind. Nach scharfem
Absaugen trocknet man im Trockenschrank bei 110 °C bis 120 °C etwa 90 Minuten lang
bis zur Massekonstanz. Die Masse des Niederschlages wird auf der Analysenwaage
ermittelt.

Auswertung: Bestimmung der Ausbeute an Nickeldiacetyldioxim.

Tiegel mit Ni-diacetyldioxim	$m =$	30,8374 g
Tiegel ohne Ni-diacetyldioxim	$m =$	30,5461 g
Ausbeute an Ni-diacetyldioxim	$m =$	0,2913 g

Unter Berücksichtigung des aliquoten Teils ergab die Probe 1,165 g Nickeldiacetyldioxim.

13.2.2.2 Herstellung und Filtration von Calciumcarbonat (CaCO₃)

Geräte: 500 mL Vierhals-Schliffrundkolben, elektrischer Heizkorb, Schliffthermometer,
Kühler, Tropftrichter, Rührer mit Schliffrührhülse, Rührmotor, Filtriergestell, Faltenfilter,
Glastrichter, Präzisionswaage, zwei Bechergläser 400 mL, Porzellannutsche ($\varnothing$ 11 cm),
Nutschring, Saugflasche 1 L, Rundfilter, Porzellanspatel, Porzellanschale.

Chemikalien: Natriumcarbonat ($Na_2CO_3 \cdot 10\ H_2O$), wasserfreies Calciumchlorid ($CaCl_2$),
Salpetersäure mit $w(HNO_3) = 10\%$, Silbernitratlösung mit $w(AgNO_3) = 1\%$.

Umweltschutz, Entsorgung: Entstandenes Silberchlorid wird in einem speziellen Abfall-
gefäß gesammelt und einer Rückverwertung zugeführt. Die Mutterlauge kann der Kanalisation und damit der Biokläranlage zugeführt werden.

Hinweise zur Arbeitssicherheit: Beim Lösen von wasserfreiem Calciumchlorid ist eine
starke Erwärmung der Lösung möglich.
Vorsicht beim Umgang mit verdünnten Säuren und Laugen.

Arbeitsanweisung: In einer 500 mL Rührapparatur werden 27,8 g Calciumchlorid
($n = 0,25$ mol) in 200 mL Wasser unter Rühren gelöst. Anschließend wird die Lösung
zum Sieden erhitzt. Eine vorher filtrierte Lösung von 71,5 g $Na_2CO_3 \cdot 10\ H_2O$ ($n = 0,25$
mol) in 150 mL Wasser gibt man nun aus einem Tropftrichter langsam zu; dabei fällt

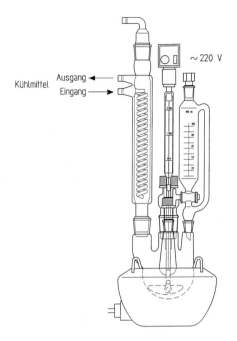

Abb. 13-5. Rührapparatur für die Synthese.

ein weißer Niederschlag von Calciumcarbonat aus. Die Suspension läßt man weitere 10 Minuten in der Siedehitze rühren. Der entstandene Niederschlag wird nach dem Abkühlen abgesaugt, mit heißem Wasser gewaschen, bis das Filtrat keine Chloridionen mehr enthält, und im Trockenschrank in einer Porzellanschale bei 110 °C etwa 5 Stunden bis zur Massenkonstanz getrocknet.

Chloridionennachweis (Cl^-):

— etwas Filtrat in einem Reagenzglas auffangen
— Ansäuern mit Salpetersäure $w(HNO_3) = 10\%$
— Zugabe von wenig Silbernitratlösung mit $w(AgNO_3) = 1\%$

Bei Vorhandensein von Chloridionen entsteht ein käsig-weißer Niederschlag gemäß der Reaktionsgleichung:

$$NaCl + AgNO_3 \longrightarrow AgCl + NaNO_3$$

Auswertung: — Bestimmung der Ausbeute an $CaCO_3$ in Gramm
 — Bestimmung der Ausbeute an $CaCO_3$ bezogen auf $CaCl_2$
 — Aufnahme des Wortlautes der R/S-Sätze in das Protokoll

Auswertungsbeispiel: Porzellanschale mit $CaCO_3$: 151,06 g
 Porzellanschale leer : 126,88 g

 Ausbeute an $CaCO_3$: 24,18 g

Ausbeute bezogen auf CaCl₂:

Reaktionsgleichung und molare Massen:

$$CaCl_2 \; + \; Na_2CO_3 \; \longrightarrow \; CaCO_3 \; + \; 2\,NaCl$$

$$\text{111 g/mol} \quad \text{106 g/mol} \qquad\qquad \text{100 g/mol} \quad \text{117 g/mol}$$

Berechnung der theoretischen Ausbeute:

$$n(CaCl_2) = n(CaCO_3)$$

$$n = \frac{m}{M}$$

$$\frac{m(CaCl_2)}{M(CaCl_2)} = \frac{m(CaCO_3)}{M(CaCO_3)}$$

$$m(CaCO_3) = \frac{m(CaCl_2) \cdot M(CaCO_3)}{M(CaCl_2)}$$

$$m(CaCO_3) = \frac{27{,}8 \text{ g} \cdot 100 \text{ g/mol}}{111 \text{ g/mol}}$$

$$m(CaCO_3) = 25{,}05 \text{ g CaCO}_3$$

Theoretische Ausbeute: 25,05 g Calciumcarbonat
Praktische Ausbeute   : 24,18 g Calciumcarbonat

Berechnung der prozentualen Ausbeute η(Eta):

$$\eta = \frac{\text{prakt. Ausbeute}}{\text{theoret. Ausbeute}} \cdot 100\%$$

$$\eta = \frac{24{,}18 \text{ g CaCO}_3}{25{,}05 \text{ g CaCO}_3} \cdot 100\%$$

Ausbeute = 96,5%

13.3   Wiederholungsfragen

1. Was ist eine Filtration?
2. Welche Filtermaterialien kennen Sie?
3. Welche Filtrationsmethoden unterscheidet man?
4. Was wissen Sie über den Einsatz von Papierfiltern?
5. Welche Typen von Glasfritten kennen Sie?
6. Welche Typen von Porzellanfritten kennen Sie?
7. Wie reinigt man Glas- und Porzellanfritten?
8. Es soll eine analytische Filtration durchgeführt werden. Welche Überlegungen bestimmen die Auswahl der Filtrationsmethode und des Filtermaterials?
9. Was versteht man unter Filterhilfsmitteln? Nennen Sie einige!

14 Umkristallisieren

14.1 Theoretische Grundlagen

14.1.1 Themen und Lerninhalte

Umkristallisieren aus heißgesättigter Lösung

Umkristallisieren durch Umfällen

Impfkristalle

Aussalzen

Zur Reinigung von Feststoffen löst man sie häufig in einem geeigneten Lösemittel oder Lösemittelgemisch auf, filtriert zur Entfernung der Verunreinigung und kristallisiert wieder aus. Dazu nutzt man entweder die Temperaturabhängigkeit der Löslichkeit eines Stoffes aus (vgl. Kap. 11) oder seine unterschiedliche Löslichkeit in verschiedenen Lösemitteln.

14.1.2 Umkristallisieren aus heißgesättigter Lösung

Das Prinzip dieser Methode ist recht einfach: man stellt im siedenden Lösemittel, das mit dem zu reinigenden Stoff nicht reagieren darf, eine gesättigte *(heißgesättigte)* Lösung her, filtriert die Verunreinigung ab und läßt die Lösung abkühlen. Durch die geringe Löslichkeit der meisten Verbindungen bei niedrigen Temperaturen kristallisieren sie jetzt aus. Man wählt das Lösemittel für eine Umkristallisation deshalb auch unter dem Gesichtspunkt aus, daß es in der Kälte sehr wenig, am Siedepunkt aber sehr viel von dem zu reinigenden Stoff löst. Von der Löslichkeit bei Raumtemperatur hängt es auch ab, wieviel des gelösten Stoffes zurückgewonnen wird. Das wird allerdings auch davon bestimmt, welche Lösemittelmenge man eingesetzt hat. Um sie möglichst klein zu halten, bieten sich — wenn man kein Löslichkeitsdiagramm (vgl. Abschn. 11.2.4) zur Verfügung hat — zwei Möglichkeiten:

1. Man wiegt 1 g der Substanz ab und setzt ihr in einem Reagenzglas so lange portionsweise Lösemittel zu, bis sie in der Siedehitze vollständig in Lösung gegangen ist. Die notwendige Lösemittelmenge rechnet man auf die Gesamtstoffportion um.
2. Man legt bei thermisch stabilen Substanzen etwas vom Lösemittel in einem mit Rückflußkühler versehenen Rundkolben vor, gibt die gesamte Substanzportion zu, erhitzt unter Rühren zum Sieden und füllt dann so lange Lösemittel durch den Kühler nach, bis die Substanz vollständig gelöst ist.

Die Verunreinigungen, besonders kolloidal gelöste Stoffe (vgl. Kap. 11), können durch Zusatz von *Adsorptionsmitteln**⁾ (z.B. Tierkohle, Kieselgur, Bleich- oder Fullererde, Aluminiumoxid) besser abgetrennt werden. Zur Vermeidung eines Siedeverzuges müssen die Lösungen vor Zugabe des Adsorptionsmittels unter die Siedetemperatur abgekühlt werden. Da Adsorptionsmittel auch einen Teil des zu reinigenden Stoffes adsorbieren, werden sie nur in geringen Mengen zugesetzt.

Zur Filtration verwendet man Nutschen und Trichter mit weitem, möglichst verkürztem Ablaufrohr, damit sie nicht durch schon auskristallisierende Substanzen verstopft werden. Bei besonders problematischen Umkristallisationen ist es ratsam, die Trichter vorzuwärmen bzw. sich heizbarer Trichter oder Nutschen zu bedienen.

Durch die Abkühlgeschwindigkeit der filtrierten Lösung kann man die Größe der entstehenden Kristalle regulieren. Kühlt die Lösung schnell ab, dann bleiben die Kristalle klein und lassen sich schlecht filtrieren. Beim langsamen Abkühlen werden die Kristalle groß und es besteht die Möglichkeit, daß Lösemittel eingeschlossen wird.

Die gereinigten Kristalle werden vom Lösemittel abgetrennt und getrocknet. Den Reinheitsgrad kontrolliert man durch die Bestimmung des Schmelzpunktes. Es wird so oft umkristallisiert, bis er konstant bleibt. Aus der Mutterlauge läßt sich durch Eindampfen des Lösemittels weitere Substanz gewinnen.

14.1.3 Umkristallisieren durch Umfällen

Im Unterschied zur physikalischen Methode des Umkristallisierens aus heißgesättigter Lösung ist das *Umfällen* ein chemischer Vorgang. Er beruht darauf, daß sich Verbindungen in Säuren und Laugen unterschiedlich lösen. So wird die in Wasser schwerlösliche Benzoesäure mit NaOH versetzt (vgl. Abb. 14-1). Das entstandene Natriumsalz ist löslich, Verunreinigungen bleiben nach der Filtration im Filter zurück. Zur gereinigten Lösung des Salzes gibt man Salzsäure, wodurch sich die schwerlösliche Säure zurückbildet und auskristallisiert. Sie wird abfiltriert und getrocknet.

Wenn eine Substanz aus der Lösung auch nach längerem Stehen im Eisbad nicht auskristallisiert, greift man zu einer der folgenden Methoden:

---

*⁾ Von lat. *ad* für zu und lat. *sorbere* für „in sich ziehen".

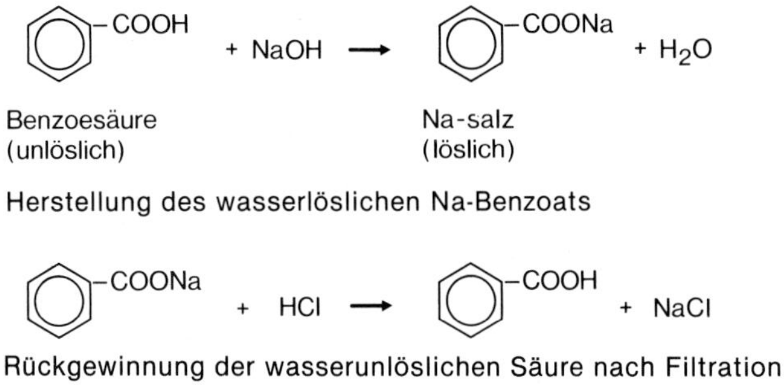

Benzoesäure
(unlöslich)

Na-salz
(löslich)

Herstellung des wasserlöslichen Na-Benzoats

Rückgewinnung der wasserunlöslichen Säure nach Filtration

Abb. 14-1. Unkristallisieren durch Umfällen am Beispiel der Reinigung von Benzoesäure.

1. Man kratzt mit einem Glasstab an den Wänden des Gefäßes, um Kristallisationskeime zu bilden.
2. Man gibt einen kleinen Kristall der zu reinigenden Verbindung *(Impfkristall)* in die Lösung.
3. Man gibt ein zweites Lösemittel zu, das zwar mit dem ersten mischbar ist, in dem sich aber die Substanz schlecht löst. Setzt man z. B. einer alkoholischen Lösung Wasser zu, dann fällt der in Wasser unlösliche Stoff aus.
4. Man fügt der wäßrigen Lösung Salz zu *(Aussalzen)*, das die gelöste Substanz verdrängt. Dieses Verfahren wird häufig bei der Herstellung von Farbstoffen genutzt.

14.2 Arbeitsanweisungen

14.2.1 Umkristallisieren aus heißgesättigter Lösung

14.2.1.1 *Umkristallisieren von Sulfanilsäure*

Geräte: 1-L-Erlenmeyerkolben, Dreifuß, Drahtnetz, Brenner mit Schlauch, Filtriergestell, großer Trichter, 500-mL-Erlenmeyerkolben, Porzellannutsche (Durchmesser 11 cm), Nutschring, 1-L-Saugflasche, Vakuumschlauch, Porzellanschale (Durchmesser 11 cm), Präzisionswaage, Faltenfilter, Rundfilter (Durchmesser 11 cm).

Chemikalien: Technische Sulfanilsäure, Tierkohle.

Arbeitsanweisung: 30 g technische Sulfanilsäure werden zerkleinert und in einem 1-L-Erlenmeyerkolben mit destilliertem Wasser heiß gelöst (Lösemittelmenge in Vorversuch ermitteln, vgl. Abschn. 14.1.2). Die heißgesättigte Lösung wird mit etwa 100 mL destilliertem Wasser verdünnt, kurz abgekühlt, mit etwa 2 g Tierkohle versetzt und 5 Minuten lang aufgekocht. Über ein Faltenfilter filtriert man die Tierkohle und die von ihr fest-gehaltenen Verunreinigungen ab. Beim Abkühlen fallen aus dem Filtrat die Kristalle in reiner Form aus und können bei Zimmertemperatur über eine Porzellannutsche abge-saugt werden. Sollte beim Abfiltrieren der Aktivkohle im Filter Sulfanilsäure auskri-stallisieren, ist die Umkristallisation mit größerer Wassermenge zu wiederholen. Dieser Umkristallisationsvorgang muß ebenfalls wiederholt werden, wenn die Kristalle nach der ersten Umkristallisation nicht rein genug sind. Die gereinigten Kristalle werden in einer Porzellanschale bei etwa 110 °C im Trockenschrank getrocknet und auf einer Prä-zisionswaage ausgewogen. Die Reinheit der Sulfanilsäure kann durch Schmelzpunkt-bestimmung nicht überprüft werden, weil Sulfanilsäure sich bei 288 °C zersetzt.

Auswertung: Man errechnet die Ausbeute an reiner Sulfanilsäure.

Porzellanschale mit Sulfanilsäure	$m = 56{,}48$ g
Porzellanschale ohne Sulfanilsäure	$m = 40{,}86$ g
Reine Sulfanilsäure	$m = 15{,}62$ g

Berechnung der prozentualen Ausbeute η:

Aus 30 g verunreinigter Sulfanilsäure wurden 15,62 g reine Sulfanilsäure gewonnen.

$$\eta = \frac{m \text{ (reine Sulfanilsäure)}}{m \text{ (verunreinigte Sulfanilsäure)}}$$

$$\eta = \frac{15{,}62 \text{ g}}{30 \text{ g}}$$

$$\eta = 0{,}5207$$

Die Ausbeute an reiner Sulfanilsäure beträgt 52,07%.

Gewinnung der Mutterlaugenfraktion

Nach der Kuchenfiltration, die sich an die eigentliche Umkristallisation anschließt, be-findet sich der Filterkuchen auf der Nutsche, während sich das Filtrat, **die Mutterlauge,** in der Saugflasche befindet.

Je nach Löslichkeit der umkristallisierten Substanz und nach Temperatur der Lösung befindet sich in der Mutterlauge noch mehr oder weniger gelöste Substanz.

Ein Teil dieser gelösten Substanz kann durch weitere Abkühlung der Mutterlauge zum Auskristallisieren gebracht werden. Ebenso kann durch Verringerung der Lösemittel-menge die Kristallisation ausgelöst werden (Löslichkeit!!).

Die so zu gewinnende Mutterlaugenfraktion ist im Regelfall etwas verunreinigt, so daß sie nicht unkritisch mit der Hauptfraktion vereinigt werden darf.

Gewinnung der Mutterlaugenfraktion durch Eindampfen

Das Filtrat wird in einen geeigneten Erlenmeyerkolben überführt. Durch Erhitzen zum Sieden wird die Lösung solange aufkonzentriert, bis entweder das halbe Lösungsvolumen erreicht ist, oder bis in der Siedehitze die Kristallisation beginnt. Im letzten Fall wird dann wieder mit einer kleinen Menge des Lösemittels versetzt, so daß in der Siedehitze gerade wieder die klare Lösung entsteht.

Jetzt wird die siedende Lösung durch einen vorgeheizten Trichter über einen Faltenfilter filtriert (Vorsicht — Kristallisationsneigung auf dem Filter — prüfen!!).

Das Filtrat wird dann wieder auf Raumtemperatur abgekühlt und die ausgefallene Sulfanilsäure abgenutscht, getrocknet und ausgewogen.

Die Reinheit dieser Mutterlaugenfraktion ist durch geeignete Methoden zu überprüfen (Fp — Bestimmung, Dünnschichtchromatogramm o. ä.) und gegebenenfalls mit der Hauptfraktion zu vereinigen.

Eventuell kann eine nochmalige Umkristallisation der Mutterlaugenfraktion sinnvoll sein.

Anzugeben: — Trockenausbeute der Mutterlaugenfraktion in Gramm
— Reinheitsvergleich der beiden Sulfanilsäurefraktionen

Bestimmung des Trockengrades

Von der Feuchtausbeute und der Trockenausbeute der umkristallisierten Sulfanilsäure soll durch eine Trockengehaltsbestimmung der Trockengrad der jeweiligen Fraktion bestimmt werden.

Dazu werden in einem offenen tarierten Petrischälchen ca. 5 bis 10 g der zu überprüfenden Substanz genau eingewogen (Brutto 1) und anschließend bei 100 °C bis zur Massenkonstanz getrocknet. Das Auswiegen nach dem Trocknen ergibt die Masse (Brutto 2).

Aus den unterschiedlichen Wägungen werden die Massen der feuchten und der trockenen Substanz ermittelt und zur Berechnung des Trockengrades verwendet.

Die Bestimmung wird als Doppelbestimmung ausgeführt.

Beispiel zur Auswertung der feuchten Ausbeute:

Masse der leeren Petrischale: 25,35 g (Tara)
Masse der mit feuchtem Prod. gefüllten Schale: 33,26 g (Brutto 1)
Masse der mit getr. Prod. gefüllten Schale: 31,22 g (Brutto 2)

Masse des feuchten Produktes = Brutto 1 — Tara
Masse des trockenen Produktes = Brutto 2 — Tara

m(feuchtes Produkt) = 33,26 g — 25,35 g = 7,91 g
m(getr. Produkt) = 31,22 g — 25,35 g = 5,87 g

Berechnung des Trockengrades w:

$$w(\text{Sulfanilsäure}) = \frac{m(\text{getr. Produkt})}{m(\text{feucht. Produkt})}$$

$$w(\text{Sulfanilsäure}) = \frac{5{,}87\ \text{g}}{7{,}91\ \text{g}}$$

$$w(\text{Sulfanilsäure}) = 0{,}742$$

Der Trockengrad der Feuchtausbeute beträgt 74,2%.

Aus den durch die Doppelbestimmung gefundenen Werten wird der Mittelwert gebildet.

14.2.1.2   Umkristallisieren von Naphthalin

Geräte: 500-mL-Einhalsrundkolben, Rückflußkühler, elektrischer Heizkorb mit Regler, großer Trichter, 500-mL-Erlenmeyerkolben, Porzellannutsche (Durchmesser 11 cm), Nutschring, 1-L-Saugflasche, Vakuumschlauch, Porzellanschale (Durchmesser 11 cm), Faltenfilter, Rundfilter (Durchmesser 11 cm), Präzisionswaage.

Chemikalien: Technisches Naphthalin, Tierkohle, Methanol.

Arbeitsanweisung: 20 g technisches Naphthalin werden in einer Rückflußapparatur mit einem Überschuß an Methanol heiß gelöst. Die kochende Lösung wird kurz abgekühlt, mit etwa 2 g Tierkohle versetzt und 5 Minuten lang aufgekocht. Über ein Faltenfilter filtriert man die Tierkohle nebst Verunreinigungen ab. Beim Abkühlen des Filtrats fallen aus ihm ein Teil der gelösten Kristalle in reiner Form aus. Diese können nach Abkühlen auf mindestens 20 °C über eine Porzellannutsche abgesaugt werden. Die noch in der Mutterlauge verbliebene Substanz wird durch Zugabe von Wasser ausgefällt und ebenfalls abgenutscht. Beide Kristallfraktionen werden vereinigt, in einer Porzellanschale im Abzug an der Luft getrocknet und auf der Präzisionswaage ausgewogen.

Auswertung: Die Ausbeute an reinem Naphthalin wird entsprechend den vorstehenden Beispielen Sulfanil- und Anthranilsäure berechnet.

14.2.2 Umkristallisieren von Benzoesäure durch Umfällen

Geräte: Rührmotor, Rührer, Rührführung, 1-L-Glasstutzen, Tropftrichter, Trichter, Faltenfilter, großer Trichter, 1-L-Erlenmeyerkolben, Porzellannutsche (Durchmesser 11 cm), Nutschring, 1-L-Saugflasche, Vakuumschlauch, Rundfilter.

Chemikalien: Benzoesäure, Natronlauge mit $c(1/1\ \text{NaOH}) = 2$ mol/L, Salzsäure mit $c(1/1\ \text{HCl}) = 2$ mol/L, Tonsil.

Arbeitsanweisung: In einem 1-L-Stutzen werden 10 g Benzoesäure in etwa 200 mL Wasser unter Rühren aufgeschlämmt und solange aus einem Tropftrichter mit Natronlauge, $c(1/1 \text{ NaOH}) = 2 \text{ mol/L}$, versetzt, bis die Benzoesäure vollständig gelöst ist. Die Lösung ist dann basisch. Danach wird die Lösung mit etwa 2 g Tonsil geklärt und über ein Faltenfilter filtriert. Die gereinigte Lösung wird im 1-L-Stutzen vorgelegt und zur Fällung der Benzoesäure so lange mit Salzsäure $c(1/1 \text{ HCl}) = 2 \text{ mol/L}$ versetzt, bis nichts mehr ausfällt. Die Lösung ist dann sauer.

Die ausgefallenen Kristalle werden über eine Porzellannutsche abgesaugt, in einer Porzellanschale gesammelt, im Abzug an der Luft getrocknet und ausgewogen.

Auswertung: Die Ausbeute an umgefällter Benzoesäure wird wie in den Beispielen von Abschn. 14.2.1 bestimmt.

14.3 Wiederholungsfragen

1. Wozu dient eine Umkristallisation?
2. Erklären Sie das Prinzip der Umkristallisation aus heißgesättigter Lösung!
3. Erklären Sie das Prinzip der Methode des Umfällens!
4. Nach welchen Gesichtspunkten wird das Lösemittel für eine Umkristallisation ausgewählt?
5. In welchen Apparaturen werden Umkristallisationen mit brennbaren Lösemitteln durchgeführt?
6. Wie groß soll die Lösemittelmenge bei einer Umkristallisation sein?
7. Was verstehen Sie unter einer Mutterlauge?
8. Welchen Einfluß hat die Abkühlgeschwindigkeit nach der Heißfiltration?
9. Welche Adsorptionsmittel verwenden Sie bei der Umkristallisation?

15 Extrahieren

15.1 Theoretische Grundlagen

15.1.1 Themen und Lerninhalte

Extraktion von Feststoffen, Flüssigkeiten und Gasen

Extraktionsapparate

Nernstscher Verteilungssatz

Die *Extraktion*[*] ist ein Trennverfahren zur Abtrennung eines Stoffes aus einem Feststoff, einer Flüssigkeit oder einem Gas mit einem flüssigen Lösemittel *(Extraktionsmittel)*. Sie beruht darauf, daß der aus einem Gemisch zu extrahierende Stoff im Extraktionsmittel gut löslich ist, die restlichen Bestandteile dagegen nicht[**]. Das Gemisch aus Extraktionsmittel und extrahiertem Stoff ist der *Extrakt,* der verbleibende Rückstand, dem der extrahierte Stoff entzogen wurde, ist das *Raffinat*[***]. Extrahiert man beispielsweise ein Seesand-Kupfersulfat-Gemisch mit Wasser, dann ist die entstehende wäßrige Kupfersulfat-Lösung der Extrakt, der verbleibende Seesand das Raffinat.

15.1.2 Extraktion von Feststoffen

Digerieren[****]. Eine einfache Methode der Extraktion fester Stoffe besteht darin, sie in einem Becherglas mit dem Lösemittel zu übergießen, umzurühren (möglicherweise unter Erwärmen), absetzen zu lassen und dann zu dekantieren. Man wiederholt den Vorgang, bis der zu extrahierende Stoff vollständig gelöst ist.

Extraktion nach Soxhlet. Für die Extraktion wird im chemischen Laboratorium sehr häufig der *Extraktionsapparat nach Soxhlet* verwendet (vgl. Abb. 15-1). Man legt im

---

[*] Von lat. *extrahere* für herausziehen.
[**] Man spricht von der Selektivität des Extraktionsmittels. Von lat. *seligere* für auswählen.
[***] Von frz. *raffiner* für verfeinern.
[****] Von lat. *digerere* für auseinanderbringen, trennen.

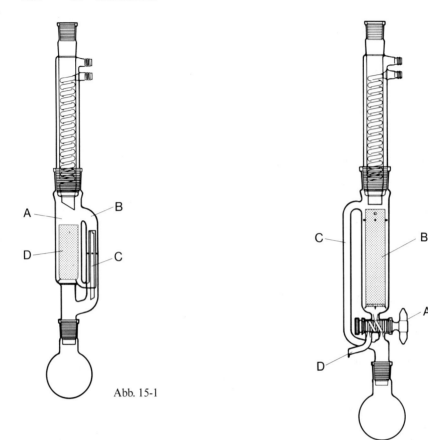

Abb. 15-1

Abb. 15-2

Abb. 15-1. Extraktionsapparat nach Soxhlet. (*A* Extraktor, *B* Dampfleitungsrohr, *C* Heberrohr, *D* Extraktionshülse aus Filterpapier).

Abb. 15-2. Extraktionsapparat nach Hagen-Thielepape. (*A* Zweiwegehahn, *B* Extraktor mit Hülse oder Fritte, *C* Dampfleitungsrohr, *D* Ablaufstutzen).

Rundkolben das Lösemittel vor und füllt die Extraktionshülse mit dem zu extrahierenden Gemisch. Das Lösemittel wird zum Siedepunkt erhitzt, kondensiert am Rückflußkühler und tropft in die Extraktionshülse. Nach dem Durchtritt durch das Filter steigt der Extrakt an dessen Außenwand bis zur Höhe des Heberrohrs, durch das er in den Kolben abfließt. Das Lösemittel steht für eine neue Extraktion zur Verfügung. Die Extraktion kann mehrere Stunden dauern.

Extraktion nach Hagen-Thielepape. Zu kürzeren Arbeitszeiten kommt man mit einem *Durchflußextraktor nach Hagen-Thielepape,* der ohne Heberrohr arbeitet (vgl. Abb. 15-2). Das Ende der Extraktion kann durch Probenahme mit dem Zweiwegehahn bestimmt werden.

15.1.3 Extraktion von Flüssigkeiten

Bei der *Flüssig-Flüssig-Extraktion* muß neben der Löslichkeit des zu extrahierenden Stoffes im Extraktionsmittel gewährleistet sein, daß beide Flüssigkeiten nicht mischbar sind. Nur wenn sich zwei Phasen bilden, kann der Extrakt abgetrennt werden. Die Flüssig-Flüssig- Extraktion beruht auf dem *Nernstschen Verteilungssatz*[*]:

> Verteilt sich ein Stoff auf zwei nicht mischbare Lösemittel, dann ist das Verhältnis der Konzentrationen in beiden flüssigen Phasen konstant.
>
> $$\frac{c_2}{c_1} = C \qquad\qquad (15\text{-}1)$$

In Gl. (15-1) bedeuten:

c_1 Konzentration des Stoffes in Phase 1 (Extraktionsgut).
c_2 Konzentration des Stoffes in Phase 2 (Extraktionsmittel).
C Verteilungskoeffizient.

Der *Verteilungskoeffizient* ist für ein gegebenes Phasensystem konstant. Der Nernstsche Verteilungssatz gilt in der angegebenen Form nur für sehr stark verdünnte Lösungen (ideale Extraktionssysteme). Bei den im chemischen Laboratorium oft verwendeten konzentrierten Lösungen treten Abweichungen von dieser Gleichgewichtsverteilung auf. Der Verteilungskoeffizient ist nicht mehr konstant, sondern von der Konzentration der Lösung abhängig. Daher muß die Verteilung für verschiedene Konzentrationen experimentell bestimmt werden.

Aus dem Nernstschen Verteilungssatz ergeben sich für die Durchführung einer Extraktion drei Hinweise:

1. Es ist nicht möglich, in einer Stufe Extraktionsgut vom zu extrahierenden Stoff zu befreien.
2. Es ist günstiger, wenn ein Extraktionsmittel benutzt wird, dessen Lösungsvermögen für den zu extrahierenden Stoff größer ist als das des Extraktionsgutes.
3. Die Konzentration des zu extrahierenden Stoffes im Extraktionsmittel darf nicht zu hoch werden.

Eine Flüssig-Flüssig-Extraktion besteht aus drei Arbeitsgängen:

1. Innige Vermischung des zu extrahierenden Gemisches mit dem Extraktionsmittel.
2. Trennung der Phasen in Schichten (Abscheider, Separatoren).
3. Entfernung des Extraktionsmittels aus der Extraktionsschicht bzw. des Lösemittels aus der Raffinatschicht. Dies geschieht meist durch Destillation.

---

[*] Nach dem deutschen Physiker und Chemiker Walter Nernst (1864–1941).

Ökologische und ökonomische Gründe entscheiden über die Aufarbeitung des Extraktionsmittels.

Extraktion im Scheidetrichter. Flüssigkeiten kann man diskontinuierlich im Scheidetrichter extrahieren. Man gibt zum Gemisch das Extraktionsmittel, schüttelt kräftig durch, wartet bis zur völligen Phasentrennung und läßt dann die untere Phase auslaufen. Man verwendet nur geringe Mengen an Extraktionsmittel, da jeweils nur die dem Nernstschen Verteilungssatz entsprechende Substanzportion extrahiert wird. Bei leicht flüchtigen Lösemitteln (z.B. Diethylether, Dichlormethan) muß der Hahn des Scheidetrichters mehrfach bei nach oben gehaltenem Ablauf geöffnet werden, um einen Überdruck zu verhindern.

Perforatoren[*)]. Zur kontinuierlichen Flüssig-Flüssig-Extraktion werden *Perforatoren* eingesetzt. Sie arbeiten meist mit Lösemitteln, deren Dichte kleiner ist als die des zu extrahierenden Gemisches. Die im chemischen Laboratorium am häufigsten verwendeten Extraktionsapparate für Flüssigkeiten sind:

a) der Perforator nach Neumann
b) der Perforator nach Kutscher-Steudel.

Im *Kutscher-Steudel-Perforator* (vgl. Abb. 15-3) verdampft man das Extraktionsmittel aus dem Siedegefäß. Es kondensiert am Kühler, tropft in das Einleitungsrohr und tritt am Boden des Extraktors in Form kleiner Flüssigkeitsperlen aus. Wegen der geringen Dichte steigen sie nach oben. Beim Durchgang durch das zu extrahierende Gemisch nehmen sie den herauszulösenden Stoff auf. Der Extrakt sammelt sich auf der Oberfläche des Extraktionsgutes und läuft in das Siedegefäß ab. Jetzt steht das Extraktionsmittel für eine erneute Extraktion zur Verfügung.

15.1.4 Extraktion von Gasen

Das zu extrahierende Gasgemisch wird durch eine mit Extraktionsmittel gefüllte Waschflasche geleitet, wobei der zu extrahierende Bestandteil absorbiert wird. Beispielsweise wird das Kohlendioxid der Luft absorbiert, wenn man sie durch Natronlauge leitet. Auf dieses Verfahren wird im Kapitel „Umgang mit Gasen" näher eingegangen.

[*)] Von lat. *perforare* für durchbohren, durchlöchern.

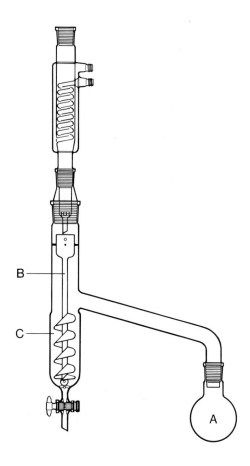

Abb. 15-3. Perforator nach Kutscher-Steudel. (*A* Siedegefäß, *B* Einleitungsrohr, *C* Extraktor).

15.2 Arbeitsanweisungen

15.2.1 Extraktion nach Soxhlet

Geräte: Elektrischer Heizkorb, Regler, 500-mL-Einhalsrundkolben, Soxhlet-Apparat mit Kühler, Extraktionshülse, 100-mL-Becherglas, Porzellanschale, Trockenschrank, Präzisionswaage.

Chemikalien: Kupfersulfat-Seesand-Gemisch mit $w(CuSO_4) = 10\%$ und $w(\text{Seesand}) = 90\%$.

Arbeitsanweisung: 30 g eines $CuSO_4$-Seesand-Gemisches werden in eine Extraktionshülse eingewogen und im Soxhlet-Apparat kontinuierlich mit Wasser als Lösemittel bis zur Entfärbung extrahiert. Der Sand wird im Trockenschrank samt Hülse bei 100 °C getrocknet und zurückgewogen.

Auswertung: Man bestimmt die Masse des Seesandes im Gemisch und errechnet die Massenanteile beider Bestandteile.

15.2.2 Extraktion im Scheidetrichter

15.2.2.1   Extraktion eines Methanol-Dichlormethan-Gemisches mit Wasser

Geräte: 1000-mL-Scheidetrichter, 800-mL-Becherglas, 250-mL-Meßzylinder.

Chemikalien: Methanol-Dichlormethan-Gemisch mit $\sigma(CH_2Cl_2) = 0,3$.

Hinweis zur Arbeitssicherheit: 1. Methanol ist brennbar und giftig. 2. Dichlormethan ist giftig. Es darf nicht auf die Haut gelangen, und Dämpfe dürfen nicht eingeatmet werden. Dichlormethanhaltige Gemische dürfen nicht ins Abwasser gelangen. Sie werden zu den halogenhaltigen Lösemittelabfällen gegeben.

Arbeitsanweisung: 300 mL des Gemisches werden in einen 1000-mL-Scheidetrichter gefüllt, nach Zugabe von 150 mL Wasser ausgeschüttelt und anschließend getrennt (CH_2Cl_2: untere Phase). Die Methanol/Wasser-Phase wird verworfen, die abgetrennte CH_2Cl_2-Phase noch zweimal im Scheidetrichter mit je 150 mL Wasser versetzt, erneut ausgeschüttelt und abgetrennt. Die letzte CH_2Cl_2-Fraktion wird im Meßzylinder aufgefangen.

Auswertung: Man bestimmt das Volumen des Dichlormethans im Gemisch und errechnet die Volumenkonzentrationen beider Bestandteile.

15.2.2.2   Extraktion einer Iodlösung mit Dichlormethan

Geräte: 1000-mL-Meßkolben, 3 100-mL-Meßkolben, 500-mL-Meßkolben, 250-mL-Scheidetrichter, 10-mL-Vollpipette, 50-mL-Vollpipette, Peleusball, 100-mL-Meßzylinder, 200-mL-Erlenmeyerkolben.

Chemikalien: Dichlormethan (CH_2Cl_2), wäßrige Iodlösung mit $c(1/2\ I_2) = 0,1$ mol/L.

Hinweis zur Arbeitssicherheit: Dichlormethanhaltige Mischungen werden zu den halogenhaltigen Lösemittelabfällen gegeben. Dichlormethandämpfe sollen nicht eingeatmet werden, da sie, wie alle chlorierten Kohlenwasserstoffe, ein Lebergift darstellen.

Arbeitsanweisung: Man setzt eine Verdünnungsreihe wäßriger Iodlösungen an:

Lösung 1: $c(1/2\ I_2)$ = 0,1 mol/L im 1000-mL-Meßkolben.

Lösung 2: $c(1/2\ I_2)$ = 0,01 mol/L im 100-mL-Meßkolben aus 10 mL der Lösung $c(1/2\ I_2)$ = 0,1 mol/L und Auffüllen mit Wasser auf 100 mL.

Lösung 3: $c(1/2\ I_2)$ = 0,001 mol/L im 100-mL-Meßkolben aus 10 mL der Lösung $c(1/2\ I_2)$ = 0,01 mol/L und Auffüllen mit Wasser auf 100 mL.

Zur Extraktion werden 50 mL der Lösung $c(1/2\ I_2)$ = 0,1 mol/L im 500-mL-Meßkolben mit Wasser bis zur Eichmarke aufgefüllt. Von der so erhaltenen Lösung $c(1/2\ I_2)$ = 0,01 mol/L werden 25 mL im 250-mL-Scheidetrichter mit 20 mL Dichlormethan ausgeschüttelt und die Phasen getrennt (Dichlormethan: untere Phase). Die farbige Dichlormethan-Phase wird verworfen und das Ausschütteln viermal wiederholt. Nach dem letzten Versuch sollen beide Phasen im Scheidetrichter farblos sein.

Auswertung: Nach jedem Ausschütteln wird die Farbintensität der ausgeschüttelten Lösung mit der der Lösungen der Verdünnungsreihe verglichen. Der so erhaltene Iodgehalt wird im Protokoll schriftlich festgehalten.

15.2.2.3 *Extraktion von Tashiro — Indikator aus alkalischer Lösung mit CH₂Cl₂ und anschließender Trocknung mit Na₂SO₄*

Geräte: 100 mL Scheidetrichter, 50 mL Meßzylinder, einige Reagenzgläser, Reagenzglasständer.

Chemikalien: Dichlormethan, wasserfreies Natriumsulfat (Na_2SO_4) und ein Gemisch aus:

> 5 mL Tashirolösung w(Tashiro) = 0,3%,
> 5 mL Natronlauge w(NaOH) = 10% und
> 20 mL entsalztes Wasser;

Hinweise zur Arbeitssicherheit: Verdünnte Laugen können der Kanalisation zugeführt werden, da die Neutralisation in der Kläranlage erfolgt.

Dichlormethan ist gesundheitsschädlich beim Einatmen. Berührung mit der Haut ist zu vermeiden. Die abgetrennten dichlormethanhaltigen Phasen werden gesondert gesammelt und der Verbrennungsanlage zur Entsorgung übergeben.

Arbeitsanweisung: Versuch 1:

30 mL Gemisch werden in einen 100 mL Scheidetrichter gefüllt. Als Extraktionsmittel setzt man 20 mL Dichlormethan zu, verschließt den Trichter mit einem Stopfen und schüttelt die Mischung gut durch. **Dabei ist mehrmals zu belüften, um einen Überdruck im Gefäß und damit ein Zerplatzen zu vermeiden.**
Nach dem Absitzen der Mischung trennt man die untere Phase (Dichlormethan mit Extrakt) ab und gibt sie in ein Reagenzglas.

Zur wäßrigen Phase gibt man nochmals 5 mL Dichlormethan und extrahiert wieder. Den Extrakt überführt man in ein anderes Reagenzglas.

Versuch 2:

30 mL Gemisch werden mit 5 mL Dichlormethan in einen Scheidetrichter gegeben. Es wird, wie in Versuch 1 beschrieben, extrahiert und der Extrakt in ein Reagenzglas gefüllt.

Mit der jeweils verbleibenden wäßrigen Phase wird noch 4 mal mit jeweils 5 mL Dichlormethan extrahiert. Die Extrakte werden ebenfalls in verschiedenen Reagenzgläsern aufbewahrt.

Trocknung der Dichlormethanphase:

Nach Beendigung der Extraktion werden zu den organischen Phasen jeweils eine Spatelspitze wasserfreies Na_2SO_4 gegeben, gut umgeschüttelt und (verschlossen) 10 Minuten stehen gelassen. Danach kann die Farbinterpretation erfolgen.

Auswertung: Die Lösungen in den Reagenzgläsern werden visuell verglichen.

Es ist zu untersuchen, durch welche Extraktionsbedingungen der Tashiro-Indikator optimal aus dem Gemisch herausgelöst werden kann.

15.3   Wiederholungsfragen

1. Was ist eine Extraktion?
2. Welche Anforderungen werden an das Extraktionsmittel gestellt?
3. Warum kann man die Extraktion als eine Reinigungs- und Trennmethode bezeichnen?
4. Was ist der Extrakt, was ist das Raffinat?
5. Erklären Sie die physikalischen Vorgänge bei der Extraktion im Soxhlet-Apparat!
6. Worin liegt der Unterschied zwischen Soxhlet- und Hagen-Thielepape-Apparat?
7. Warum muß während der Extraktion mit leicht flüchtigen Lösemitteln im Scheidetrichter öfters belüftet werden?
8. Welche Vorteile haben kontinuierlich arbeitende Extraktoren gegenüber diskontinuierlich arbeitenden?
9. Wie lautet der Nernstsche Verteilungssatz?
10. Ist es zweckmäßiger, einmal mit 500 mL Lösemittel oder fünfmal mit 100 mL zu extrahieren? Begründen Sie Ihre Antwort.
11. Wie kann man extrahierte Substanzen zurückgewinnen?
12. Erläutern Sie eine einfache Methode zur Extraktion von Gasen!

16 Sublimieren

16.1 Theoretische Grundlagen

16.1.1 Themen und Lerninhalte

Sublimation

Sublimationsapparate

Die *Sublimation**) ist der unmittelbare Phasenübergang eines festen Stoffes in die Gasphase, ohne vorher flüssig zu werden. Der umgekehrte Vorgang, die direkte Verfestigung der Gasphase, ist die *Resublimation*. Bekannte Beispiele für sublimierende Stoffe sind Trockeneis (vgl. Abschn. 6.2.3) und Iod. Auch Schnee und Eis sublimieren. Nasse Wäsche trocknet deshalb auch bei Frost. Die Sublimation ist eines der besten Trennverfahren und wird daher bei der Darstellung besonders reiner Stoffe verwendet, sofern diese sublimieren. Sie ist wesentlich wirkungsvoller als das Umkristallisieren. Auch Stoffe, die sich bei Schmelztemperatur zersetzen, können oft durch Sublimation bzw. Vakuumsublimation gereinigt werden.

16.1.2 Sublimationsapparate

Das Prinzip aller Sublimationsapparate besteht darin, den zu reinigenden Stoff in einem Teil der Apparatur zu erwärmen und im kälteren Teil abzuscheiden. Zur Reinigung kleiner Stoffportionen benutzt man zwei Uhrgläser mit geschliffenem Rand. In das eine gibt man die Substanz und deckt sie mit durchlöchertem Filterpapier zu. Das zweite Uhrglas wird mit der Öffnung nach unten auf das erste gelegt. Nach schwacher Erwärmung auf dem Sandbad schlägt sich die Substanz an der Innenseite des oberen Uhrglases nieder und kann nach seinem Erkalten mit einem Spatel abgekratzt werden.

Für größere Substanzmengen eignet sich die in Abb. 16-1 dargestellte Apparatur I: die im Reagenzglas erhitzte Substanz sublimiert an die gekühlten Wände des Rundkolbens.

---

*) Von lat. *sublimere* für emporheben.

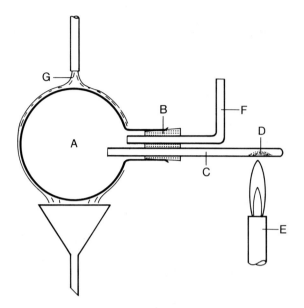

Abb. 16-1. Sublimationsapparatur I. (*A* Weithalsrundkolben, *B* doppelt durchbohrter Stopfen, *C* Reagenzglas, *D* Substanz, *E* Brenner, *F* Entlüftungsrohr, *G* Wasserkühlung).

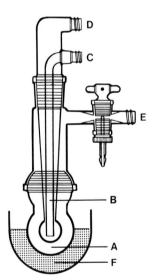

Abb. 16-2. Sublimationsapparatur II. (*A* Kolben mit Substanz, *B* Kühlfinger, *C* Wassereinlauf, *D* Wasserablauf, *E* Vakuumanschluß, *F* Heizbad).

Für Stoffe mit einer Sublimationstemperatur unterhalb von 200 °C ist die Apparatur II (vgl. Abb. 16-2) sehr nützlich. Mit dem Heizbad wird die Substanz langsam und gleichmäßig erhitzt. Sie scheidet sich am Kühlfinger ab, von dem sie mit einem Spatel abgestrichen wird.

Die Apparaturen I und II können mit leichten Abänderungen für die Vakuumsublimation verwendet werden. Für höhere Sublimationstemperaturen dient eine Apparatur nach Abb. 16-3. Während des Aufheizens der Substanz wird evakuiert, so daß sich die Sublimationstemperatur erniedrigt und die Substanz geschont wird.

In der Betriebstechnik werden weiträumige Sublimationsapparate verwendet (vgl. Abb. 16-4), damit die Rohrleitungen nicht wegen der großen Substanzmengen verstopft werden. Heizkammer und Vorlage sind meist direkt miteinander verbunden.

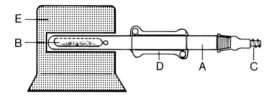

Abb. 16-3. Vakuumsublimationsapparatur. (*A* schwerschmelzbares, einseitig abgeschlossenes Glasrohr, *B* Schiffchen mit Substanz, *C* Vakuumanschluß, *D* Wasserkühlung, *E* Heizschrank).

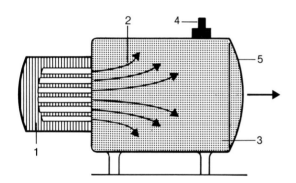

Abb. 16-4. Sublimationsapparat in der Betriebstechnik, (1 Heizkammer, 2 Wärme, 3 Vorlage, 4 Vakuumanschluß, 5 Deckel).

16.2   Arbeitsanweisung (Modellversuch)

Iod (I_2), Schwefel (S_8) und Ammoniumchlorid (NH_4Cl) werden jedes für sich zwischen zwei Uhrgläsern, im Reagenzglas und im Glührohr sublimiert.

16.3   Wiederholungsfragen

1. Was ist eine Sublimation?
2. Erläutern Sie Apparate zur Sublimation im Labor.
3. Wann macht man von einer Sublimation unter Vakuum Gebrauch?
4. Nennen Sie Stoffe, die durch Sublimation gereinigt werden können.

17 Destillieren

17.1 Theoretische Grundlagen

17.1.1 Themen und Ausbildungsziele

Daltonsches Gesetz

Raoultsches Gesetz

Siedediagramm

Einfache und fraktionierte Destillation

Vakuumdestillation

Destillationsapparate

Die *Destillation*[*] ist ein Trenn- und Reinigungsverfahren für Flüssigkeiten, bei dem der zu destillierende Stoff durch Erhitzen in die Gasphase überführt und durch Abkühlen wieder verflüssigt wird. Der Übergang in die Gasphase erfolgt bei Flüssigkeiten am Siedepunkt (vgl. Abschn. 10.1.4). Er ist definiert als die Temperatur, bei der der Dampfdruck einer Flüssigkeit gleich dem auf die Flüssigkeitsoberfläche wirkenden Außendruck ist. Dieser beträgt auf der Erdoberfläche 1013 mbar, bezogen auf die Höhe Null Meter (Meereshöhe).

Dampfdruck einer Mischung. Bei Flüssigkeitsgemischen gilt das Gesetz von Dalton[**]:

Der Gesamtdampfdruck ($p_{ges.}$) einer Mischung ist gleich der Summe der Partialdampfdrucke (p_T) der Komponenten A, B, C, der Mischung:

$$p_{ges.} = p_{T,A} + p_{T,B} + p_{T,C} + \ldots \tag{17-1}$$

---

[*] Von lat. *destillare* für herabträufeln.
[**] Nach dem engl. Naturwissenschaftler J. Dalton (1766–1844) benannt.

Der *Partialdampfdruck*[*] einer Komponente eines Gemisches ist durch das *Gesetz von Raoult*[**] bestimmt:

Der Partialdampfdruck (p_T) einer Komponente eines Gemisches ist gleich dem Produkt aus dem Dampfdruck der reinen Verbindung (p_0) und dem Stoffmengenanteil $x(X)$ dieser Verbindung am Gemisch:

$$p_T = x(X)\,p_0 \tag{17-2}$$

Durch den Partialdampfdruck ist der Stoffmengenanteil einer Verbindung im Gemisch $x(X)$ mit ihrem Stoffmengenanteil in der Gasphase $y(X)$ verknüpft. Gl. (17-3) formuliert diesen Zusammenhang, für dessen Ableitung die Kenntnis der Gasgesetze erforderlich ist:

$$y(X) = x(X)\,\frac{p_0}{p_{\text{ges.}}} . \tag{17-3}$$

Das bedeutet, daß bei der Destillation der Stoffmengenanteil einer Komponente in der Gasphase sowohl von ihrem Stoffmengenanteil im Gemisch, als auch vom Dampfdruck der reinen Komponente abhängt. Sind zwei Stoffe in gleicher Menge in einem Gemisch vertreten, dann reichert sich die leichter flüchtige wegen ihres höheren Dampfdrucks in der Gasphase an. Das kondensierende Gemisch hat einen höheren Stoffmengenanteil an der leichtflüchtigen Komponente als das Ausgangsgemisch. In Abb. 17-1 werden diese Zusammenhänge graphisch veranschaulicht. Auf der Strecke $\overline{AC}$ sind Gemische unterschiedlicher Zusammensetzung aufgetragen. Der Punkt A entspricht der reinen Verbindung II ($x(I) = 0$, $x(II) = 1$), der Punkt B einem Gemisch gleicher Anteile der Komponenten I und II ($x(I) = 0{,}5$, $x(II) = 0{,}5$) und Punkt C der reinen Komponente I ($x(I) = 1$, $x(II) = 0$). Die Strecke $\overline{AD}$ stellt den Dampfdruck der reinen Verbindung II dar, die leichter flüchtig ist als Komponente I. Deren Dampfdruck entspricht die Strecke $\overline{CE}$. Im Gemisch (Punkt B) hat die Verbindung I den Partialdruck $p_{T,\text{I}}$ (Strecke $\overline{BG}$), die Verbindung II den Partialdruck $p_{T,\text{II}}$ (Strecke $\overline{BF}$). Die Addition der Partialdrucke, d.h. der Strecken $\overline{BF}$ und $\overline{BG}$, ergibt den Gesamtdampfdruck des Gemisches $p_{\text{ges.}}$ (Strecke $\overline{BH}$). In diesem Diagramm kann man − entsprechend dem eben vorgestellten Beispiel − für jedes Mischungsverhältnis der Komponenten I und II deren Partialdrucke und den Gesamtdampfdruck entnehmen. Die Strecke $\overline{AE}$ stellt die Partialdrucke der Verbindung I dar, die Strecke $\overline{CD}$ die der Verbindung II, und die Strecke $\overline{DE}$ die Gesamtdampfdrucke für jedes Gemisch. Man erhält diese Daten, indem man auf der Strecke $\overline{AC}$ das gewünschte Mischungsverhältnis aufsucht und eine Senkrechte in diesem Punkt errichtet (entsprechend der Strecke $\overline{BH}$). Die Schnittpunkte dieser Senkrechten mit den Strecken $\overline{AE}$, $\overline{CD}$ und $\overline{DE}$ geben dann die zugehörigen Drucke an.

Dampfdruck nicht mischbarer Flüssigkeiten. Im Gegensatz zu den Gemischen, bei denen die Wechselwirkung der Komponenten zu einer Beeinflussung der Dampfdrucke führt,

---

[*] Von spätlat. *partialis* für anteilig.
[**] Nach dem frz. Chemiker F. M. Raoult (1830−1901) benannt.

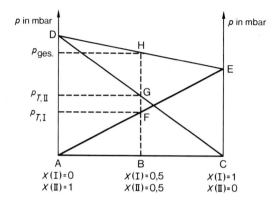

Abb. 17-1. Zusammensetzung des Dampfes über einem Flüssigkeitsgemisch bei konstanter Temperatur.

p Dampfdruck
$p_{ges.}$ Gesamtdruck über dem Flüssigkeitsgemisch mit gleichen Stoffmengenanteilen der Komponenten I und II
$p_{T,I}$ Partialdruck der Komponente I über dem Gemisch
$p_{T,II}$ Partialdruck der Komponente II über dem Gemisch
$x(I)$ Stoffmengenanteil der Komponente I am Gemisch
$x(II)$ Stoffmengenanteil der Komponente II am Gemisch

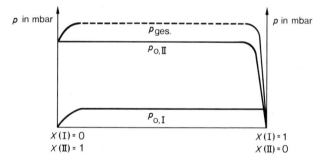

Abb. 17-2. Zusammensetzung des Dampfes über zwei nicht mischbaren Flüssigkeiten bei konstanter Temperatur.

p Druck
$p_{ges.}$ Gesamtdruck
$p_{o,I}$ Dampfdruck der reinen Komponente I
$p_{o,II}$ Dampfdruck der reinen Komponente II

ergibt sich der Dampfdruck über nicht mischbaren Flüssigkeiten durch Addition der Dampfdrucke der Komponenten. Er ist daher für alle Mischungsverhältnisse der Komponenten konstant (vgl. Abb. 17-2). Man nutzt dies bei der *Schleppmitteldestillation*, z. B. der Wasserdampfdestillation (vgl. Abschn. 17.1.2).

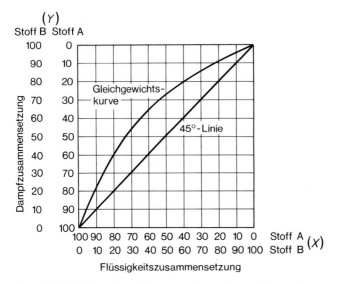

Abb. 17-3. Gleichgewichtsdiagramm eines flüssigen Zweistoffsystems.

Gleichgewichtsdiagramm. Die Beurteilung der Trennbarkeit eines Flüssigkeitsgemisches läßt sich einem *Gleichgewichtsdiagramm* entnehmen (vgl. Abb. 17-3). Der in ihm eingetragenen *Gleichgewichtskurve* läßt sich für jede Zusammensetzung der flüssigen Phase die Zusammensetzung der zugehörigen Dampfphase entnehmen. Entlang der *45°-Linie* ist die Zusammensetzung von Flüssigkeitsgemisch und Dampf gleich, d. h. eine Trennung der Komponenten ist nicht möglich. Einige Beispiele für den Verlauf von Gleichgewichtskurven zeigt Abb. 17-4.

17.1.2 Destillationsverfahren

Gleichstromdestillation. Für die Destillation einfach zu trennender Gemische (z. B. Abdestillieren eines Lösemittels von einem Feststoff) reicht eine einfache Destillationsapparatur (vgl. Abb. 17-5) aus. Sie besteht aus einem Einhals- oder Zweihalsrundkolben als Verdampfungsgefäß (der *Blase*), dem Kühler, einem Thermometer und der Vorlage. Die Destillationsapparatur darf nicht völlig abgeschlossen sein, da der durch die Verdampfung der Flüssigkeit entstehende Druck ihre Bestandteile sprengen kann. Daher wird die Vorlage stets belüftet.

Fraktionierte Destillation (Gegenstromdestillation). Zur Trennung von Flüssigkeitsmischungen, deren Komponenten nahe beieinanderliegende Siedepunkte haben, setzt man die fraktionierte Destillation *(Rückflußdestillation, Kolonnendestillation, Rektifikation)* ein. Ihr Prinzip besteht darin, daß man durch Zwischenschalten einer *Säule (Kolonne)* zwischen Verdampfungsgefäß und Kühler eine Anreicherung der leichtflüchtigen Komponente in der Gasphase herbeiführt. Man erreicht dies dadurch, daß der an leichtsie-

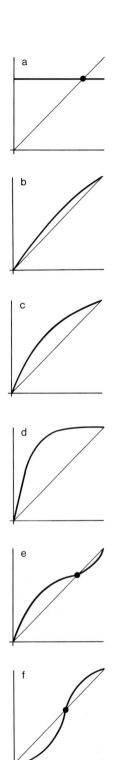

Die Zusammensetzung des Dampfes bleibt konstant, obwohl sich die der Mischung ändert: eine Trennung ist nicht möglich (Beispiele: Wasser-Benzol-Gemisch, Wasser-Nitrobenzol-Gemisch).

Die Gleichgewichtskurve verläuft nahe der 45°-Linie: die Trennung ist sehr schwierig (Beispiel: Wasser-Essigsäure-Gemisch).

Die Gleichgewichtskurve nähert sich an den Endpunkten der 45°-Linie: die Trennung ist im mittleren Bereich gut (Beispiel: Wasser-Methanol-Gemisch).

Die Gleichgewichtskurve liegt weit entfernt von der 45°-Linie: die Trennung ist auch dann noch gut, wenn die Stoffmengenunterschiede in der Gemischzusammensetzung sehr groß sind (Beispiel: Wasser-Ammoniak-Gemisch).

Die Gleichgewichtskurve schneidet die 45°-Linie: eine Trennung ist bei den vorliegenden Bedingungen nicht möglich, da im Schnittpunkt die Zusammensetzung von Gemisch und Dampf gleich sind (azeotroper Punkt). Solche Mischungen nennt man Azeotrope (*Beispiele:* Wasser-Ethanol Gemisch; Wasser-Salpetersäure-Gemisch).

Abb. 17-4. Typische Gleichgewichtskurven.

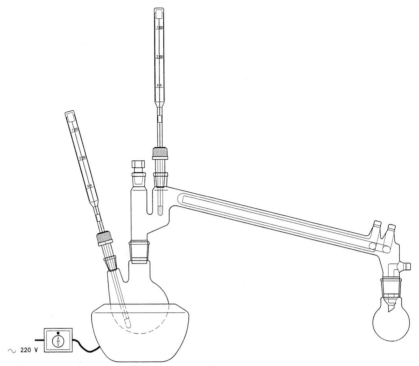

Abb. 17-5. Apparatur zur Gleichstromdestillation.

dender Flüssigkeit schon angereicherte Dampf am Kolonnenkopf kondensiert und in der Kolonne zurückläuft *(Rücklauf)*. Dabei wird er von aufsteigendem Dampf durchströmt und erwärmt. Durch einen Wärme- und Stoffaustausch*) geht aus dem zurücklaufenden Gemisch der leichtflüchtige Teil in den Dampf, und aus dem aufsteigenden Dampf kondensiert der schwerflüchtige Anteil. Das Resultat ist ein Dampf, der an leichtflüchtiger Komponente stärker angereichert ist als der zuerst aufgestiegene. Um den Stoff- und Wärmeaustausch möglichst wirkungsvoll zu gestalten, werden in die Kolonnen *Füllkörper* (z.B. Raschig-Ringe, Drahtkörper) gegeben oder Einbauten *(Glocken-* bzw. *Siebböden)* angebracht (vgl. Abb. 17-6), die für eine große Oberfläche des zurücklaufenden Gemisches und damit für eine gute Durchdringung mit dem aufsteigenden Dampf sorgen.

Der Kolonnenkopf enthält eine Vorrichtung, die den kondensierten Dampf in den *Rücklauf* und das *Destillat* teilt, das abgenommen wird und die reine, leichtflüchtige Komponente des Ausgangsgemisches enthält. Da der Wärme- und Stoffaustausch innerhalb der Kolonne ein Gleichgewichtsprozeß ist, der längere Zeit für die Einstellung benötigt, wird zu Beginn der Trennung kein Destillat abgenommen. Nach Einstellung des Gleichgewichts wird die Trennung in Rücklauf (R) und Destillat (D) vorgenommen. Das Verhältnis beider Stoffmengen n ist das *Rücklaufverhältnis* v:

---

*) Da dieser Vorgang *adiabatisch* (von griech. *a* für nicht und griech. *diabainein* für hinübergehen) sein soll, d.h. ohne Zuführung oder Verlust von Wärme, müssen die Kolonnen gut isoliert sein.

$$v = \frac{n(R)}{n(D)}.$$ (17-4)

Da Destillat und Rücklauf aus demselben Stoffgemisch bestehen, ist es möglich, statt der Stoffmengen die Volumina zur Berechnung des Rücklaufverhältnisses einzusetzen.

$$v = \frac{V(R)}{V(D)}.$$ (17-5)

Rechenbeispiel:

Entnahme an Destillat: 250 mL/h
Rücklauf: 2000 mL/h

$$v = \frac{2000\,\text{mL/h}}{250\,\text{mL/h}}$$

$$v = 8\ .$$

Eine Trennung wird um so besser, je größer das Rücklaufverhältnis ist. Die Abb. 17-7 zeigt eine vollständige Apparatur für die fraktionierte Destillation, bei der das Rücklaufverhältnis automatisch gesteuert wird.

Vakuumdestillation. Vermindert man den auf eine Flüssigkeit wirkenden Außendruck, dann sinkt ihr Siedepunkt (vgl. Abschn. 10.1.4). Dies nutzt man bei der Vakuumdestillation aus, wenn sich Verbindungen bei höheren Temperaturen zersetzen oder die Siedetemperatur im Laboratorium apparativ nicht zu erreichen ist. Außerdem kommt man

Vakuummantel-Vigreux-Kolonne,
silberverspiegelt (Normag)

Vakuummantel-Füllkörper-Kolonne,
silberverspiegelt (Normag)

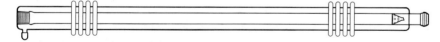

Vakuummantel-Glockenboden-Kolonne,
silberverspiegelt (Normag)

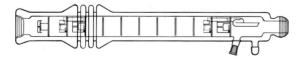

Abb. 17-6. Destillationskolonnen.

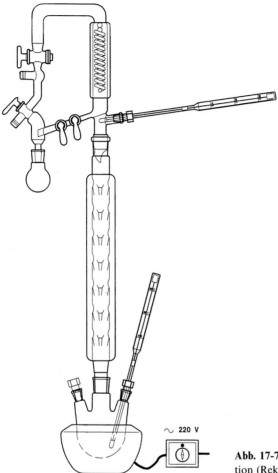

Abb. 17-7. Apparatur zur fraktionierten Destillation (Rektifikation).

auf diese Weise zu einem günstigeren Verlauf der Gleichgewichtskurve (vgl. Abschn. 17.1.1).

Das Vakuum wird durch *Wasserstrahlpumpen* (bis etwa 20 mbar), *Ölpumpen* (bis 10^{-2} mbar) oder *Quecksilberdampfstrahlpumpen* (bis 10^{-4} mbar) erzeugt. Es wird am *Vakuummeter* abgelesen, das beispielsweise aus einem mit Quecksilber gefüllten und auf einer Seite verschlossenem U-Rohr besteht. Die Höhendifferenz der beiden Quecksilbersäulen gibt den Druck an (1 mm Quecksilbersäule = 1 mm Hg = 1,333 mbar = 1,333 hPa*)).

Hinweis zur Arbeitssicherheit: Bei Vakuumdestillationen muß eine Schutzbrille getragen werden und die Apparatur mit Schutzscheiben gesichert werden.

---

*) hPa $\triangleq$ Hektopascal, 1 Pascal $= 1 \dfrac{N}{m^2}$, SI-Einheit des Druckes.

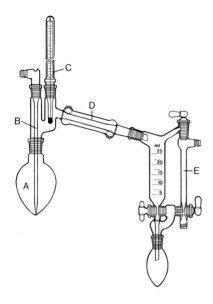

Abb. 17-8. Apparatur für eine fraktionierte Vakuumdestillation. (*A* Spitzkolben, *B* Siedekapillare, *C* Thermometer, *D* Claisenbrücke mit Kühler, *E* Vakuumviereck).

Die zum Aufbau einer Vakuumapparatur verwendeten Glasgeräte müssen möglichst rund sein, um eine ungleichmäßige Belastung durch den Außendruck zu verhindern. Vorratsflaschen und Erlenmeyerkolben eignen sich daher nicht. Sie dürfen auch keine Risse haben, die zu Implosionen führen können. Als Verdampfungsgefäß für kleine Flüssigkeitsmengen verwendet man Kolben mit Aufsatz nach Claisen (vgl. Abb. 17-8), an dessen Hals ein zweiter Tubus angeschmolzen ist. Dieser ist durch ein Übergangsrohr mit dem Kühler verbunden. Der Kühler mündet in einen *Vakuumvorstoß*, von dem ein Druckschlauch über eine zwischengeschaltete Sicherheitsflasche *(Woulffsche Flasche)* zur Pumpe führt. Die Sicherheitsflasche schützt das Destillat und die Vakuumleitung vor Öl oder Wasser aus der Pumpe. Durch den Tubus des Claisenkolbens wird eine Siedekapillare (vgl. Abschn. 4.2.4) in die Flüssigkeit eingeführt, die bei Anlegen des Vakuums durch einen schwachen Luftstrom Siedeverzüge verhindert. Ist sie nicht dünn genug, so daß das gewünschte Vakuum nicht erreicht wird, zieht man über das aus dem Kolben ragende Ende einen Gummischlauch, den man mit einer Schraubklemme so lange verengt, bis das angestrebte Vakuum erreicht ist.

Die Vakuumapparatur wird vor dem Einbringen der Substanz in das Verdampfungsgefäß auf ihre Dichtigkeit geprüft. Dabei darf die Vakuumpumpe nur bei belüfteter Apparatur eingeschaltet werden. Erst wenn die Pumpe normal läuft, wird der Belüftungshahn geschlossen. So verfährt man auch vor Beginn der Destillation. Wenn das erwünschte Vakuum erreicht ist, beginnt man, die Substanz zu erhitzen. Die Destillation soll zügig durchgeführt werden. Um das Vakuum konstant zu halten, kann die Verwendung eines Druckreglers angebracht sein. Nach Beendigung der Destillation wird zuerst das Heizbad entfernt und der Destillationsrückstand abgekühlt. Dann wird belüftet und anschließend die Pumpe abgestellt. Stellt man bei noch vorhandenem Vakuum die Pumpe ab, wird Wasser oder Öl aus der Pumpe in die Apparatur gesaugt.

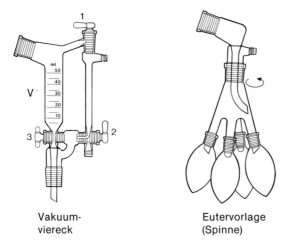

Vakuum-
viereck

Eutervorlage
(Spinne)

Abb. 17-9. Vakuumvorstöße für die
fraktionierte Destillation.

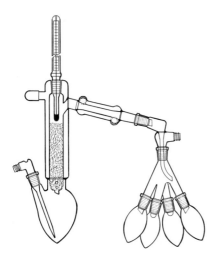

Abb. 17-10. Apparatur zur Vakuumdestillation
mit Eutervorlage (Spinne).

Bei der fraktionierten Vakuumdestillation muß ein Vorlagenwechsel gewährleistet
sein, der das Vakuum in der Apparatur nicht beeinflußt. Dies ist mit einer *Eutervorlage
(Spinne)* oder einem *Vakuumviereck* möglich (vgl. Abb. 17-9). Während man bei der
Spinne das Destillat durch einfaches Drehen in eine andere Vorlage leitet (vgl. Abb. 17-
10), ist der Vorlagenwechsel beim Vakuumviereck langwieriger. Man schließt die Hähne
1 und 3 und belüftet die Vorlage über Hahn 2. Das Vakuum in der Apparatur wird
dadurch aufrechterhalten. Nach dem Vorlagenwechsel wird Hahn 2 geschlossen und die
Vorlage wieder evakuiert. Dann stellt man über die Hähne 1 und 3 vorsichtig wieder
die Verbindung mit der Apparatur her. Das im Gefäß V angesammelte Destillat läßt
man in die Vorlage ab.

In Verbindung mit Kolonnenköpfen für die fraktionierte Destillation sind Geräte
konstruiert worden, die einen Vorlagenwechsel unter Aufrechterhaltung des Vakuums
gestatten. Eine Auswahl wird in den Abb. 17-11 bis 17-13 vorgestellt.

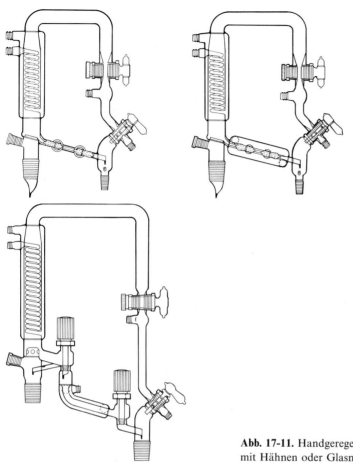

Abb. 17-11. Handgeregelte Kolonnenköpfe mit Hähnen oder Glasnadel-Ventilen (Normag).

Wasserdampfdestillation (Schleppmitteldestillation). Wasser und Anilin bilden ein Zwei-phasensystem, da sich beide Flüssigkeiten nicht mischen. Erhitzt man dieses System, dann siedet es wenig unterhalb 100 °C, und eine milchig trübe Flüssigkeit kondensiert. Sie besteht aus Wasser und Anilin. Das erst bei 184,4 °C siedende Anilin ist also schon weit unterhalb seines Siedepunktes übergegangen. Man nutzt bei diesem Versuch die Addition der Dampfdrucke der Komponenten nicht mischbarer Flüssigkeiten zum Ge-samtdampfdruck aus. Aufgrund seines Dampfdruckes ist Anilin zu einem bestimmten Prozentsatz in der Gasphase vertreten. Da er sehr klein ist, ist sein Beitrag zum Ge-samtdampfdruck gering, so daß der Siedepunkt des Gemisches in der Nähe des Siede-punktes von reinem Wasser liegt.

Eine Wasserdampfdestillation kann man entweder durch Erhitzen eines Gemisches aus Wasser und dem zu trennenden Stoff oder durch Einleiten von Wasserdampf in das Substanzgemisch durchführen. Das zweite Verfahren (vgl. Abb. 17-14) ist häufiger. Es

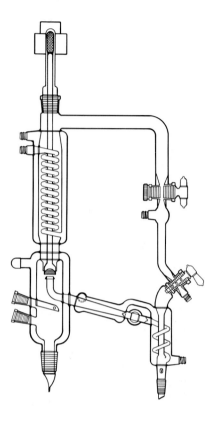

Abb. 17-12. Handgeregelter Kolonnenkopf mit Glas-Nadel-Ventil Dampfteiler (Normag).

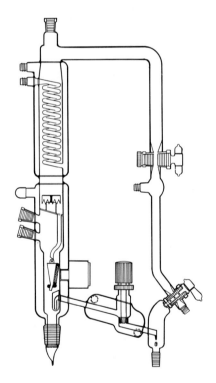

Abb. 17-13. Elektronisch geregelter Kolonnenkopf mit silberverspiegeltem Hochvakuummantel (Flüssigkeitsteiler) (Normag).

arbeitet meist mit *gesättigtem Dampf,* der ständig mit dem Wasser, aus dem er erzeugt wird, in Verbindung steht. Bei der Destillation mit *überhitztem Dampf* wird zwischen Dampfentwickler und Destillierkolben ein *Dampfüberhitzer* eingebaut, der aus einem Blechkasten mit eingebauter Kupferschlange besteht, die mit einem Gasbrenner erhitzt wird. Hier wird der erzeugte Wasserdampf auf Temperaturen über 100 °C gebracht und dann in das zu trennende Substanzgemisch eingeleitet.

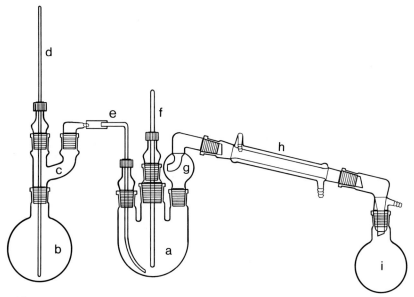

Abb. 17-14. Apparatur zur Wasserdampfdestillation. (*a* Kolben für das Destillationsgut (Destillier-kolben), dem gegebenenfalls über ein Bad noch gesondert Wärme zugeführt wird, *b* Wasserdampf-entwickler, *c* Verteileraufsatz, *d* Sicherheitssteigrohr, *e* Dampfleitung (evtl. mit Kondenswasser-abscheider), *f* Thermometer (oder Rührer), *g* Spritzschutz (Reitmeyeraufsatz), *h* Kühler, *i* Vorla-gekolben).

Mit der Wasserdampfdestillation lassen sich nicht nur Flüssigkeiten abtrennen, die mit Wasser nicht mischbar sind, sondern auch Feststoffe, wenn deren Dampfdruck ausreichend hoch ist. Man muß hierbei darauf achten, ob sich der Feststoff schon im Kühler abscheidet und gegebenenfalls die Kühlung abschalten. Man erkennt den Endpunkt der Destillation bei nicht mit Wasser mischbaren Flüssigkeiten am Ausbleiben der Trübung des Destillats und bei Feststoffen daran, daß sich im Kühler kein Stoff mehr absetzt.

Die Wasserdampfdestillation ist ein sehr schonendes Trennverfahren, da die zu reinigende Substanz nie über 100 °C erhitzt wird.

17.2   Arbeitsanweisungen

17.2.1   Fraktionierte Destillation bei Normaldruck

17.2.1.1   Destillation eines Gemisches mit einer Vigreux-Kolonne

Geräte: Elektrischer Heizkorb, Regler, 500-mL-NS-Rundkolben, Vigreux-Kolonne, Kolonnenaufsatz nach Dr. Junge, Thermometer, 100-mL-Erlenmeyerkolben, 200-mL-Erlenmeyerkolben, 100-mL-Meßzylinder.

Chemikalien: Destillationsgemisch zweier Lösemittel mit bekanntem Volumenanteil φ.

Hinweise zur Arbeitssicherheit: Die vorgegebenen Lösemittel sind entzündbar (Gefahrenklasse A) und ihre Dämpfe giftig. Sie werden nach dem Versuch zu den Lösemittelabfällen gegeben.

Arbeitsanweisung: 250 mL des Destillationsgemisches werden in der Apparatur vorgelegt, durch fraktionierte Destillation getrennt und das Volumen jeder Fraktion gemessen.

Auswertung: Darstellung des Destillationsverlaufs

1. Im Abstand von einer Minute wird die Temperatur am Kopf der Kolonne abgelesen. In einem Temperatur-Zeit-Diagramm wird die Destillationskurve dargestellt.
2. Die Volumina der einzelnen Fraktionen werden bestimmt.
3. Die Brechungsindices der beiden Hauptfraktionen werden mit einem Abbé-Refraktometer gemessen und mit denen der reinen Substanzen verglichen.

17.2.1.2   Destillation eines Gemisches über eine Füllkörper-Kolonne mit Raschig-Ringen

Der vorstehende Versuch wird mit einer *Füllkörper*-Kolonne wiederholt.

17.2.1.3   Destillation eines Gemisches über eine Silbermantel-Kolonne

Der vorstehende Versuch wird mit einer Silbermantel-Kolonne wiederholt.

17.2.2 Vakuumdestillation mit Kolonnenkopf

Geräte: Elektrischer Heizkorb, Regler, 500-mL-NS-Zweihalsrundkolben, Siedekapillare, Silbermantel-Kolonne, Kolonnenkopf, Thermometer, Kältefalle, Dewar-Gefäß, Vakuumpumpe, zwei 250-mL-NS-Einhalskolben, zwei 100-mL-NS-Einhalskolben, Übergangsstück NS 14,5/29, 100-mL-Meßzylinder.

Chemikalien: Destillationsgemisch mit φ(Butylglykol) = 0,3 und φ(Glykol) = 0,7.

Hinweise zur Arbeitssicherheit: 1. Schutzbrille tragen und Schutzscheiben aufstellen; 2. Kontrolle der Geräte auf einwandfreien Zustand (Gefahr der Implosion); 3. Zur Verhinderung von Siedeverzügen eine Siedekapillare verwenden; 4. Beim An- und Abstellen der Apparatur die richtige Reihenfolge der Handgriffe beachten (vgl. Abschn. 17.1.2 Vakuumdestillation).

Arbeitsanweisung: 250 mL des Gemisches werden in der Apparatur vorgelegt und durch fraktionierte Destillation unter Vakuum getrennt.

Auswertung: Wie in Abschn. 17.2.1 Vigreux-Kolonne.

17.2.3 Wasserdampfdestillation

17.2.3.1 *Wasserdampfdestillation von Toluol*

Geräte: Dreifuß mit Netz, Wasserdampf-Entwicklungsgefäß mit Steigrohr, T-Stück, Einweghahn, Dampfeinleitungs- bzw. Dampfableitungsvorrichtung, 500-mL-NS-Rundkolben, elektrischer Heizkorb mit Regler, Liebigkühler, Scheidetrichter, 100-mL- und 500-mL-Erlenmeyerkolben, 100-mL-Meßzylinder.

Chemikalie: Toluol.

Hinweis zur Arbeitssicherheit: Toluol ist giftig und leicht entzündbar (Gefahrenklasse A1).

Arbeitsanweisung: 30 mL technisches Toluol werden in der Wasserdampfdestillations-Apparatur im Destillationskolben zusammen mit 150 – 200 mL Wasser vorgelegt und mit Wasserdampf destilliert, bis alles Toluol überdestilliert ist (Geruchsprobe am Destillat). Das aus zwei Phasen bestehende Destillat (Toluol oben) wird im Scheidetrichter getrennt, das Toluol auf Calciumchlorid getrocknet und sein Volumen bestimmt.

Auswertung: Die Ausbeute an destilliertem und getrocknetem Toluol bezogen auf das eingesetzte technische Toluol wird berechnet.

17.2.3.2 *Wasserdampfdestillation von Thymol*

Geräte: Wie beim Versuch mit Toluol, jedoch mit einem 600-mL-Becherglas als Vorlage; zusätzlich 1-L-Saugflasche, Nutschring, Porzellannutsche, Filter, Porzellanschale, Wasserbad zur Kühlung der Vorlage.

Chemikalie: Thymol.

Arbeitsanweisung: 20 g technisches Thymol und 150–200 mL Wasser werden in der Apparatur vorgelegt. Es wird mit Wasserdampf destilliert, bis kein Thymol mehr in der Vorlage ausfällt. Das feste Thymol wird dann über eine Porzellannutsche abgesaugt, an der Luft getrocknet und gewogen.

Auswertung: Die Ausbeute an gereinigtem Thymol bezogen auf das eingesetzte technische Produkt wird berechnet.

17.3   Wiederholungsfragen

1. Erklären Sie den Begriff „Destillieren".
2. Definieren Sie den Siedepunkt.
3. Welcher Zusammenhang besteht bei einer Destillation zwischen der Temperatur der Flüssigkeit und ihrem Dampfdruck?
4. Welche Destillationsverfahren kennen Sie?
5. Aus welchen Geräten besteht eine Apparatur zur einfachen Destillation?
6. Wann wendet man im Laboratorium die einfache Destillation, wann die fraktionierte Destillation an?
7. Erläutern Sie das Arbeitsprinzip der fraktionierten Destillation.
8. Was ist eine Rektifikation?
9. Was sagt das Rücklaufverhältnis $v = 10$ aus?
10. Welche Bedeutung haben Gleichgewichtsdiagramme für eine Rektifikation?
11. Nennen Sie die 4 wesentlichen Teile einer Rektifikations-Apparatur.
12. Was verstehen Sie unter adiabatischen Vorgängen bei einer Rektifikation?
13. Bei welchen Substanzen ist eine Vakuumdestillation empfehlenswert?
14. Was ist bei einer Vakuumdestillation besonders zu beachten?
15. Welche Vakuumpumpen kennen Sie?
16. Was wissen Sie über die Messung des Unterdrucks?
17. Wie werden bei der Vakuumdestillation Siedeverzüge vermieden?
18. Aus welchen Geräten besteht eine Apparatur zur einfachen Vakuumdestillation?
19. Aus welchen Geräten besteht eine Apparatur zur fraktionierten Vakuumdestillation?
20. Wozu verwendet man Eutervorlage nach Bredt (Spinne) und Vakuumviereck bei der Vakuumdestillation? Welche Vorteile hat jedes Gerät?
21. Worauf ist bei der Durchführung einer Vakuumdestillation hinsichtlich der Arbeitssicherheit besonders zu achten?
22. Nennen Sie die Reihenfolge der Handgriffe beim Anfahren und Abstellen einer Vakuumdestillation.
23. Erläutern Sie das Prinzip der Wasserdampfdestillation (Schleppmitteldestillation).
24. Welche Substanzen können mittels Wasserdampfdestillation destilliert werden?
25. Nennen Sie die Teile einer Wasserdampfdestillations-Apparatur.
26. Welche Möglichkeiten gibt es, um den Endpunkt einer Wasserdampfdestillation festzustellen?

18 Umgang mit Gasen

18.1 Theoretische Grundlagen

18.1.1 Themen und Lerninhalte

Gasentwicklung

Gasreinigung

Messung von Gasvolumina

Der Herstellung von Gasen und dem Umgang mit *Gasen*[*] ist ein eigenes Kapitel gewidmet, da ihre Eigenschaft, jedes angebotene Volumen auszufüllen einerseits besondere experimentelle Techniken erfordert, andererseits diese Techniken z.T. ohne Rücksicht auf den chemischen Charakter des Stoffes für alle Gase gleichermaßen genutzt werden können.

18.1.2 Gasentwicklung

Methoden der Gasentwicklung. Zur Herstellung von Gasen im chemischen Laboratorium haben sich zwei Reaktionstypen als nützlich erwiesen: die Zersetzungsreaktion und die Verdrängungsreaktion.

Bei *Zersetzungsreaktionen* wird einem Stoff elektrische Wärme- oder Lichtenergie zugeführt. Manchmal fügt man Katalysatoren[**] zu, um die Reaktion zu beschleunigen. Ein Beispiel ist die thermische Zersetzung (Hitzespaltung) von Kaliumchlorat ($KClO_3$), die über die Bildung von Kaliumperchlorat ($KClO_4$) und dessen Zerfall zu Sauerstoff (O_2) führt:

$$4\,KClO_3 \xrightarrow{\;\varrho\;} KCl + 3\,KClO_4 \tag{18-1}$$

$$3\,KClO_4 \xrightarrow{\;\varrho\;} 3\,KCl + 6\,O_2\!\uparrow \tag{18-2}$$

---

[*] Von griech. *chaos* für gestaltlose Masse.
[**] Von griech. *katalyein* für auflösen.

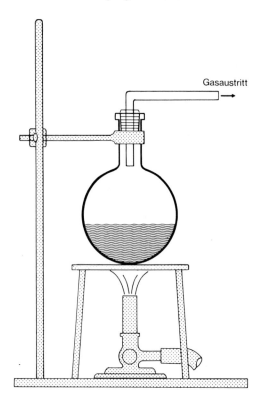

Gasaustritt

Abb. 18-1. Gasentwicklungsgerät für Zersetzungsreaktionen: Rundkolben zum
Austreiben von Gasen aus Feststoffen
und Flüssigkeiten.

Bei *Verdrängungsreaktionen* nutzt man oft die unterschiedliche Stärke von Säuren und
Basen. Die stärkere Säure oder Base setzt die schwächere aus ihrem Salz frei:

$$2\,NaCl + H_2SO_4 \longrightarrow Na_2SO_4 + 2\,HCl\uparrow \tag{18-3}$$

$$Na_2CO_3 + 2\,HCl \longrightarrow 2\,NaCl + H_2O + CO_2\uparrow \tag{18-4}$$

$$NH_4Cl + NaOH \longrightarrow NaCl + H_2O + NH_3\uparrow \tag{18-5}$$

Zur Herstellung von Wasserstoff (H_2) dient meist seine Bildung aus Salzsäure und einem
unedlen Metall:

$$Zn + 2\,HCl \longrightarrow ZnCl_2 + H_2\uparrow \tag{18-6}$$

Geräte zur Gasentwicklung. Die Gasentwicklung durch Zersetzungsreaktionen erfordert
Geräte aus schwer schmelzbaren Gläsern, da die Zersetzungstemperaturen oft recht hoch
liegen. Die Größe der Geräte richtet sich nach der Menge des zu entwickelnden Gases.
Sie sind mit einem Gasaustrittsrohr versehen (vgl. Abb. 18-1), durch welches das Gas
zum Verwendungsort weitergeleitet wird.

Die Gasentwicklung durch Verdrängungsreaktionen findet meist in Zutropfappara-
turen statt, die aus Gasentwicklungsgefäß, Tropftrichter und Gasableitungsrohr bestehen

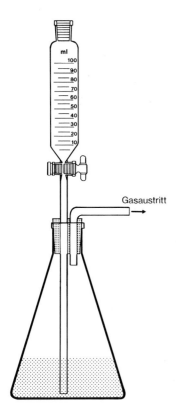

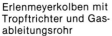

Gasaustritt

Erlenmeyerkolben mit
Tropftrichter und Gas-
ableitungsrohr

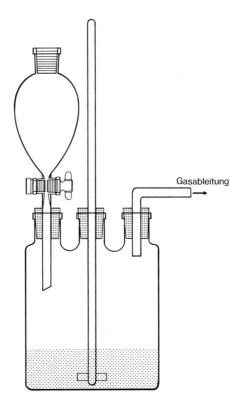

Gasableitung

Woulffsche Flasche mit
Tropftrichter, Rührer und
Gasableitungsrohr

Abb. 18-2. Gasentwicklungsgeräte für Verdrängungsreaktionen.

(vgl. Abb. 18-2). Das Ablaufrohr des Tropftrichters muß am unteren Ende zur Spitze ausgezogen sein, um bei einer möglichen Erhöhung des Gasdrucks das Durchschlagen des Gases in den Trichter zu verhindern. Bei der Auswahl der Gasentwicklungsgefäße ist zu beachten, ob die Reaktion bei Raumtemperatur abläuft oder erhitzt werden muß. Dickwandige Gefäße wie Saugflaschen oder Woulffsche Flaschen dürfen nicht erwärmt werden.

Ein einfaches Gerät zur kontinuierlichen Herstellung von Gasen ist der *Kippsche Gasentwickler**⁾ (vgl. Abb. 18-3), mit dem große Gasmengen bei gleichzeitiger Entnahme des Gases hergestellt werden können.

---

*⁾ Nach seinem Erfinder, dem holländischen Apotheker P. J. Kipp (1808–1864) benannt.

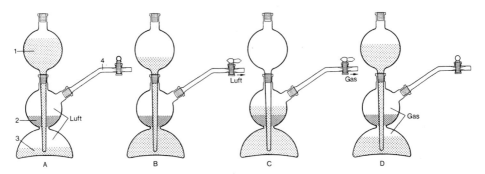

Abb. 18-3. Kippscher Gasentwickler bei verschiedenen Betriebszuständen. (1 Flüssigkeitsgefäß mit der verdrängenden Säure oder Base, 2 Feststoff, aus dem das Gas erzeugt wird, 3 verdrängende Flüssigkeit, 4 Gasableitungsrohr mit Hahn).

Man arbeitet in vier Phasen:

A: Der Feststoff wird eingefüllt, das Gasableitungsrohr mit geschlossenem Hahn aufgesetzt und die Flüssigkeit zugegeben. Sie steigt im untersten Behälter so lange, bis die darüberstehende Luft ein weiteres Ansteigen verhindert.

B: Der Hahn wird geöffnet, die Luft entweicht, und die Flüssigkeit steigt vom unteren in den mittleren Behälter.

C: Flüssigkeit und Feststoff reagieren miteinander, es fließt ein kontinuierlicher Gasstrom.

D: Der Hahn wird geschlossen, das entstehende Gas drängt die Flüssigkeit in den unteren Behälter und das Flüssigkeitsgefäß zurück. Dadurch wird die Gasentwicklung beendet.

Hinweise zur Arbeitssicherheit: 1. Die Schliffe müssen gut gefettet sein, damit die Apparatur gasdicht ist; 2. der Stopfen muß mit Draht gesichert sein, da er sonst durch das entstehende Gas herausgedrückt werden kann; 3. beim Transport darf das Gerät nicht am Flüssigkeitsgefäß oder am Gasableitungsrohr angefaßt werden; 4. bei der Herstellung von Wasserstoff muß die Knallgasprobe gemacht werden.

In Tab. 18-1 sind die Herstellungsverfahren für Gase, die im chemischen Laboratorium häufig verwendet werden, zusammengestellt.

Auffangen von Gasen. Um kontrollierte Reaktionen mit Gasen durchführen zu können, leitet man sie nicht unmittelbar aus dem Gasentwickler in das Reaktionsgefäß, sondern fängt sie in einem Behälter auf. Aus diesem Behälter muß das Gas entweder Luft oder eine Sperrflüssigkeit verdrängen. Die Verdrängung von Luft hat den Nachteil, daß sich das Gas mit ihr mischt und dann nicht mehr rein ist. In manchen Fällen bildet es auch explosionsfähige Gemische mit Luft. Bei Sperrflüssigkeiten ist darauf zu achten, daß das Gas nicht mit ihnen reagiert und sich nicht in ihnen löst. In Tab. 18-2 sind die wichtigsten Sperrflüssigkeiten und ihre Anwendungsbereiche aufgeführt.

Probenahme von Gasen. Gasproben entnimmt man mit einem Doppelhahnröhrchen *(Gaswurst, Gasmaus),* indem man eine Sperrflüssigkeit verdrängt oder das Gas in eine evakuierte Gasmaus einströmen läßt.

Tab. 18-1. Verfahren zur Darstellung einiger Gase im chemischen Laboratorium.

Gas	Methode	Reaktions-gleichung	Apparatur	Anmerkungen
Wasserstoff (H$_2$)	Verdrängung aus einer nicht oxidierenden Säure durch ein unedles Metall	Beispiel: $Zn + 2\ HCl \rightarrow ZnCl_2 + H_2\uparrow$	Kippscher Gasentwickler	Ausgangsstoffe müssen arsenfrei sein; verdünnte Säure (1:4) verwenden; Knallgasprobe
Sauerstoff (O$_2$)	1. aus Kaliumdichromat, (K$_2$Cr$_2$O$_7$) und konzentrierter Schwefelsäure $2\ K_2Cr_2O_7 + 8\ H_2SO_4 \rightarrow$ $2\ K_2SO_4 + 2\ Cr_2(SO_4)_3$ $+ 8\ H_2O + 3\ O_2\uparrow$	Zutropfapparat	der nach dieser Reaktion gewonnene Sauerstoff ist sehr rein	
	2. Oxidation von H$_2$O$_2$	$2\ KMnO_4 + 3\ H_2SO_4 + H_2O_2$ $\rightarrow$	Zutropfapparat	Lösung mit $w(H_2O_2) = 3\%$ zu
	a) mit Kaliumpermanganat (KMnO$_4$)	$K_2SO_4 + 2\ MnSO_4$ $+ 8\ H_2O + 5\ O_2\uparrow$		konzentrierter KMnO$_4$-Lösung (mit H$_2$SO$_4$ angesäuert) tropfen lassen
	b) mit Chlorkalk (CaOCl$_2$)	$CaOCl_2 + H_2O_2 \rightarrow$ $CaCl_2 + H_2O + O_2\uparrow$	Kippscher Gasentwickler	Chlorkalk mit Gipsbrei zu Würfeln formen und fest werden lassen
Stickstoff (N$_2$)	Zersetzung von Ammoniumnitrit (NH$_4$NO$_2$)	$NH_4Cl + NaNO_2 \rightarrow$ $NaCl + NH_4NO_2$ $NH_4NO_2 \xrightarrow{\varrho} 2\ H_2O +$ $N_2\uparrow$	Zutropfapparat über Wasserbad	gesättigte Nitritlösung zu gesättigter Ammoniumchloridlösung tropfen lassen

Tab. 18-1. Verfahren zur Darstellung einiger Gase im chemischen Laboratorium (Fortsetzung).

Gas	Methode	Reaktionsgleichung	Apparat	Anmerkungen
Ammoniak (NH_3)	1. thermische Zersetzung einer Ammoniaklösung	$NH_4OH \rightarrow H_2O + NH_3\uparrow$	Rundkolben mit Gasableitungsrohr	konzentrierte Ammoniumhydroxidlösung verwenden
	2. Verdrängung von NH_3 aus einem Ammoniumsalz mit Natronlauge	$NH_4Cl + NaOH \rightarrow$ $NaCl + H_2O + NH_3\uparrow$	Zutropfapparat	konzentrierte Natronlauge verwenden
Chlor (Cl_2)	Oxidation von Chlorwasserstoff mit			
	a) Chlorkalk ($CaOCl_2$)	$CaOCl_2 + 2\ HCl \rightarrow$ $CaCl_2 + H_2O + Cl_2$	Zutropfapparat	konzentrierte Salzsäure verwenden
	b) Kaliumpermanganat ($KMnO_4$)	$2\ KMnO_4 + 16\ HCl \rightarrow$ $2\ KCl + 2\ MnCl_2$ $+ 8\ H_2O + 5\ Cl_2\uparrow$	Zutropfapparat	gegen Ende der Reaktion erwärmen
Clorwasserstoff (HCl)	Verdrängung von HCl aus einem Chlorid mit einer schwerer flüchtigen Säure	*Beispiel:* $NaCl + H_2SO_4 \rightarrow$ $NaHSO_4 + HCl\uparrow$	Zutropfapparat	konzentrierte Schwefelsäure verwenden
Schwefelwasserstoff (H_2S)	Verdrängung von H_2S aus einem Sulfid mit einer schwerer flüchtigen Säure	*Beispiel:* $FeS + 2\ HCl \rightarrow FeCl_2 + H_2S\uparrow$	Kippscher Gasentwickler oder Zutropfapparat mit Woulffscher Flasche	körniges Eisensulfid; Säure 1:1 verdünnen
Kohlenstoffdioxid (CO_2)	Verdrängung von CO_2 aus einem Carbonat durch eine schwerer flüchtige Säure	$CaCO_3 + 2\ HCl \rightarrow$ $CaCl_2 + H_2O + CO_2\uparrow$	Kippscher Gasentwickler	Marmor verwenden, Säure 1:1 verdünnen

Tab. 18-2. Sperrflüssigkeiten und ihre Anwendungsbereiche.

Sperrflüssigkeit	Verwendung für	1 Volumenteil Sperrflüssigkeit löst Volumenteile Gas*) (V(Gas))	Vorteile	Nachteile	Mögliche Behebung der Nachteile
Wasser	Wasserstoff, Sauerstoff, Stickstoff, Kohlenstoffmonoxid	0,02 0,034 0,015 0,025	billig, steht stets zur Verfügung	verhältnismäßig hohes Lösevermögen für alle Gase, Gase werden feucht	Sättigung mit dem Gas, Überschichten des Wassers mit Paraffinöl
Gesättigte Natriumchloridlösung	wie Wasser; außerdem für: Kohlenstoffdioxid, Acetylen, Chlor, Schwefelwasserstoff	0 0,36 3	geringeres Lösevermögen für Gase als Wasser	wie Wasser	wie Wasser
Quecksilber	alle Gase mit Ausnahme von Schwefeldioxid und Chlor	0	löst praktisch kein Gas, Gase bleiben trocken	sehr giftig, hohe Dichte, sehr teuer	
Organische Flüssigkeiten, z.B. Paraffinöl	Ammoniak, Schwefeldioxid	0	wie Quecksilber		

*) Wenn das Lösevermögen der Sperrflüssigkeit für das jeweilige Gas größer wird, dann ist die Verwendung der Lösung bzw. des Lösemittels als Sperrflüssigkeit nur noch bedingt oder nicht möglich.
So ist das Lösemittel Wasser als Sperrflüssigkeit für Kohlenstoffdioxid (V(CO$_2$) = 0,93) nur bedingt verwendbar.
Es eignet sich beispielsweise überhaupt nicht für Schwefeldioxid (V(SO$_2$) = 79), Hydrogenchlorid (V(HCl) = 455) und Ammoniak (V(NH$_3$) = 802).

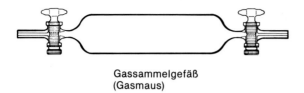

Gassammelgefäß
(Gasmaus)

Abb. 18-4. Gassammelgefäß.

18.1.3 Gasreinigung

Wasch- und Trockenmittel. Die im chemischen Laboratorium hergestellten Gase müssen meist noch gereinigt werden, da sie entweder staubförmige Verunreinigungen enthalten, bei der Reaktion gasige Nebenprodukte entstanden sind, oder Wasserdampf mitgeschleppt wird. Staubteile lassen sich durch einfache Filter abtrennen, indem das Gas durch Glaswolle oder Watte geleitet wird. Fremdgase beseitigt man durch *Adsorption*[*] an der Oberfläche eines feinverteilten Pulvers (z. B. Tierkohle) oder durch *Absorption*[**], indem sich das Gas in einem Feststoff oder einer Flüssigkeit löst. Dabei kann auch eine chemische Reaktion ablaufen. So wird Chlorwasserstoffgas von verdünnter Natronlauge aufgenommen. Zur Entfernung von Wasser aus einem Gas *(Gastrocknung)* wird es durch ein Trockenmittel geleitet. Bei der Auswahl der Wasch- und Trockenmittel muß man darauf achten, daß sie nicht mit dem Gas reagieren. Als Regel gilt:

> Saure Gase werden mit sauren,
> basische Gase mit alkalischen
> Wasch- und Trockenmitteln behandelt.

In Tab. 18-3 sind Wasch- und Trockenmittel für die im chemischen Laboratorium üblichen Gase zusammengestellt.

Die Reaktion eines Gases mit dem Absorptionsmittel ist allerdings dann erwünscht, wenn es gefahrlos vernichtet werden soll. Im chemischen Laboratorium sollte Abfallgas nicht abgebrannt werden. Die üblichen Absorptionsmittel für einige Gase sind in Tab. 18-4 aufgeführt.

Geräte zur Gasreinigung. Für flüssige Wasch- und Trockenmittel verwendet man *Waschflaschen* (vgl. Abb. 18-5), die für eine feine Verteilung von Gasperlen in der Flüssigkeit sorgen. Dadurch wird eine große Oberfläche des Gases und damit eine große Kontaktfläche mit der Flüssigkeit erzielt, welche die Reinigungs- und Trocknungswirkung erhöht. Verwendet man einfache Waschflaschen, so müssen sie im Gegentakt geschaltet werden (vgl. Abb. 18-12), damit beim Ausbleiben des Gasstromes die Flüssigkeit nicht in den Gasentwickler zurücksteigen kann. Bei Sicherheitswaschflaschen ist diese Maßnahme nicht notwendig.

---

[*] Von lat. *ad* für zu und lat. *sorbere* für „in sich ziehen".
[**] Von lat. *absorbere* für verschlucken.

Tab. 18-3. Wasch- und Trockenmittel für Gase.

Gas	Verunreinigung	Waschmittel	Trockenmittel
H_2	AsH_3, Säuredämpfe	$KMnO_4$-Lösung, NaOH-Lösung	P_4O_{10}, $CaCl_2$; H_2SO_4 wird zum Teil reduziert
O_2	Staub	H_2O	H_2SO_4, P_4O_{10}, $CaCl_2$
N_2	O_2, Säuredämpfe	Alkalische Pyrogallol-Lösung, NaOH-Lösung	wie O_2
CO	CO_2	NaOH-Lösung	wie O_2
Cl_2	HCl	H_2O mit wenig $KMnO_4$-Lösung	H_2SO_4, $CaCl_2$; keine alkalisch reagierende Substanzen und kein P_4O_{10}
HCl			wie Cl_2
H_2S	Säuredämpfe	H_2O	$CaCl_2$; keine H_2SO_4
SO_2			wie O_2
CO_2		$NaHCO_3$-Lösung	wie O_2
NH_3	O_2	NH_3-Lösung, die Cu-Drahtnetzrollen enthält	$CaCO_3$, BaO

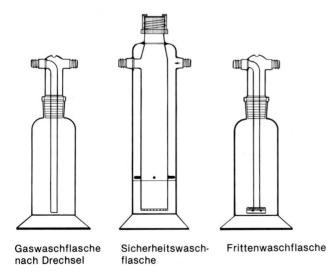

Gaswaschflasche nach Drechsel   Sicherheitswaschflasche   Frittenwaschflasche

Abb. 18-5. Gaswaschflaschen.

Tab. 18-4. Absorptionsmittel für Gase.

Gas	Absorptionsmittel
O_2	alkalische Pyrogallol-Lösung
CO	alkalische Kupfer(I)-Salzlösung
Cl_2	Natronlauge
HCl	Natronlauge (kühlen)
H_2S	Natronlauge
SO_2	Natronlauge
NO_2	Eisen(II)-Sulfat-Lösung
CO_2	Natronlauge
NH_3	Eiswasser

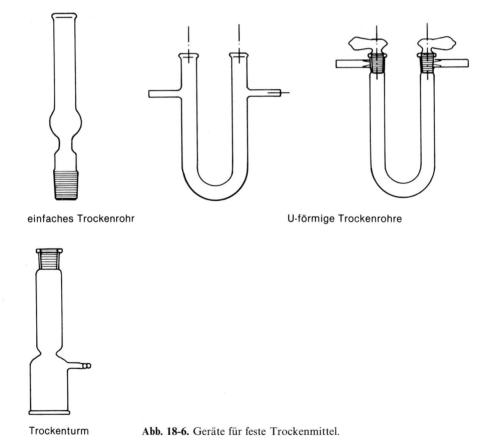

einfaches Trockenrohr   U-förmige Trockenrohre

Trockenturm   **Abb. 18-6.** Geräte für feste Trockenmittel.

Feste Wasch- und Trockenmittel füllt man in *Trockenrohre* oder *Trockentürme* (vgl. Abb. 18-6), in denen eine große Kontaktfläche mit dem durchströmenden Gas entsteht.

18.1.4 Messung von Gasvolumina

Die einem Vorratsgefäß entnommene Gasmenge wird in der Regel dadurch bestimmt, daß das Volumen des strömenden Gases gemessen wird. Nur selten wird eine Gasmenge gewogen.

Rotameter. Eine einfache Vorrichtung zur Messung von Gasvolumina ist der Schwebekörper-Durchflußmesser (vgl. Abb. 18-7). Es besteht aus einem mit einer Skala versehenen Glasrohr, das innen in Strömungsrichtung konisch*) erweitert ist und in dem sich ein Schwimmer aus Metall, Kunststoff oder Keramik befindet, der während des Gasdurchflusses rotiert. Das Gas wird durch das senkrecht stehende Glasrohr von unten nach oben geleitet und schiebt den Schwimmer entsprechend der Strömungsgeschwindigkeit zu einer bestimmten Markierung. Das Gerät muß kalibriert werden, da die Art des Gases, das Gewicht des Schwimmers, der Konus des Glasrohrs und die Temperatur die Stellung des Schwimmers bestimmen.

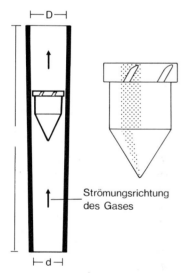

Strömungsrichtung des Gases

Abb. 18-7. Schwebekörper-Durchflußmesser.

Strömungsmesser (Kapillardurchflußmesser). Etwas anspruchsvoller ist der *Strömungsmesser* (vgl. Abb. 18-8), der aus einem U-Rohr besteht, dessen Schenkel mit einer Manometerflüssigkeit gefüllt und durch eine Kapillare verbunden sind. Das einströmende Gas wird durch die Kapillare gestaut und übt einen Druck auf die Manometerflüssigkeit aus. Aus der Differenz der Steighöhen der Flüssigkeit in beiden U-Rohr-Schenkeln kann die Strömungsgeschwindigkeit des Gases in der Kapillare errechnet werden. Da auch die Weite der Kapillare und die Art des Gases die Strömungsgeschwindigkeit beeinflus-

---

*) Kegelförmig; von lat. *conos* für Kegel.

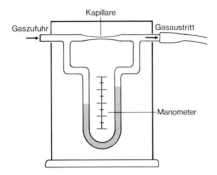

Abb. 18-8. Strömungsmesser.

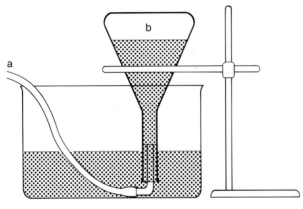

Abb. 18.9. Versuchsanordnung zur Kalibrierung eines Strömungsmessers.
a Gaseintritt, b 1-L-Meßkolben.

sen, muß jede Kapillare mit einer Gasuhr oder einer Anordnung entsprechend Abb. 18-9 kalibriert werden. Man mißt den Manometerausschlag bei verschiedenen Strömungsgeschwindigkeiten und zeichnet eine Kalibrierkurve. Aus dieser kann für jeden während eines Versuchs gemessenen Manometerausschlag die Gasmenge pro Zeiteinheit abgelesen werden.

Gaszähler. Die unmittelbare Messung von Gasvolumina erlauben die Gaszähler, die aus dem strömenden Gas fortlaufend gleiche Gasvolumina abtrennen und mit einem Zählwerk die Anzahl der abgetrennten Volumina anzeigen. Die *trockenen Gaszähler* arbeiten ohne, die *nassen Gaszähler* (vgl. Abb. 18-10) mit einer Sperrflüssigkeit.

Drehkolbenzähler, Ovalradzähler. Die Drehkolbenzähler (vgl. Abb. 18-11) arbeiten wie die Gaszähler nach dem volumetrischen Prinzip, trennen aber kleinere Volumina ab. Anstelle der Drehkolben können auch ovale Zahnräder verwendet werden.

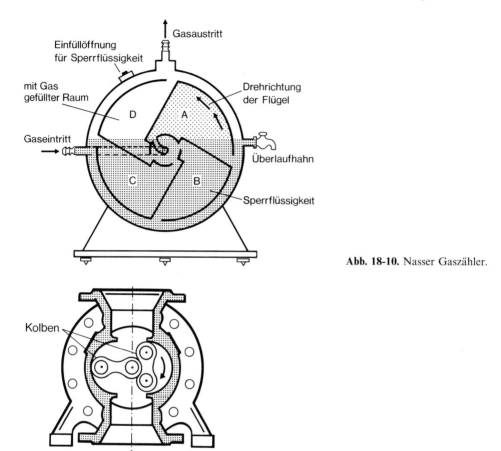

Abb. 18-10. Nasser Gaszähler.

Abb. 18-11. Drehkolbenzähler.

18.1.5 Apparatur zur Herstellung von Gasen

Die in den Abschnitten 18.1.2 bis 18.1.4 vorgestellten Geräte werden zur Herstellung eines Gases kombiniert, und man erhält eine Apparatur entsprechend Abb. 18-12. Die Verbindung zwischen den Glasteilen wird mit Kunststoffschläuchen hergestellt, da viele Gase mit Gummi reagieren.

Die in Abb. 18-12 nach dem Gasentwicklungsgefäß eingebaute Tauchung (2) dient der Überdrucksicherung.

Die Tauchtiefe des Glasrohrs in der Sperrflüssigkeit wird durch mehrere Faktoren bestimmt.

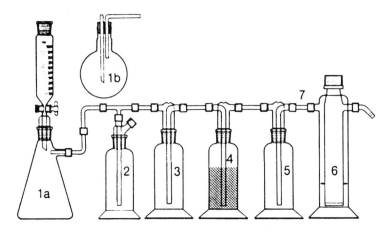

Abb. 18-12. Apparatur zur Herstellung von Gasen. (1 a, 1 b Gasentwicklungsgefäße, 2 Tauchung, 3 Sicherheitsflasche, 4 Gaswaschflasche mit Trockenmittel, 5 Sicherheitsflasche, 6 Absorptionsgefäß, 7 Gasmaus, Gasbehälter oder Reaktionsgefäß können hier eingebaut werden.)

Sie muß um so größer sein, je größer die Summe der Strömungswiderstände in der Apparatur durch Reinigung, Trocknung und Absorption des Gases ist.

Das Absorptionsgefäß wird so konstruiert, daß das einströmende Gas mit einer möglichst großen Oberfläche der Absorptionsflüssigkeit in Berührung kommt, um ein Entweichen des Gases zu verhindern. Bei allen Arbeiten mit Gasen sind die Unfallverhütungsvorschriften (vgl. Kap. 1) zu beachten.

18.2   Arbeitsanweisungen

18.2.1   Darstellung von HCl-Gas

Geräte: Entsprechend Abb. 18-12; zusätzlich: Glasfritte 1 G 4, Vorstoß mit Ring, Nutschring, 500-mL-Saugflasche, Vakuumschlauch, Porzellanschale.

Chemikalien: Technisches Kochsalz, Schwefelsäure $w(H_2SO_4) = 96\%$, Dichlormethan.

Hinweise zur Arbeitssicherheit: Wegen der stark ätzenden Schwefelsäure müssen Schutzkleidung und Schutzbrille getragen werden. Die Sperrflüssigkeit der Tauchung (Dichlormethan) darf nicht eingeatmet oder auf die Haut gebracht werden. Nach Ende des Versuchs wird es zu den halogenhaltigen Lösemittelabfällen gegeben. Das entstehende

Chlorwasserstoff-Gas schädigt die Atemwege. Tritt es wegen einer Undichtigkeit aus der Apparatur aus, muß die Gasentwicklung sofort unterbrochen werden. Der Versuch wird unter einem Abzug durchgeführt.

Arbeitsanweisung: Im Gasentwicklungsgefäß (1) (vgl. Abb. 18-12), werden 150 g NaCl vorgelegt, und der Tropftrichter mit H_2SO_4-Lösung ($w(H_2SO_4) = 96\%$) gefüllt. Als Sperrflüssigkeit für die Tauchung (Gefäß 2) verwendet man CH_2Cl_2, als Wasch- und Trockenflüssigkeit (Gefäß 5) dient eine H_2SO_4-Lösung mit $w(H_2SO_4) = 96\%$. Als Absorptionsflüssigkeit (Gefäß 6) dient eine kaltgesättigte NaCl-Lösung, deren Gehalt an NaCl durch eine Trockengehaltsbestimmung ermittelt wurde. Das entstandene Hydrogenchlorid wird in der kaltgesättigten Kochsalzlösung absorbiert. Da das HCl-Gas in Wasser eine bessere Löslichkeit besitzt als NaCl, wird dieses aus der Lösung verdrängt — Kochsalz fällt aus.

Es wird nach beendeter Reaktion über eine 1 G 4-Fritte abgesaugt, zur Entfernung des überschüssigen Hydrogenchlorids mehrfach mit Ethanol gewaschen und in einer Porzellanschale im Abzug an der Luft getrocknet und gewogen.

Auswertung: Man bestimmt den NaCl-Gehalt der Absorptionsflüssigkeit vor der Reaktion, wiegt die ausgefallene NaCl-Portion und berechnet die Ausbeute des ausgefällten NaCl in %.

18.2.2 Darstellung von CO_2

Geräte: Wie in Versuch 18.2.1.

Chemikalien: Marmor ($CaCO_3$), Dichlormethan, wäßrige Lösungen mit $w(H_2SO_4) = 96\%$ und $c(HCl) = 2$ mol/L und Natronlauge $w(NaOH) = 10\%$.

Arbeitsanweisung: Im Reaktionsgefäß (1a; Abb. 18-11) werden 50 g Marmor vorgelegt, und der Tropftrichter mit der Salzsäure gefüllt. Als Tauchflüssigkeit dient Dichlormethan oder eine gesättigte Kochsalzlösung, als Wasch- und Trockenflüssigkeit eine Schwefelsäurelösung $w(H_2SO_4) = 96\%$ und als Absorptionsflüssigkeit 200 g Natronlauge $w(NaOH) = 10\%$. Kohlenstoffdioxid wird aus Marmor mit der Salzsäure nach Gl. (18-7) freigesetzt und in der Natronlauge als Natriumcarbonat (Na_2CO_3) nach Gl. (18-8) absorbiert:

$$CaCO_3 + 2\,HCl \longrightarrow CaCl_2 + H_2O + CO_2{\uparrow} \qquad (18\text{-}7)$$

$$2\,NaOH + CO_2 \longrightarrow Na_2CO_3 + H_2O \qquad (18\text{-}8)$$

Hinweise zur Arbeitssicherheit: vgl. Versuch 18.2.1.

Auswertung: Aus der Massendifferenz der Absorptionslösung vor und nach der Absorption errechnet man die absorbierte Masse CO_2 und das entsprechende Gasvolumen.

Auswertungsbeispiel: Bedingungen:

$$p = 1008 \text{ mbar} \qquad T = 293 \text{ K}$$

m(Becherglas leer):	85,23 g
m(Becherglas + Natronlauge):	285,31 g
m(Becherglas + Natronlauge + Trichter):	307,58 g
m(Becherglas + Natronlauge + Trichter + CO_2):	313,39 g

Berechnung:

$$m(\text{Natronlauge}) = m(\text{Becherglas + Natronlauge}) - m(\text{Becherglas leer})$$

$$= \qquad 285,31 \text{ g} \qquad - \qquad 85,23 \text{ g}$$

$$= 200,08 \text{ g}$$

$$m(CO_2) \quad = \quad m(\text{Becherglas + Natronlauge + Trichter} + CO_2)$$
$$- m(\text{Becherglas + Natronlauge + Trichter})$$

$$= \quad 313,39 \text{ g} - 307,58 \text{ g}$$

$$= \quad 5,81 \text{ g } CO_2$$

$$n(CO_2) \quad = \quad \frac{m(CO_2)}{M(CO_2)}$$

$$n(CO_2) \quad = \quad \frac{5,81 \text{ g} \cdot \text{mol}}{44 \text{ g}}$$

$$n(CO_2) \quad = 0,132 \text{ mol}$$

Gasvolumen CO_2 bei 1013 mbar und 273 K:

$$V(CO_2) \quad = n(CO_2) \cdot V_{M,N}$$

$$V(CO_2) \quad = \quad \frac{0,132 \text{ mol} \cdot 22,4 \text{ L}}{\text{mol}}$$

$$V(CO_2) \quad = 2,958 \text{ L}$$

Umrechnung auf Laborbedingungen (1008 mbar und 293 K):

$$\frac{p \cdot V}{T} = \frac{p_o \cdot V_o}{T_o}$$

$$V = \frac{p_o \cdot V_o \cdot T}{T_o \cdot p}$$

$$= \frac{1013 \text{ mbar} \cdot 2,958 \text{ L} \cdot 293 \text{ K}}{273 \text{ K} \cdot 1008 \text{ mbar}}$$

$$= \underline{3,19 \text{ L } CO_2}$$

18.3   Wiederholungsfragen

1. Was wissen Sie über die Eigenschaften von Gasen?
2. Skizzieren Sie Apparaturen zur Gasentwicklung.
3. Skizzieren Sie einen Kippschen Apparat und erklären Sie die Arbeitsweise.
4. Formulieren Sie die Reaktionsgleichungen zur Darstellung von Wasserstoff, Ammoniak, Chlorwasserstoff, Schwefelwasserstoff und Kohlenstoffdioxid im chemischen Laboratorium.
5. Welche Eigenschaften müssen Sperrflüssigkeiten für Gase haben?
6. Wozu verwendet man Doppelhahnröhrchen (Gaswurst, Gasmaus)?
7. Erklären Sie die mechanische Gasreinigung.
8. Worauf beruht die Gasreinigung durch Adsorption und Absorption?
9. Welche Voraussetzungen müssen Wasch- und Trockenmittel erfüllen?
10. Nennen Sie Geräte und Apparaturen, mit denen man Gase waschen und trocknen kann.
11. Zählen Sie wichtige Laborgase und deren Absorptionsmittel auf.
12. Mit welchen Geräten werden Gasvolumina gemessen und wie arbeiten sie?
13. Welche Faktoren sind bei der Ermittlung der Einfüllhöhe bei der Tauchung zu berücksichtigen?
14. Skizzieren Sie eine Apparatur zur Entwicklung von Gasen und benennen Sie ihre Teile.

19 Mikrobiologische Arbeitstechniken, Mikroskopieren

19.1 Theoretische Grundlagen

19.1.1 Themen und Lerninhalte

Kennzeichen des Lebens
Mikroorganismen
Impftechniken
Nachweis von Keimen
— in der Luft
— im Wasser
— auf Körperoberflächen
Nachweis von Hefezellen
Nachweis von Zahnbelagsbakterien
Strahlengang am Mikroskop
Einstellung eines mikroskopischen Präparates
Pflege und Reinigung des Mikroskops

19.1.2 Mikroorganismen

Ein Zweig der Biologie, die Mikrobiologie, gewinnt in den letzten Jahren zunehmend an Bedeutung. Der Mithilfe von Kleinstlebewesen, den Mikroorganismen, beim Abbau organischer Reststoffe in kommunalen und industriellen Abwässern oder beim Aufbau organischer Verbindungen zu pharmazeutisch wirksamen Präparaten durch teilweise genmanipulierte Varianten — um 2 Beispiele zu nennen — verdanken wir das frühe Interesse an den Fähigkeiten dieser Lebewesen.

Die Mikroorganismen erfüllen die biologischen Bedingungen des Lebens. Sie verfügen über

— Stoff- und Energieaustausch
— Wachstumseigenschaften
— Fortpflanzungsfähigkeit
— Reizbarkeit und
— selbständige Bewegungsfähigkeit.

Sie sind oft einzellig und bestehen aus einem Zellkern und einem Zelleib. Der Kern trägt die Erbinformationen, während der Zelleib für den Stoffwechsel und die Energiegewinnung und -bereitstellung sorgt.

Beispielhaft für eine Zelle wird hier eine Amöbe dargestellt (Abb. 19-1).

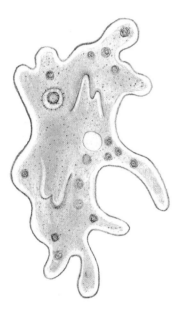

Abb. 19-1. Amöbe als Beispiel für einen Einzeller.

Bakterien, niedere Pilze, Algen und tierische Einzeller zählen beispielsweise zu den Mikroorganismen. Sie kommen überall, auch unter natürlichen Extrembedingungen, auf der Erde vor und ermöglichen durch ihre fast unendliche Häufigkeit und ihren Stoffwechsel überhaupt erst das Leben von hochentwickelten Lebewesen.

Ein ebenfalls junger Bereich der Technologie, die Biotechnik, hat sich zur Aufgabe gemacht, die Fähigkeiten von Mikroorganismen mit technischen Mitteln zu lenken und nutzbar zu machen. Die Mikroorganismen werden — nach gewünschten Eigenschaften — isoliert, vermehrt und ermöglichen dann beispielsweise die

— Herstellung von Antibiotica, Insulin
— Reinigung organisch belasteter Abwässer
— Kraftstoffgewinnung aus Biomasse
— Herstellung von Vitaminen usw.

Die Fähigkeiten der Mikroorganismen lassen sich jedoch nicht immer für den Menschen nutzen. Es gibt Arten, die dem Menschen schaden, da sie zu Erkrankungen führen können (Diphtherie, Wundstarrkrampf, Typhus, Scharlach u.ä.). Dieses sind sogenannte „pathogene" Mikroorganismen, d.h., „krankmachende Mikroorganismen". Die pharmazeutische Industrie hat Medikamente entwickelt, deren Wirksamkeit die Gefährdung des Menschen deutlich vermindert hat.

19.1.3 Die Vermehrung von Mikroorganismen

Um die Eigenschaften von Mikroorganismen bestimmen zu können, müssen sie zunächst vermehrt werden. Dazu werden sie auf geeignete Nährböden gebracht, die ihnen in Verbindung mit der jeweils idealen Temperatur ($15-40\,^{\circ}$C) und entsprechendem pH-Wert (ca. $4-8$) optimale Bedingungen bietet.

Dafür werden geringste Mengen von Mikroorganismen auf den Nährboden (z.B. Agar) aufgebracht. Um dieses „Impfen" zu ermöglichen, kommen mehrere Methoden zur Anwendung. Hier 3 Beispiele:

— Das gleichmäßige Verteilen kleiner Mengen einer mikroorganismenhaltigen Lösung auf der Oberfläche des Nährbodens geschieht mit Hilfe eines sterilisierten Drigalski-Spatels (Abb. 19-2). Durch vorsichtiges Drehen wird dieses erreicht.
— Mikroorganismen aus einer Atmosphäre werden mit einer offen hingestellten Platte, der Fangplatte, nachgewiesen.
— sollen von festen Teilen Mikroorganismen auf den Nährboden aufgebracht werden, so wird ein „Klatschpräparat" hergestellt, d.h., das Stück wird vorsichtig auf den Agar gedrückt, so daß einige der Mikroorganismen auf dem Nährboden haften bleiben.

Abb. 19-2. Drigalski-Spatel.

Bei den genannten Methoden werden sich während der Wachstumsphasen aus den einzelnen mikroskopisch kleinen, also unsichtbaren Mikroorganismen sogenannte Kolonien bilden, die mit bloßem Auge gut zu betrachten sind.

Diese gezüchteten Stämme sind im Regelfall harmlos. Trotzdem sollen Laien nur die geschlossenen Petrischalen auswerten, aber nicht anderweitig verwenden. Vielmehr ist ihre sofortige Vernichtung (durch Sterilisierung oder durch Verbrennung) vorgeschrieben.

Wenn aus einer bekannten Probe oder von einem bekannten Gegenstand Bakterien nachgewiesen und gezüchtet werden sollen, so müssen die Geräte, die zum Übertragen der erforderlichen Medien genutzt werden, ihrerseits natürlich keimfrei sein, denn sonst würde die Keimzahl verfälscht werden.

Die notwendige Sterilisation kann auf unterschiedliche Art und Weise erfolgen:

— *trockenes Erhitzen:* 2 Stunden bei 180 °C
— *feuchtes Erhitzen:* 20 Minuten bei 121 °C im Autoklaven bei 1 bar Überdruck
— *Bestrahlung:* mit Gammastrahlen bestrahlen
— *chemische Behandlung:* mit geeigneten chemischen Substanzen (Ethylenoxid, Formalin …) behandeln.

Nach Beendigung der später folgenden Versuche müssen die Petrischalen mit den Keimen und dem Nähragar nach einer der genannten Methoden sterilisiert werden.

Sollen nur krankheitserregende Mikroorganismen unwirksam gemacht werden, so muß desinfiziert werden. Das geschieht durch kurzzeitiges Erhitzen:

— Pasteurisieren: kurzzeitiges Erhitzen auf 60 − 80 °C
— Uperisieren: kurzzeitiges Erhitzen auf 160 °C.

Sollten bei den bereits angesprochenen Züchtungsversuchen nur sehr kleine Kolonien von Mikroorganismen entstehen, oder handelt es sich um andere winzige Objekte, so kann zur Begutachtung die Verwendung einer Lupe oder eines Mikroskopes sinnvoll sein.

19.1.4 Die Funktion eines Mikroskops

Zur Verstärkung der Brechkraft des Auges bei der Betrachtung sehr kleiner Gegenstände wird dem Auge eine *Sammellinse* vorgeschaltet. Ein einfaches Gerät mit einer Sammellinse ist die *Lupe*. Eine stärkere Vergrößerung ist mit dem *Mikroskop*[*] möglich, in dem zwei oder mehrere Linsen zusammenwirken. Vom Objekt wird mit der ersten Sammellinse *(Objektiv)* ein reelles Zwischenbild erzeugt, das mit der zweiten Sammellinse *(Okular)* und dem Auge betrachtet wird, so daß auf der Netzhaut das Bild des Objekts entsteht. Objektiv und Okular sind fest in eine Metallhülse *(Tubus)* eingebaut, die zur scharfen Abbildung des Objekts gehoben oder gesenkt werden kann. Eine zweite Möglichkeit zur Scharfeinstellung ist die Bewegung des Objekttisches.

Die Vergrößerung des Mikroskops ist das Produkt aus der Vergrößerung des Objektivs und der Vergrößerung des Okulars: Erzeugt beispielsweise das Objektiv ein fünfzigfach vergrößertes Zwischenbild des Gegenstandes, das vom Okular zwölffach vergrößert wird, dann ist die Gesamtvergrößerung V nach Gl. (19-1):

$$V = 50 \cdot 12 \qquad\qquad\qquad (19\text{-}1)$$

$$= 600\,.$$

---

[*] Von griech. *mikros* für klein und griech. *skopein* für schauen.

19.1.5 Der Aufbau eines Mikroskops

Man unterscheidet am Mikroskop (vgl. Abb. 19-3) den mechanischen vom optischen Teil. Zum mechanischen Teil gehört das aus *Fuß* und *Tubusträger* gebildete *Stativ*, das die Standfestigkeit des Mikroskops sichert. Der Fuß enthält den Beleuchtungsapparat, der Tubusträger den optischen Teil. Er dient zugleich als Transportgriff. Auf dem *Objekttisch mit aufgesetztem Kreuztisch* ist der *Objektträger* mit dem zu beobachtenden Präparat befestigt. Mit dem Kreuztisch kann das Präparat nach allen Seiten verschoben werden. Im Tubus sind die Objektive und das Okular untergebracht. Das abgebildete Mikroskop hat einen *monokularen Schrägtubus*. Mit dem *Objektivrevolver* können die Objektive rasch gewechselt werden, und mit dem *Grob-* und *Feintrieb* wird durch Heben und Senken des Objekttisches das Präparat scharf eingestellt.

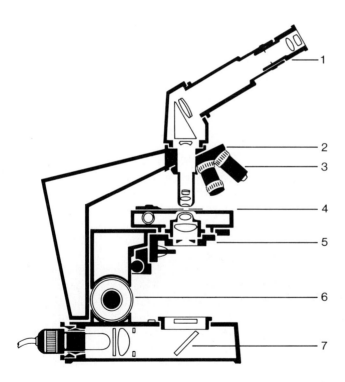

Abb. 19-3. Aufbau eines Lichtmikroskops. (1 Okular, 2 Objektivrevolver, 3 Objektive, 4 Objekttisch (Kreuztisch), 5 Kondensor, 6 Hubeinrichtung für Objekttisch, 7 Beleuchtung).

Der optische Teil enthält den *Beleuchtungsapparat,* den der exakten Ausleuchtung des Präparats dienenden *Kondensor,* die Okulare und die Objektive. Die Beschriftung der Objektive gibt Aufschluß über ihre Leistung. *Beispiel:* oben 60/0,65, unten 160/0,17. Die Zahl 60 gibt an, daß die Vergrößerung 60fach ist, die Zahl 0,65 ist die *numerische Apertur**. Mit der Zahl 160 ist die Entfernung vom Brennpunkt des Okulars bis zum Brennpunkt des Objektivs *(optische Tubuslänge)* bezeichnet und mit der Zahl 0,17 die zulässige Dicke des Deckglases in mm.

19.1.6   Einstellen eines mikroskopischen Präparates

Man schaltet die Mikroskopierleuchte ein, bringt den Kondensor in seine höchste Stellung und schließt die Kondensorblende etwa zur Hälfte. Für einen stärkeren Kontrast zieht man die Blende weiter zu. Nun schwenkt man das schwächste Objektiv in den Strahlengang und befestigt das Präparat am Kreuztisch. Das zu mikroskopierende Objekt muß genau über dem Lichtfleck liegen, der in der Frontlinse des Kondensors sichtbar ist. Man senkt dann unter seitlichem Beobachten den Tubus durch Drehen am Grobtrieb so weit, daß der Abstand Objektivfrontlinse — Deckglas nur noch etwa 0,5 cm beträgt. Erst jetzt blickt man ins Mikroskop. Wenn man Strukturen erkennt, so stellt man mit dem Feintrieb scharf ein. Das vergrößerte mikroskopische Bild wird mit völlig entspanntem Auge betrachtet. Das andere Auge soll nicht geschlossen werden, um das betrachtende Auge nicht zu überanstrengen.

Das schwächste Objektiv fängt das größtmögliche Objektfeld ein und zeigt im Überblick die günstigen und ungünstigen Präparatstellen. Dann werden der Reihe nach die Objektive mit steigender Eigenvergrößerung in den Strahlengang geschwenkt. Der Abstand zwischen Frontlinse des Objektivs und Deckglas des Präparats wird dabei immer kleiner. Mit zunehmender Eigenvergrößerung des Objektivs nimmt die Lichtstärke ab, der Durchmesser des erfaßten Objektfeldes wird kleiner und die Schärfentiefe geringer. Es hängt ausschließlich von der Beschaffenheit des mikroskopischen Objekts ab, mit welchen Objektiven gearbeitet werden kann. Von der 100fachen Objektvergrößerung an muß mit *Immersionsöl* gearbeitet werden. Man gibt einen Tropfen Öl auf die zu mikroskopierende Stelle des Präparats und taucht mit Hilfe des Grobtriebs das Objektiv, indem man von der Seite beobachtet, in das Öl ein. Dann schaut man in das Okular und stellt mit dem Feintrieb scharf ein. Zur Feineinstellung muß stets das Objekt vom Objektiv wegbewegt werden, damit die Objektivfrontlinse nicht zerstört wird. Notfalls muß die Grobeinstellung wie beschrieben wiederholt werden.

---

*⁾ Die numerische Apertur ist ein Maß für den Öffnungswinkel (apertus lat. offen) des Objektivs. Mit ihrer Hilfe läßt sich die Auflösungsgrenze, also das maximale Auflösungsvermögen, des Objektivs erkennen.

19.1.7 Pflege und Reinigung des Mikroskops

Man schützt das Mikroskop, indem man es stets — auch in Arbeitspausen — im Holzkasten aufbewahrt. Am mechanischen Teil haftende Staubteilchen werden mit einem Pinsel entfernt. Die Linsen werden mit wenig destilliertem Wasser befeuchtet und mit einem sauberen Leinenlappen abgewischt. Auch den Objekttisch reinigt man mit destilliertem Wasser. Das Immersionsöl wird mit einem in Xylol getauchten sauberen Leinenlappen entfernt.

19.2 Arbeitsanweisungen

19.2.1 Nachweis von Keimen in der Luft

Geräte: 2 Agar-Platten.

Hinweis zur Arbeitssicherheit: Nach dem Wachstum der Mikroorganismen dürfen die Platten nur zur Sterilisation kurz geöffnet werden. Ein Arbeiten an den Kolonien ist wegen der möglichen Anwesenheit pathogener Keime unzulässig.

Arbeitsanweisung: Vor Beginn eines jeden Versuches werden die zu verwendenden Agar-Platten auf Sterilität überprüft. Das ist der Fall, wenn keine Kolonien erkennbar sind. Außerdem muß die Agar-Schicht lückenlos sein.
  Eine Agar-Platte wird an der Teststelle geöffnet und so plaziert, daß in der Luft vorhandene Keime auf die Agar-Schicht fallen können. Nach 15 Minuten offenem Stehen wird die Schale wieder geschlossen.
  Damit die Feuchtigkeit in der Agar-Schicht nicht so schnell verloren geht, wird die Agar-Platte so gedreht, daß sich die Agar-Schicht oben befindet. Die Platte läßt man jetzt 48 Stunden bei Raumtemperatur stehen, damit die Mikroorganismen zu Kolonien wachsen können. Nach der Auswertung der Platte wird sie dann sofort mit 10 ml einer geeigneten Desinfektionslösung (z.B. Zephirol® $w = 0,01$) versetzt und nach einer mindestens 2stündigen Einwirkungszeit der Entsorgung zugeführt.

Auswertung: Die Gesamtzahl und die Formen der Kolonien werden ermittelt und das unterschiedliche Aussehen beschrieben.

19.2.2 Nachweis von Keimen in Wasser vor und nach Desinfektionsmaßnahmen

Geräte: 2 Drigalski-Spatel, 1 Erlenmeyer-Kolben, 2 Agar-Platten, 2 1-mL-Meßpipetten, 1 Teclu-Brenner, 1 4-Fuß, 1 Ceranplatte.

Hinweis zur Arbeitssicherheit: Nach dem Wachstum der Mikroorganismen dürfen die Platten nur zur Sterilisation kurz geöffnet werden. Ein Arbeiten an den Kolonien ist wegen der möglichen Anwesenheit pathogener Keime unzulässig.

Arbeitsanweisung: Der Erlenmeyer-Kolben, die Drigalski-Spatel und die Pipetten müssen keimfrei sein. Dazu werden sie in Aluminiumfolie eingewickelt, der Kolben mit der Folie zusätzlich verschlossen und bei 180 °C im Trockenschrank 2 Stunden lang sterilisiert. Inzwischen werden die Agar-Platten auf der Rückseite mit einem Permanentschreiber o. ä. gekennzeichnet.

Der Erlenmeyer-Kolben wird an einem Bach oder einer Pfütze geöffnet, eine kleine Menge des Wassers eingefüllt und wieder verschlossen. Unter möglichst keimarmen Umgebungsbedingungen, also in unmittelbarer Nähe einer rauschenden Brennerflamme, werden die folgenden Arbeiten durchgeführt.

Eine Pipette wird so aus der Folie gewickelt, daß keine Berührung des unteren Teiles erfolgt.

Der Erlenmeyer-Kolben wird geöffnet und der obere Rand kurz mit der rauschenden Flamme abgefächelt. Mit der Pipette werden 0,2 mL einer Wasserprobe aufgezogen und auf die Agar-Schicht gegeben. Mit dem ausgewickelten, keimfreien Drigalski-Spatel wird das Wasser gleichmäßig verteilt. Jetzt wird die Petri-Schale sofort wieder verschlossen.

Der Rest der Wasserprobe wird 5 Minuten lang gekocht und verschlossen abgekühlt. Mit der 2. Pipette wird unter denselben Bedingungen die 2. Platte mit dem abgekochten Wasser geimpft.

Beide verschlossenen Platten werden 48 Stunden bei Raumtemperatur aufbewahrt. Nach der Auswertung der Platten werden sie dann sofort mit 10 mL einer geeigneten Desinfektionslösung (z. B. Zephirol® $w = 0.01$) versetzt und nach einer mindestens 2stündigen Einwirkungszeit der Entsorgung zugeführt.

Auswertung: Die Gesamtzahl und die Formen der Kolonien werden ermittelt und das unterschiedliche Aussehen beschrieben, die Kolonienzahlen der behandelten mit der unbehandelten Wasserprobe verglichen und die Keimzahl pro mL Wasserprobe ermittelt.

19.2.3 Nachweis von Keimen auf der Handoberfläche vor und nach Hygienemaßnahmen

Geräte: 2 Agar-Platten.

Hinweis zur Arbeitssicherheit: Nach dem Wachstum der Mikroorganismen dürfen die Platten nur zur Sterilisation kurz geöffnet werden. Ein Arbeiten an den Kolonien ist wegen der möglichen Anwesenheit pathogener Keime unzulässig.

Arbeitsanweisung: Eine Agar-Platte wird auf der Rückseite der „Agar-Hälfte" mit einem Permanentschreiber in drei gleiche Kreissegmente geteilt. Ein Kreisdrittel wird mit der Aufschrift „ungewaschen" versehen, die beiden anderen mit „gewaschen" und „desinfiziert". In der unmittelbaren Nähe der rauschenden Flamme wird die Agar-Platte geöffnet. Wie bei einem Fingerabdruck wird jetzt der ungewaschene Daumen vorsichtig auf den Agar des entsprechenden Feldes gedrückt. Die Platte wird geschlossen.

Die Hände werden mit Seife gewaschen und mit einem Einmal-Handtuch abgetrocknet. Anschließend wird der Daumenabdruck in das entsprechende Feld des Agars gesetzt. Die Hände werden nun mit einem Händedesinfiziens vorschriftsmäßig desinfiziert und an der Luft, also ohne Handtuch, getrocknet. Jetzt wird im letzten Feld des Agars der Daumen aufgedrückt.

Die verschlossene Platte wird 48 Stunden bei Raumtemperatur aufbewahrt. Nach der Auswertung der Platten werden sie dann sofort mit 10 mL einer geeigneten Desinfektionslösung (z.B. Zephirol® $w = 0.01$) versetzt und nach einer mindestens 2stündigen Einwirkungszeit der Entsorgung zugeführt.

Auswertung: Die Gesamtzahl und die Formen der Kolonien werden jeweils ermittelt und das Aussehen beschrieben. Die Kolonienzahlen der unterschiedlich behandelten Daumen werden untereinander verglichen.

19.2.4 Nachweis von Hefezellen

Bei der alkoholischen Gärung wird mit Hefe von speziellen Mikroorganismen, den Hefezellen, Zucker in Ethylalkohol umgewandelt. Dabei spaltet sich Kohlenstoffdioxid ab. Die Hefezellen vermehren sich dabei durch Sprossung.

Geräte: 2 Reagenzgläser, 1 passender durchbohrter Gummistopfen, 1 zu einem „L" gebogenes Glasrohr $\varnothing$ 4 mm (Maße: ca. 50 mm — 60 mm — 150 mm), 1 Reagenzglasständer, 1 Mikroskop, 1 Objektträger, 1 Deckglas, 1 Pipette.

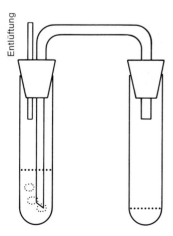

Abb. 19-4. Apparatur für die alkoholische Gärung.
rechts: Glas mit Hefesuspension
links: Glas mit Bariumhydroxid.

Chemikalien: 1 g Saccharose (Rohr- oder Rübenzucker), 100 mg Bäckerhefe, 20 mL Bariumhydroxid-Lösung kaltgesättigt, destilliertes Wasser.

Arbeitsanweisung: In ein sauberes Reagenzglas wird der Zucker und 20 mL Wasser gegeben. Der Zucker wird aufgelöst und die fein verteilte Hefe zugegeben. Die Suspension wird durch Schütteln homogenisiert. Anschließend wird mit Hilfe der Pipette ein Tropfen der Suspension auf ein Deckgläschen gebracht. Der Tropfen wird mit einem Deckgläschen abgedeckt und mit ca. 120facher Vergrößerung unter dem Mikroskop betrachtet.

Jetzt wird das Reagenzglas mit dem Stopfen, durch den die kurze Seite des Glasrohres geschoben wurde, verschlossen. Die lange Seite des Glasrohres wird in das andere Reagenzglas geführt, so daß es in die vorher eingefüllte Bariumhydroxidlösung taucht. Diese kleine Apparatur wird in dem Reagenzglasgestell über Nacht bei Raumtemperatur stehen gelassen. Das zweite Reagenzglas wird zuvor noch am oberen Rand mit Watte ausgefüllt, damit möglichst kein CO_2 aus der Umgebungsluft an das Bariumhydroxid gelangt.

Am nächsten Morgen soll sich die Bariumhydroxidlösung getrübt haben. Wenn das der Fall ist, wird das Reagenzglas mit dem Reaktionsgemisch geöffnet und mit der Pipette ein Tropfen des homogenisierten Reaktionsgemisches auf einen anderen Objektträger gebracht. Auch dieser Tropfen wird abgedeckt und mit derselben Vergrößerung unter dem Mikroskop betrachtet.

Auswertung: Die Hefezellen, die unter dem Mikroskop zu sehen sind, werden charakterisiert und ihre Häufigkeit bei beiden Präparaten verglichen, indem man die Zellzahl pro Gesichtsfeld bestimmt.

Die Trübung der Bariumhydroxid-Lösung ist zu erklären, die Reaktionsgleichungen für die alkoholische Gärung wie für die Veränderung der Bariumhydroxidlösung ist zu erstellen.

19.2.5 Nachweis von Bakterien im Zahnbelag

Geräte: 1 Zahnstocher o.ä., 1 Teclubrenner, 1 Mikroskop, 1 Objektträger.

Chemikalien: Destilliertes Wasser, Farbstofflösung (z.B. Methylenblaulösung $w = 1\%$, Eosin, Malachitgrün usw.).

Arbeitsanweisung: Mit dem Hölzchen wird etwas Zahnbelag von den Zähnen genommen und auf einen Objektträger in einem Wassertropfen verstrichen und zu einem kleinen Oval verrieben. Man läßt an der Luft trocknen und zieht dann den Objektträger mit der Unterseite durch die rauschende Flamme des Teclu-Brenners, um die Mikroorganismen auf dem Glas zu fixieren und gleichzeitig abzutöten.

Zum Anfärben der Bakterien wird der abgekühlte Objektträger mit Farbstofflösung bedeckt. Nach 2 Minuten wird der überschüssige Farbstoff abgespült und das Präparat an der Luft getrocknet.

Anschließend wird das Präparat bei ca. 1000-facher Vergrößerung unter dem Mikroskop betrachtet.

Auswertung: Das mikroskopische Bild wird skizziert und die Bakterien charakterisiert.

19.2.6 Untersuchung von Spaltöffnungen an Pflanzen

Geräte: Mikroskop, Objektträger, Deckgläser, Pinzette, Rasierklinge, Glasstab.

Material: Tradeskantiablätter, destilliertes Wasser.

Arbeitsanweisung: Mit einer Rasierklinge wird vorsichtig die Unterseite eines Tradeskantiablattes angeritzt und mit einer Pinzette ein dünnes Häutchen abgezogen. Dieses Häutchen legt man in den Wassertropfen auf einem Objektträger, bedeckt es mit einem Deckglas, mikroskopiert und zeichnet.

Von einem Tradeskantiablatt stellt man einige Querschnitte her. Unter dem Mikroskop sucht man quergeschnittene Spaltöffnungen, die man zeichnet.

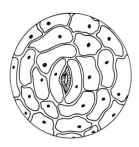

Abb. 19-5. Mikroskopbild von Spaltöffnungen.

19.2.7 Querschnitt durch einen Pflanzenstengel

Geräte: Mikroskop, Objektträger, Deckgläser, Glasstab, Rasierklinge.

Material: Holundermark, Stengel des kriechenden Hahnenfuß (Ranunculus repens), destilliertes Wasser.

Arbeitsanweisung: Man schneidet ein Stück Holundermark längs ein und klemmt zwischen die beiden Hälften ein Stück eines Pflanzenstengels. Mit einer Rasierklinge stellt man nun möglichst dünne Schnitte her. Die Stengelquerschnitte werden auf einem Objektträger in einen Tropfen destilliertes Wasser gegeben und mit einem Deckglas bedeckt. Man mikroskopiert und zeichnet.

19.2.8 Zellpräparat einer Zwiebelhaut

Geräte: Mikroskop, Objektträger, Deckgläser, Skalpell, Glasstab, Glasschalen, Pinzette, Pipette, Peleusball, Präpariernadel.

Materialien: Küchenzwiebel, Eosin (rote Tinte), Methylgrün-Essigsäure-Fuchsin-Lösung, wäßrige Lösung $w(CH_3CO_2H) = 2\%$, destilliertes Wasser.

Arbeitsanweisung: Von einer Zwiebel entfernt man die trockene braune Schale und schneidet sie in der Mitte durch. Man erkennt im Inneren der Zwiebel den jungen Trieb mit der Vegetationsspitze. Dieser Trieb ist von mehreren fleischigen Blättern umhüllt, die leicht voneinander zu trennen sind. Von diesen Blättern kann man mit einer Pinzette ein feines Oberflächenhäutchen abziehen. Es wird auf einem Objektträger ohne Wasser glatt ausgebreitet, mit einem Deckglas bedeckt, mikroskopiert und gezeichnet.

In einem Glasschälchen bereitet man sich nun eine Farblösung aus einem Volumenteil Eosin und drei Volumenteilen Wasser. In dieser Farblösung wird ein zweites Häutchen eine Minute lang mit einer Präpariernadel bewegt. Anschließend in verdünnter Essigsäure (aus 1 Volumenteil der Lösung $w(CH_3CO_2H) = 2\%$ und 3 Volumenteilen Wasser) gut gespült, auf einem Objektträger ausgebreitet, mit einem Deckglas bedeckt, unter dem Mikroskop betrachtet und gezeichnet.

Ein weiteres Zwiebelhäutchen wird mit einer im Verhältnis 1:3 mit Wasser verdünnten Methylgrün-Essigsäure-Fuchsin-Lösung gefärbt und anschließend wie das zweite Häutchen behandelt. Die optimale Färbezeit muß bestimmt werden.

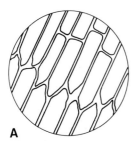 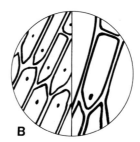

A   **B**

Abb. 19-6. Mikroskopbild des Zellpräparates einer Zwiebelhaut. (*A* ungefärbt, *B* gefärbt).

19.3 Wiederholungsfragen

1. Erläutern Sie Linsenanordnung und Strahlengang in einem Lichtmikroskop.
2. Welches Bild liefert ein Mikroskop?
3. Die Eigenvergrößerung des Objektivs ist mit 50, die des Okulars mit 10 angegeben. Wie groß ist die Gesamtvergrößerung des Mikroskops?
4. Welche Teile des Mikroskops gehören zum mechanischen Teil, welche zum optischen Teil?
5. Beschreiben Sie das Einstellen eines mikroskopischen Präparates.
6. Wann wird Immersionsöl benutzt?
7. In welche Richtung wird das Objekt bei der Scharfeinstellung mit dem Feintrieb bewegt?
8. Nennen Sie wesentliche Punkte der Pflege und Reinigung des Mikroskops.
9. Mit welchem Lösemittel beseitigt man Immersionsöl?
10. Was verstehen Sie unter einem Mikroorganismus?
11. Welche Aufgabe erfüllen die Mikroorganismen in einer biologischen Kläranlage und welche Stoffwechselprodukte setzen sie frei?
12. Welches sind die Kennzeichen des Lebens und was bedeuten sie?
13. Wie groß ist das Temperatur- und pH-Wertspektrum, in dem Mikroorganismen vorkommen?
14. Nennen Sie Beispiele für die Herstellung organischer Produkte unter Beteiligung von Mikroorganismen.
15. Was hat es mit den genmanipulierten Mikroorganismen auf sich, die bei der Herstellung von Humaninsulin verwendet werden?
16. Welche Impftechniken kennen Sie?
17. Welche Arten von Nährmedien für Mikroorganismen kennen Sie?
18. Welche Möglichkeiten zur Abtötung von Mikroorganismen kennen Sie?
19. Erklären Sie den Unterschied zwischen „Sterilisation" und „Desinfektion".
20. Nennen Sie handelsübliche Desinfektionsmittel.
21. Welche Formen von Mikroorganismen haben Sie durch die Versuche gesehen?

Anhang

Abbildungen wichtiger Laborglasgeräte

A   Einfache Laborgeräte

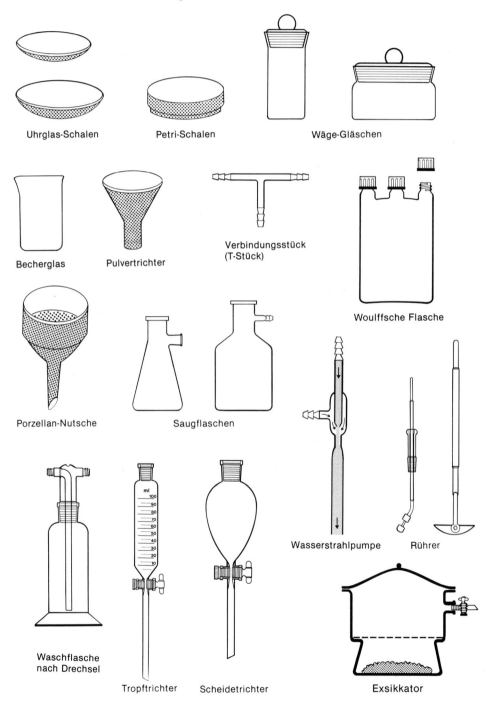

Uhrglas-Schalen

Petri-Schalen

Wäge-Gläschen

Becherglas

Pulvertrichter

Verbindungsstück
(T-Stück)

Woulffsche Flasche

Porzellan-Nutsche

Saugflaschen

Wasserstrahlpumpe

Rührer

Waschflasche
nach Drechsel

Tropftrichter

Scheidetrichter

Exsikkator

B   Volumenmeßgeräte

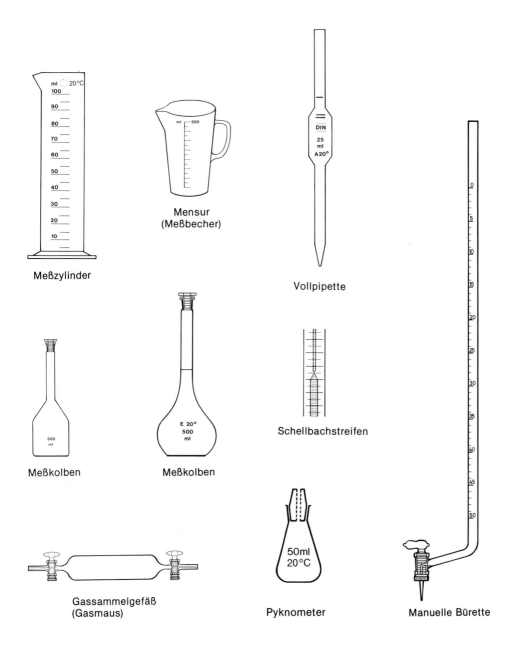

Meßzylinder

Mensur
(Meßbecher)

Vollpipette

Meßkolben

Meßkolben

Schellbachstreifen

Gassammelgefäß
(Gasmaus)

Pyknometer

Manuelle Bürette

C   Thermometer

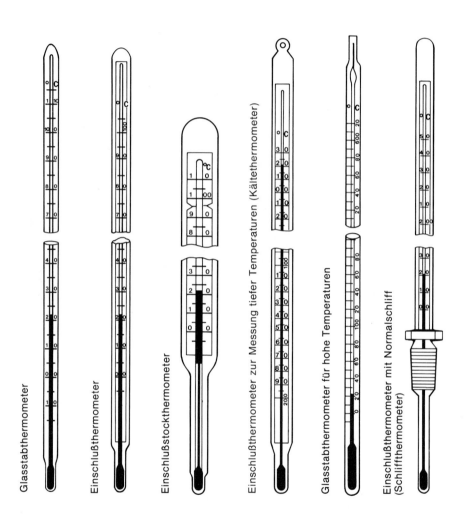

Glasstabthermometer

Einschlußthermometer

Einschlußstockthermometer

Einschlußthermometer zur Messung tiefer Temperaturen (Kältethermometer)

Glasstabthermometer für hohe Temperaturen

Einschlußthermometer mit Normalschliff (Schliffthermometer)

D   Schliffkolben

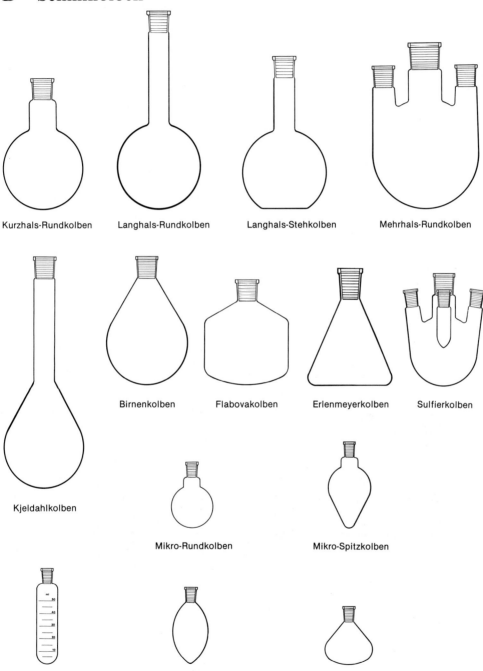

Kurzhals-Rundkolben   Langhals-Rundkolben   Langhals-Stehkolben   Mehrhals-Rundkolben

Birnenkolben   Flabovakolben   Erlenmeyerkolben   Sulfierkolben

Kjeldahlkolben

Mikro-Rundkolben   Mikro-Spitzkolben

Mikro-Vorlagekolben
(graduiert)   Mikro-Ellipsoidkolben   Mikro-Flachbodenkolben

E   Schliffbauteile

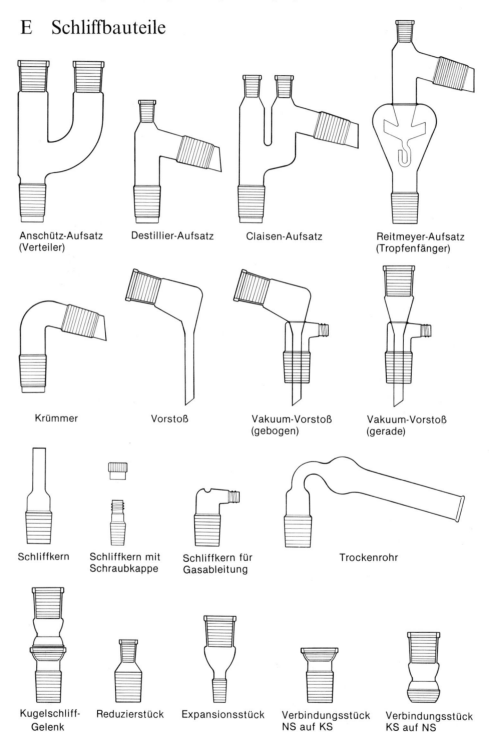

Anschütz-Aufsatz
(Verteiler)

Destillier-Aufsatz

Claisen-Aufsatz

Reitmeyer-Aufsatz
(Tropfenfänger)

Krümmer

Vorstoß

Vakuum-Vorstoß
(gebogen)

Vakuum-Vorstoß
(gerade)

Schliffkern

Schliffkern mit
Schraubkappe

Schliffkern für
Gasableitung

Trockenrohr

Kugelschliff-
Gelenk

Reduzierstück

Expansionsstück

Verbindungsstück
NS auf KS

Verbindungsstück
KS auf NS

F Verbindungsstücke

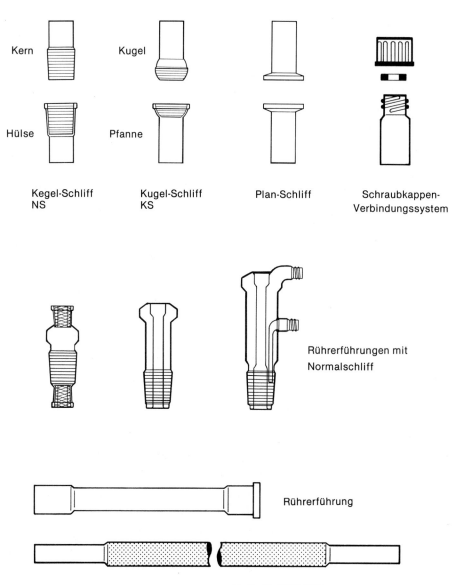

Kern

Hülse

Kugel

Pfanne

Kegel-Schliff
NS

Kugel-Schliff
KS

Plan-Schliff

Schraubkappen-
Verbindungssystem

Rührerführungen mit
Normalschliff

Rührerführung

Welle für KPG-Rührer
(Kalibrierte Präzisions Gleitfläche)

G   Kühler

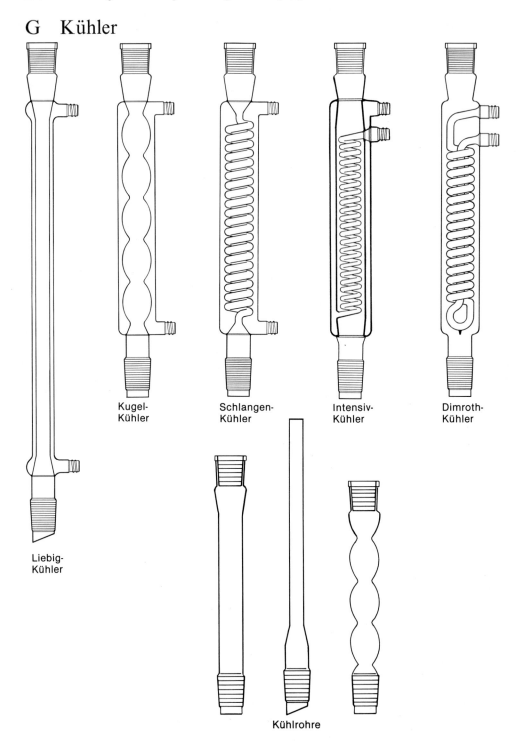

Liebig-
Kühler

Kugel-
Kühler

Schlangen-
Kühler

Intensiv-
Kühler

Dimroth-
Kühler

Kühlrohre

H   Kolonnen

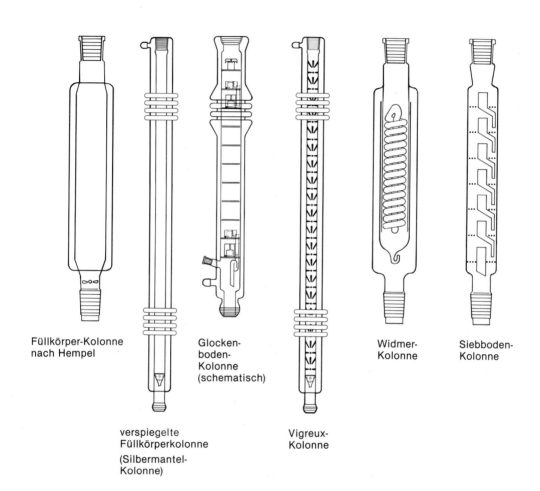

Füllkörper-Kolonne
nach Hempel

verspiegelte
Füllkörperkolonne

(Silbermantel-
Kolonne)

Glocken-
boden-
Kolonne
(schematisch)

Vigreux-
Kolonne

Widmer-
Kolonne

Siebboden-
Kolonne

I   Destillationszubehör

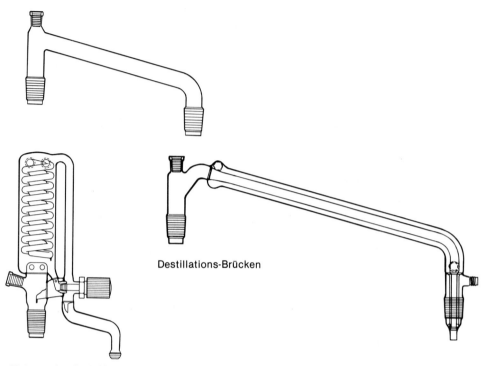

Destillations-Brücken

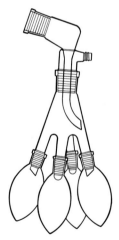

Kolonnenkopf mit Kühler
und Rücklaufteiler

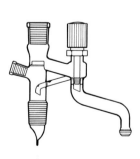

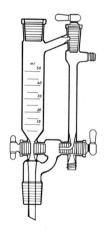

Vakuum-Vorlage
(Spinne)
nach Bredt

Universal-Destillations-
aufsatz mit Rücklaufteiler

Vakuum-Wechselvorlage
nach Anschütz-Thiele

J   Planschliffgefäße

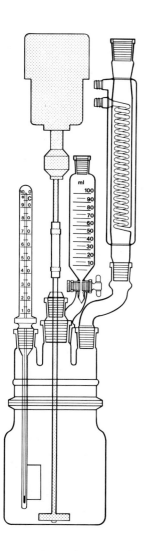

Planschliff-Reaktionsapparatur

Sachwortregister

Mayer, H.

Fachrechnen Chemie

Reihe: Die Praxis der Labor- und
Produktionsberufe

1992. XIV, 605 Seiten mit 22 Abbildungen und
10 Tabellen. Gebunden. DM 82.00.
ISBN 3-527-27899-0 (VCH, Weinheim)

Das Rechnen mit reinen Stoffen, Mischphasen und
Reaktionssystemen ist zwar Teil der Routine in La-
bor und Produktion, doch selten gab es zu diesem
Thema ein so „anwenderfreundliches" Lehrbuch.

Praxisorientiert verwendet der Autor die Stoffmenge als zentralen Begriff: Massen, Volumina, Konzentrationen, Anteile und Verhältnisse werden über
diese Variablen in allen Größengleichungen verknüpft. Diese Vorgehensweise macht einen schwie-
rigen Gegenstand der Chemie und der Technischen
Chemie sicher beherrschbar.

Ein wichtiges Lehrbuch für die Praxis, das eine so-
lide Grundlage für alle Ausbildungsgänge in der
Chemie vermittelt.

**Ihre Bestellung richten Sie
bitte an Ihre Buchhandlung
oder an:**

**VCH, Postfach 10 11 61,
D-69451 Weinheim,
Telefax 0 62 01 - 60 61 84**

**VCH, Hardstrasse 10,
Postfach, CH-4020 Basel**

(Stand der Daten: Juli 1994)

4E